测试技术

主　编　朱先勇　于海明
副主编　董克权　周　添
　　　　彭晓君　邓洪超
　　　　张　建

科学出版社
北　京

内 容 简 介

本书结合作者多年的教学经验和机械类专业本科教育的现状，主要讲述机械工程测试领域的基本理论和基础知识。本书的主要内容包括信号及其描述、测试系统的基本特性、常用传感器、信号的调理与记录、信号处理初步等。本书注重基本概念的阐述和工程应用的介绍，重点突出、条理清晰、分析透彻，便于教学使用。

本书可作为高等院校机械专业和近机械专业的本科生教材，也可供大专、高职高专等相关专业学生选用，还可为高等院校相关专业教师和工程技术人员提供技术参考。

图书在版编目(CIP)数据

测试技术 / 朱先勇，于海明主编. —北京：科学出版社，2019.11

ISBN 978-7-03-062899-2

Ⅰ. ①测…　Ⅱ. ①朱…　②于…　Ⅲ. ①测试技术-高等学校-教材　Ⅳ. ①TB4

中国版本图书馆 CIP 数据核字(2019)第 243053 号

责任编辑：任　俊　高慧元 / 责任校对：郭瑞芝
责任印制：张　伟 / 封面设计：迷底书装

科 学 出 版 社 出版
北京东黄城根北街 16 号
邮政编码：100717
http://www.sciencep.com

北京中科印刷有限公司 印刷

科学出版社发行　各地新华书店经销
*
2019 年 11 月第　一　版　开本：787×1092　1/16
2021 年 6 月第二次印刷　印张：14 3/4
字数：368 000

定价：59.00 元
(如有印装质量问题，我社负责调换)

前　言

本书具有很强的实践性，着重培养学生独立进行科学实验的能力。学生在学习过程中应联系实际，注意了解本书知识在其他专业课程和专业基础课程中的应用情况。

学生学完本书后应掌握以下内容。

（1）测试技术的基本概念，测试系统的基本组成。

（2）各种常用传感器的工作原理，能够根据实际需要选用合适的传感器。

（3）常用信号调理电路和显示、记录仪器的工作原理和性能，并能正确选用。

（4）信号的时域和频域描述方法，信号频谱的概念，频谱及相关分析的基本原理和方法，数字信号分析中的基本概念。

（5）测试系统基本特性的评价方法，能正确用于一阶和二阶测试系统的分析和选择。

（6）常规机械量，包括力、压力、位移、温度、振动和流量等的测试原理和方法，对测试技术有一个完整的概念。

（7）能进行基本的测试系统设计，具有基本解决机械工程测量问题的能力。

（8）计算机测试系统的基本组成原理及实现过程等。

本书通俗易懂，实例简单实用，讲解步骤详细、清楚，内容结构安排符合认知规律，建议课时数为 40 学时（必修）。

参加本书编写的有朱先勇（第 2 章和第 7 章），于海明（第 1 章），董克权、张建（第 3 章），于海明、周添（第 4 章），彭晓君（第 6 章）和邓洪超（第 5 章）。本书由朱先勇和于海明任主编。

在本书编写过程中，得到了肇庆学院科技处、肇庆学院教务处和肇庆学院机械与汽车工程学院领导和同事的全力支持和帮助，在此深表谢意！

由于作者水平有限，书中难免存在不足之处，望读者不吝指教。

编　者

2019 年 3 月

目　　录

第 1 章　测试的基本知识

测试技术属于信息科学范畴，是用来检测和处理各种信息的一门综合技术。测试技术是人类认识客观世界的技术，更是科学研究的基本手段。随着科学技术的发展，测试技术也在工程实际的各个领域起到了重要的作用。测试技术的应用水平，在一定程度上也能体现机械设备的自动化水平。

信息是反映一个系统的状态或特性的参数，是人类对外界事物的感知。工程实际应用中，无论系统研究、产品开发，还是质量监控、性能试验等，都离不开测试技术。

本章主要介绍测试技术的基本知识，以及与测试相关的一些概念。

1.1　概　　述

人类认识和改造客观世界是以测试为基础的。进入以知识经济为特性的信息时代后，测试技术、计算机技术与通信技术一起构成了现代信息技术的三大基础。测试技术的水平在一定程度上影响着科学技术发展的速度和深度。许多新的发明制造都与测试技术的创新分不开。科学技术上的某些突破，也是以某一测试方法的突破为基础的。在现代科学研究和新产品设计中，为了掌握事物的规律性，人们须测试许多相关参数，用以检验是否符合预期结果和事物的客观规律。

机械工程领域中的科学实验、产品开发、生产监督、质量控制等，都离不开测试技术。测试作为自动化或控制系统中的一环，在各种自动控制系统中起着系统感官的作用。工业自动化生产过程中，为了保证正常、高效的生产，企业对生产过程自动化的程度提出了越来越高的要求。例如，汽车发动机为了控制气缸内各项参数，需要对气缸内压力、温度进行测试；机器人为了获得手臂末端在作业空间中的位置、姿态和手腕作用力等信息，需要对各个关节的位移、速度和手腕受力进行实时的测试。自动生产线上常须应用测试技术对零件进行分类和计数。

1.1.1　测试与测量

测试是人类获得外部世界各种信息的手段。信息的获取、传输和交换已经成为人类的基本活动。测试的基本任务是获取有用的信息，然后将其结果提供给观察者或其他信息处理装置、环节。测试工作的基本任务是通过测试手段，对研究对象中的有关信息做出比较客观、准确的描述，使人们对其有一个恰当的、全面的认识，并能达到进一步改造和控制研究对象的目的。测试技术是试验和测量的统称，是从被对象的测试信号中提取所需特性信息的技术手段。试验是机械工程基础研究、产品开发、生产监督、质量控制和性能试验的重要环节。在现代机电设备的研发和创新设计、老产品改造及机电产品全寿命的各个研究过程中，试验研究是不可缺少的环节。测量是以确定被测对象属性量值为目的的全部操作的集合。测量过程将被测量与同性质的标准量进行比较，从而获得被测量与标准量的关系。在工程试验中，研究员需要进行各种物理量的测量，以得到准确的定量结果。在广泛应用的自动控制技术中，测试装置已成为控制系统的重要组成部分。在各种现代装备系统的制造与实际运行工作中，测量工作内容已占首位。测量系统是保证工程装备系统实际性能指标和正常工作的重要手段。除此之外，机器生产过程的运行监测、控制和故障诊断也需要在线或实时测量。使用先进的测试技术已成为经济高度发展和科技现代化的重要标志之一。

1.1.2　测试系统的结构

客观事物是多样的。测试工作所希望获取的信息，有可能已载于某种可检测的信号中，也有可能尚未载于可检测的信号中。对于后者，测试工作就包含着选用合适的方式激励被测对象，使其产生既能充分表征其有关信息又便于检测的信号。事实上，许多系统的特性参量在系统的某些状态下，可充分地显示出来；而在另外一些状态下却可能没有显示出来，或者显示得很不明显，以致难以检测出来。因此，在后一种情况下，要测量这些特性参量，就需要激励作用，使系统处于能够充分显示这些参量特性的状态中，以便有效地检测载有这些特性的信号。

在测试工作的许多场合中，实际并不考虑信号的具体物理性质，而是将其抽象为变量之间的函数关系（特别是时间函数和空间函数），从数学上加以分析研究，从中得出一些具有普遍意义的理论。这些理论极大地发展了测试技术，并成为测试技术的重要组成部分。这些理论就是信号的分析和处理技术。

一般来说，测试工作的全过程包含着许多环节：以适当的方式激励被测对象，信号的检测和转换、信号的调理、信号的分析与处理、信号的显示与记录，以及必要时以电量形式输出测量结果。用于测试或测量的各类硬件、软件的集合称为测量系统。典型的测量系统结构框图如图 1-1 所示。

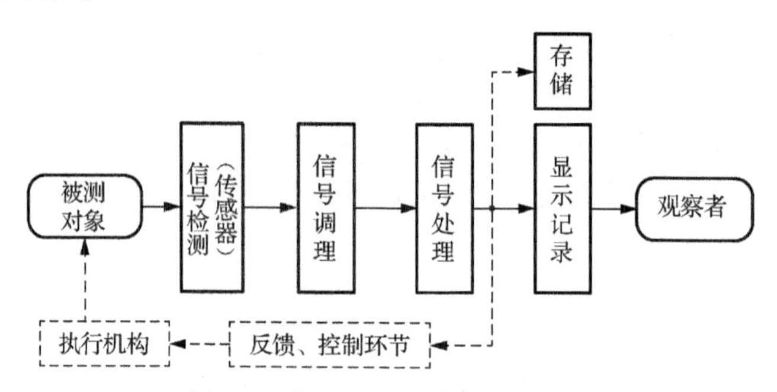

图 1-1　典型的测量系统结构框图

实验及实际运行过程中的随时间变化的物理量真值、变量或测量值，通常称为信号。被测物理量（或信号）作为测量系统的输入，它经传感器变成可作进一步处理的电量，经信号调理（放大、滤波、调制解调等）后，可以通过模/数转换变成数字信号，从而得到数字化的测量值将信号送入计算机（或仪器控制系统）进行分析与存储，最后再作它用。

模拟信号泛指随时间连续变化的物理信号。其经传感器变换后成为电信号，但同样还是模拟信号。这种信号在时间上是连续的，可以取任意时间值；在幅值（大小）上也是连续的，即可以得到任意的合理值。数字量虽然也表示随时间变化的物理量，但在时间和幅值上都是离散的，即只能得到一定间隔的离散时间和物理量序列；幅值的变化也不是连续的，而是以某个最小量（最小量化电平）的个数来表示。一般传感器的输出（经或未经信号调理）是模拟信号，但计算机只能接收数字量，所以模拟信号必须要经过转换。由模拟信号转换为数字量必须通过图 1-1 所示的数字化处理，即模/数转换。

在检测信号正向传递的同时，输出端引入一个反馈信号，经与系统输入信号作差后再做变换。引入反馈信号的目的是输入偏差，使系统达到稳定。

传感器直接作用于被测量，并能按一定规律将被测量转换成同种或别种输出量，这种输出量通常是电信号。

信号调理环节把来自传感器的信号转换成更适合于进一步传输和处理的形式。这时的信号转换，在多数情况下是电信号之间的转换。例如，将幅值放大，将阻抗的变化转换成电压的变化，将阻抗的变化转换成频率的变化，等等。

信号处理环节接收来自调理环节的信号，并进行各种运算、滤波、分析，将结果输出至显示、记录或控制系统。

信号显示环节以观察者易于认识的形式来显示测量的结果，或者将测量结果存储，供必要时使用。

在所有这些环节中，必须遵循的基本原则是各环节的输出量与输入量之间应保持一一对应和尽量不失真的关系，并尽可能地减小或消除各种干扰。

应当指出，并非所有的测试系统都具备图 1-1 中的所有环节。实际上，环节与环节之间都存在着传输。图 1-1 中的传输环节是专指较远距离的通信传输。

1.1.3 测试技术的研究方法与研究内容

1. 测试技术的研究方法

从一般的检测系统看，完成一个量的检测需多个环节，但无论一台测量仪表，还是一个检测系统，都会涉及测量原理、测量方法、测量系统设计、数据处理等分析方法的选择和比较。

被检测的量往往是复杂的，尤其是科学技术和工程上所要测量的非电量，如机械量、热工量、成分量等。这些物理量具有一定物理属性。人们正是利用这些属性通过相应的传感器，将它转换成可以进行检测和处理的电信号。但被检测对象的同一种参数，可以依据不同原理构成的传感器来获取相应信息的电信号。例如，温度的测量，可以采用热电偶来测量，也可以采用热电阻、热敏电阻、集成温度传感器、光纤温度传感器来测量。由于采用不同传感器测量，获得的信号会引起调理电路、处理方法、影响因素、精度的不同，也会使完成实现检测的难易性和经济性不同。因此，根据被检测对象的参数和技术要求经济合理地选用相关的传感器是十分重要的。

选定了传感器并不等于具备了检测技术或方法，还需要确定一定的检测结构，有选择地实现信号的转换和处理。在理想情况下，传感器的输入量与输出量是一一对应的，但在实际情况中，输入量往往不是单一的，而是携带着干扰信号和一些未知的信号，如图 1-2 所示。

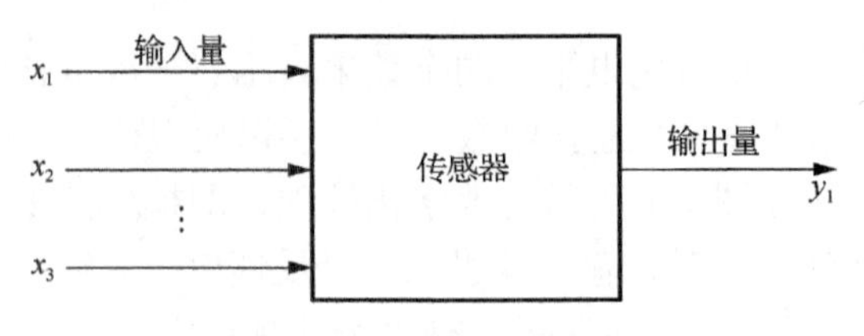

图 1-2　传感器输入输出

为了清除其他不需要信号对测量结果的影响，除了对输入量做适当处理外，可以在选定检测结构上加以抑制，如采用补偿结构和差动结构，如图 1-3 和图 1-4 所示。

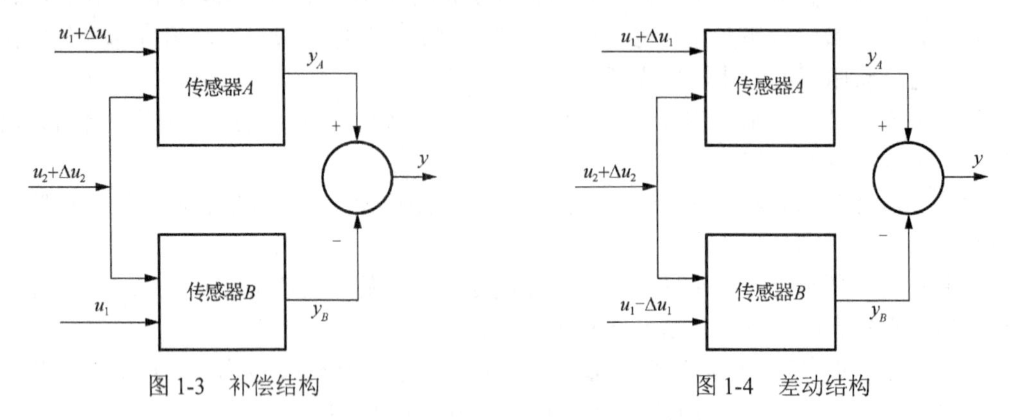

图 1-3　补偿结构　　　　图 1-4　差动结构

检测方法的选择也是非常重要的，根据被检测量的特点和要求，可以选择电测法或非电量法、模拟量测量法或数字测量法、等精度测量或不等精度测量法、静态测量或动态测量法等。检测方法不同也会对测量带来不同的效果。

检测系统的设计或仪表装置的选择是检测技术的重要内容。单从检测系统来看，可以采用集成组合电路，也可以采用以微处理器为核心的系统，有些可直接采用计算机进行检测处理，也有些采用上下位微机配合使用。总之，选用何种方式方法进行检测，除了从技术层面考虑外，还要依据被检测量的要求，并考虑经济性、可靠性、方便性和可行性等问题。

2. 测试技术的研究内容

测试技术研究的主要内容包括测量原理、测量方法、测试系统和数据处理等。

1）测量原理

测量原理实质上就是传感器的工作原理。被测量种类繁多、性质千差万别，因此采用什么样的原理去感受被测量是测试技术研究的内容之一。要确定和选择好测量原理，除了要有物理学、化学、电子学、生物学、材料学等基础知识和专业知识之外，还需要对被测量的测量范围、性能要求和环境条件有充分的了解和分析。

2）测量方法

测试方法是指在实施测试中所涉及的理论运算方法和实际操作方法。测试方法可按多种原则分类。

（1）按是否直接测定被测量的原则分类。

按照获得测量参数结果的方法不同，通常可把测量方法分为直接测量法和间接测量法。

直接测量法是指被测量直接与标准量进行比较，或者用预先标定好的测量仪器或测试设备进行测量，而不需要对所获数值进行运算的测量方法。例如，用直尺测量长度，用水银温度计测量温度，用万用表测量电压、电流、电阻值等。

间接测量法是指被测量的数值不能直接由测试设备来获取，而是通过所测量的数值同被测量间的某种函数关系经运算而获得的被测值的测量方法。例如，对一台汽车发动机的输出功率进行测量时，总是先测出发动机转速及输出扭矩，再由关系式计算其功率值。

（2）按传感器是否与被测物接触分类。

按照传感器是否与被测物有机械接触的原则可以将测量方法分为接触测量法与非接触测量法。接触测量法往往比较简单，例如，测量振动时常用带磁铁座的加速度计直接放在所测位置进行测量。而非接触测量法可以避免传感器对被测对象的机械作用及对其特性的影响，也可避免传感器受到磨损。例如，同样是测量振动，也可采用非接触式的电涡流传感器测量振动位移。由于没有接触，传感器对试件的特性不产生影响。

（3）按被测量值是否随时间变化分类。

在讨论测量问题时，有时会遇到静态测量和动态测量两个术语。其中静态和动态是指被测量值是否随时间而变化，而不是指被测物体是否处于机械静止或运动中。若被测量值可以认为是恒定的，这种测量被称为静态测量；而若被测量值是随时间变化的，这种测量被认为是动态测量。在进行静态测量和动态测量时，两者对测量装置特性的要求和测得数据的处理是有很大差别的，工作中必须密切注意。本书主要介绍动态测量技术。

（4）按被测量值的物理性质分类。

根据信号的物理性质，可以将其分为非电信号和电信号。例如，随时间变化的力、位移、速度、加速度、温度、应力等属于非电信号；而随时间变化的电流、电压则属于电信号。在测试过程中，常常将被测的非电量通过相应的传感器变化为电信号，以便于传输、调理（放大、滤波）、分析处理和显示记录等，称其为非电量电测技术。本书主要以非电量电测技术为主进行介绍，在此基础上也介绍一些其他相关的测试技术。

3）测试系统

测试系统在前面已有介绍，此处不再赘述。

4）数据处理

数据处理包括滤波、变换、识别和估值等过程，以便削弱信号中的干扰分量，增强有用分量。信号分析包括分析信号的类别、构成及特征参数计算等，以便提取特征值，更准确地获取有用信息。由计算机对信号进行分析和处理是测试技术处理信号的主流方式。

1.1.4　测试技术的发展方向

随着现代科学技术的迅速发展，特别是计算机、软件、网络、通信等技术的高速发展，催生了新的一代电子元器件，同时也促使测试技术产生了新的发展趋势。测试技术的发展可归纳为以下几个方面。

1. 新型传感器不断涌现

自然科学研究的新成果不断丰富着测试技术的设计思想。新型测量问题的不断出现和最终解决有赖于传感原理和传感器研究的创新。综合目前国内外的研究状况，该领域大致有两方面主要工作：研究开发全新传感原理和传感器；深入研究和改进已有的传感原理和传感器，以获得更好的性能。前者如近年来获得广泛关注的基于 MEMS 工艺的集成多参数传感器、耐高温压力传感器、微惯性传感器、光纤传感器等；后者如电容、电感、电涡流、光栅尺、磁栅尺、观测型扫描电镜、激光干涉仪等传统传感器的深入原理研究和性能改进措施。新材料技术的发展，特别是半导体、陶瓷、光导纤维、磁性材料，以及智能材料（如形状记忆合金、具有自增殖功能的生物体材料等）的开发，不但使可测量对象大量增多，而且使得传感器从结构型为主转向以物性型为主。近年来，传感器向多维发展，如把几个传感器制造在同一基体上，把同类传感器配置成传感器阵列等。因此，传感器必须微细化、小型化，这样才可能实现多维测量。

2. 测试仪器向高精度和多功能方向发展

仪器与计算机技术的结合产生了全新的仪器结构，即虚拟仪器。虚拟仪器采用计算机开放体系结构取代传统的单机测量仪器，将传统测量仪器的公共部分（如电源、操作面板、显示屏、通信总线和 CPU）集中起来，通过计算机仪器扩展板和应用软件在计算机上实现多种物理仪器装载，实现多功能集成。

一方面，随着实时性要求的提高和微处理器处理速度的加快，原来要由硬件完成的功能，现在可以通过软件来实现，即硬件功能软件化。另一方面，在测试仪器中广泛使用高速数字处理器，极大地增强了仪器的信号处理能力和性能，仪器精度也获得了显著提高。

3. 测试及仿真软件在仪器中广泛应用

随着计算机的运算速度和处理数据能力的不断增加，以及计算机仿真技术的广泛应用，仪器的硬件和测试软件及仿真软件的结合越来越紧密。通过硬件的模块化设计，并配以不同的软件，从而形成不同功能的仪器和不同的测试解决方案。软件无线电的概念已有了全新的解释和现实的应用，例如，利用计算机强大的数学运算和数据处理能力将大量的数字信号处理功能和数据分析功能充分展现在计算机软件之中，通过与不同的数据采集前端相结合，组合出不同功能的信号分析仪。同时，其捕获的信号和数据分析的结果可以作为 EDA 仿真软件的数据来源，用于驱动 ADS 高级设计仿真软件进行部件及系统级仿真，从而实现了测量域和仿真域的有机结合，在设计、仿真和验证之间架起了桥梁，进而实现加速设计，提高设计质量，完善系统及部件的半实物仿真手段，达到迅速拓展满足需要的测量解决方案的目的。

4. 测试系统的智能化和自动化程度不断提高

微处理器在测试系统普遍采用，它不仅简化了硬件结构、缩小了体积及功耗、提高了可靠性、增加了灵活性，而且使仪器的智能化和自动化程度更高。微电子学、微细加工技术和集成化工艺等方面的进展，为这一发展趋势提供了巨大推动力。多核处理器技术成为仪器技术发展的助推剂。越来越多的仪器以通用软件和通用芯片为平台，采用通用商业软件和基于军用标准的软件，用通用软件代替仪器内部操作软件，与通用办公室应用软件连接，充分发挥其效能。随着传感器、调理电路，甚至微处理器集成在一起的智能传感器的出现，各种集成调理电路芯片不断面市，新型显示记录装置的智能化和自动化程度也不断提高。许多原本要用多台仪器实现的功能，现在可以通过集成在一台仪器内甚至一个芯片上的智能化仪器完成。

传统的机械制造系统中，制造和检测常常是分离的。测量环境和制造环境不一致，测量的目的是判断产品是否合格，测量信息对制造过程无直接影响。现代制造业已呈现出和传统制造不同的设计理念和制造技术，测试技术从传统的非现场、“事后”测量，进入制造现场，参与到制造过程，实现现场在线测量。现场、在线测量的共同问题包括非接触快速测量传感器的研制与开发、测量系统及其控制、测量设备与制造设备的集成等方面。近年来，数字化测量的迅速发展为先进制造中的现场、非接触测量提供了有效解决方案。多尺寸视觉在线测量、数码柔性坐标测量、机器人测量机、三维形貌测量等数字化测量原理、技术与系统的研究取得了显著的研究成果，并获得成熟的工业应用。

5. 信息融合技术是现代测试技术出现的新特点

多传感器测量及测量信息融合技术是现代测试技术出现的新特点。现代复杂机电系统涉及信息多，测量信息量大，传感器数量较多，多源巨量信息分析评估困难，需借助数据融合理论进行处理。多传感器测量应用中的数据融合技术正逐渐成为提升测试系统性能的关键技术之一。

6. 测试系统对外开放性不断提高

现代测试系统通常都具备扩展接口，方便扩展和对外通信。新技术的应用，尤其是 Internet 和 Intranet 技术、现场总线技术、图像处理技术和传输技术及自动控制、智能控制的发展和应用，使得现代测试仪器不断地朝着网络化发展。借助于网络技术的应用，可将不同地点的不同仪器、仪表联系在一起，实施网络化测量、数据的传输与共享、故障的网上诊断及技术的网络化培训等。以美国为首的用户和仪器厂商近年来提出了一种新的测试仪器理念和技术——NxTest，它是基于局域网（LAN）的模块化合成仪器（Synthetic Instrument）。

1.2　基础知识

机械工程测试是指：获得机械系统的各项相关参数，为操作、管理者及控制环节提供控制、决策参考，并在生产、试验、控制和运行监测过程中测量各种物理量或其他工程参量及其随时间变化的特性曲线。工程上通过各种测量装置和测量过程实现以上过程。因此，为准确测量到这些物理量及其随时间变化的特性曲线，有必要研究测量装置和测量过程在总体上应达到的性能指标。为使测量结果具有普遍性和科学意义，需要令测量过程具备一定的条件。首先，测量过程是被测量的量与标准或相对标准量的比较过程。作为比较用的标准量值必须是已知的，且是合法的，才能确保测量值的可信度及测量值的溯源性。其次，进行比较的测量系统必须进行定期检查、标定，以保证测量的有效性、可靠性，使测量过程有意义。

本节主要讨论与测量过程相关的一些基本概念。

1.2.1　量与量纲

量是指现象、物体或物质可定性区别和定量确定的一种属性。不同类的量彼此可以定性区别，如长度与质量是不同类的量。同一类中的量之间是以量值大小来区别的。

1. 量值

量值是用数值和计量单位的乘积来表示的。它被用来定量地表达被测对象相应属性的大小，如 9.8m、120kg、40W 等。其中，9.8、120、40 是量值的数值。显然，量值的数值就是被测量与计量单位之比值。

2. 基本量和导出量

在科学技术领域中存在着许许多多的量，它们彼此有关。为此专门约定选取某些量作为基本量，而其他量则作为基本量的导出量。量的这种特定组合称为量制。在量制中，约定基本量是相互独立的量，而导出量则是由基本量按一定函数关系来定义的。

3. 量纲和量的单位

量纲代表一个实体（被测量）的确定特征，而量纲单位则是该实体的量化基础。例如，长度是一个量纲，而厘米则是长度的一个单位；时间是一个量纲，而秒则是时间的一个单位。一个量纲是唯一的，然而一种特定的量纲，如长度，则可用不同的单位来测量，如米、毫米或英里等。不同的单位制必须被建立和认同，即这些单位制必须被标准化。由于存在着不同的单位制，在不同单位制间的转换基础方面也必须有协议。

在国际单位制（SI）中，基本量约定为：长度、质量、时间、温度、电流、发光强度和物质的量等七个量。它们的量纲分别用 L、M、T、t、I、J 和 n 表示。导出量的量纲可用基本量量纲的幂的乘积来表示。例如，导出量——力的量纲是 LMT^{-2}，电阻的量纲是 $L^{2}MT^{-3}I^{-2}$。工程上会遇到无量纲量，其量纲中的幂都为零，实际上它是一个数，如弧度（rad）。

1.2.2　计量单位

为了求得国际上的统一，国际计量大会于 1960 年建立了统一的“国际单位制”（International System of Unit），简称 SI 制。法定计量单位是强制性的，各行业、各组织都必须遵照执行，以确保单位的一致。

我国的法定计量单位是以国际单位制为基础并选用少数其他单位制的计量单位来组成的。国际单位规定七个基本单位分别为米、千克、秒、安[培]、开[尔文]、坎[德拉]、摩[尔]。

1）米（m）

长度单位，单位符号为 m。1889 年曾规定 1m 等于保存在巴黎国际计量局内的铂铱合金棒上两根细线在 0℃时的距离。1960 年第十一次国际计量大会重新规定，1m 等于真空中氪-86（Kr-86）在 2 和 5 能级间跃迁时辐射的橘红光的波长的 1650763.73 倍。1983 年新基准规定 1m 是光在真空中（1/299792458）s 时间间隔内所经路径的长度。

英制长度单位和 SI 制长度单位之间的换算关系为

$$1\,英寸=2.54\,厘米$$

2）千克（kg）

质量单位，单位符号为 kg。1889 年规定以保存在巴黎国际计量局内的高度和直径均为 39.17mm 的铂铱合金圆柱体——国际千克原器为质量标准。

规定英制质量单位与 SI 制质量单位之间的换算关系为

$$1\,磅=453.59237\,克$$

3）秒（s）

时间单位，单位符号为 s。1960 年，规定以英国格林尼治 1899 年 12 月 31 日正午算起的回归年的 31556925.9747 为 1s。但该标准的建立需要依靠天文观测，使用起来不方便。1967 年第十三次国际计量大会上规定 1s 为铯-133（Cs-133）原子基态的两个超精细能级之间跃迁所产生的辐射周期 9192631770 倍的持续时间。该标准的准确度可达 3×10^{-9}。

4）安［培］（A）

电流单位，单位符号为 A。真空中两根相距 1m 的无限长的圆截面极小的平行直导线内通以恒定的电流，使这两根导线之间每米长度产生的力等于 2×10^{-7}N，这个恒定电流就是 1A。它由电流天平来实现。

5）开［尔文］（K）

热力学温度单位，单位符号为 K。开［尔文］是水的三相点（水的固、液、气三相共存的温度）的热力学温度的 1/273.16。热力学温标是建立在热力学第二定律的基础上的，它和工作介质的性质无关，因此是一种理想的温标。热力学温标因 0K 无法达到而难以实现，故又规定用国际温标来复制温度基准。国际温标由基准点、基准温度计和补插公式三部分组成。它选择一些纯净物质和平衡态温度作为温标的基准点。1968 年国际温标共规定了十一个基准点，然后又规定了在不同温度区间中使用的基准温度计和插值公式。例如，在冰点（0℃）和锑点（630.5℃）之间，采用纯铂电阻温度计为基准温度计，在这个温度区间内各中间点的温度用纯铂电阻温度计按下式计算。

$$R_t = R_0\left(1 + At + Bt^2\right)$$

式中，R_0、A、B 为三个常数，通过冰点（0℃）、汽点（100℃）、硫点（444.600℃）来测定。

摄氏温标是工程上通用的温标。摄氏温度和热力学温度间的换算关系为

$$t = T - 273.15(℃)$$

$$T = t + 273.15(\mathrm{K})$$

式中，t 为摄氏温度；T 为热力学温度。

6）坎［德拉］（cd）

发光强度单位，单位符号为 cd。规定 1cd 是一光源在给定方向上的发光强度。该光源发出频率为 5.4×10^{14}Hz 的单色辐射，在此方向上的辐射强度为（1/683）W/sr（瓦每球面度）。

7）摩［尔］（mol）

物质的量的单位，单位符号为 mol。规定构成物质系统的结构粒子数目和 0.012kg 碳-12 中的原子数目相等时，这个系统的物质的量为 1mol。使用这个单位时，应指明结构粒子。它们可以是原子、分子、离子、电子、光子及其他粒子，也可以是这些粒子的特定组合。

在国际单位制中，平面角的单位（弧度）和立体角的单位（球面度）未归入基本单位或导出单位，而将其称为辅助单位。辅助单位既可以作为基本单位使用，又可以作为导出单位使用。它们的定义如下。

弧度（rad）是一个圆内两条半径在圆周上所截取的弧长与半径相等时，它们所夹的平面角的大小。

球面度（sr）是一个立体角，其顶点位于球心，而它在球面上所截取的面积等于以球半径为边长的正方形面积。

在国际单位制中，其他物理量的单位可通过与基本单位相联系的物理关系来定。在选定了基本单位和辅助单位之后，按物理量之间的关系，由基本单位和辅助单位以相乘或相除的形式所构成的单位称为导出单位。

为适应全国各地区、各部门生产建设和科学研究的需要，除国家标准计量局管理的国家计量基准器外，还要根据不同等级的准确度建立各级计量标准器及日常使用的工作标准器。例如，温度测量，除国家标准计量局遵照国际温标规定，建立一套温度基次（包括基准温度计和定点分度装置）作为全国温度最高标准外，还设立了一级和二级标准温度计，逐级比较检定，把量值传递到工作温度计，使全国温度计示值都一致，以得到统一的温度测量。

对于各个导出单位，我国也建立了相应的测量标准，如力的标准、加速度标准等。这些量的标准制定和建立及量值的传递，是进行准确测量的基础，对实际测量具有重大意义。

1.2.3　基准和标准

为了确保量值的统一和准确，除了对计量单位做出严格的定义外，还必须有保存、复现和传递单位的一整套制度和设备。

基准是用来保存、复现计量单位的计量器具。它是具有现代科学技术所能达到的最高准确度的计量器具。基准通常分为国家基准、副基准和工作基准三种等级。

国家基准是指在特定计量领域内，用来保存和复现该领域计量单位并具有最高的计量特性，经国家鉴定、批准作为统一全国量值最高依据的计量器具。

副基准是指通过与国家基准对比或校准来确定其量值，并经国家鉴定、批准的计量器具。在国家计量检定系统中，副基准的位置仅低于国家基准。

工作基准是指通过与国家基准或副基准对比或校准，用来检定计量标准的计量器具。它的设立是为了避免频繁使用国家基准和副基准，免得它们丧失其应有的计量特性。在国家计量检定系统中，工作基准的位置仅低于国家基准和副基准。

计量标准是指用于检定工作计量器具的计量器具。

工作计量器具是指用于现场测量而不用于检定工作的计量器具。一般测量工作中使用的绝大部分就是这一类计量器具。

1.2.4　测量误差

任何测量结果都是有误差存在的。误差自始至终存在于一切科学实验和测量过程中。误差无法消除，但是误差的大小在一定范围内可控。误差的大小是测量者更为关心的。

1. 测量误差的定义

测量结果与被测量真值之差称为测量误差，即

$$测量误差=测量结果-真值 \tag{1-1}$$

测量误差简称为误差。此定义联系着三个量，只需知道其中的两个量，就能得到第三个量。但是，在现实中往往只知道测量结果，其余两个量却是未知的。这就带来许多问题，例如，测量结果究竟能不能代表被测量，有多大的可置信度，测量误差的规律是怎样的，如何评估它，等等。

1）真值

真值即真实值，是指在一定时间和空间条件下，被测物理量客观存在的实际值。真值通常是不可测量的未知量，一般说的真值是指理论真值、规定真值和相对真值。

理论真值：理论真值也称绝对真值。如平面三角形内角之和恒为π。

规定真值：国际上公认的某些基准量值。如 1960 年国际计量大会规定，“1 米等于真空中氪-86 原子的 $2p_{10}$ 和 $5d_1$ 能级间跃迁时辐射的 1650763.73 个波长的长度”。这个米基准就当作计量长度的规定真值。规定真值也称约定真值。

相对真值：是指计量器具按精度不同分为若干等级，上一等级的指示值即为下一等级的真值，此真值称为相对真值。

2）误差

误差存在于一切测量中，误差定义为测量结果减去被测量的真值，即

$$\Delta x = x - x_0 \tag{1-2}$$

式中，Δx 为测量误差（真误差）；x 为测量结果（测量所得到的被测量值）；x_0 为被测量的真值。

3）残余误差

残余误差为测量结果减去被测量的最佳估计值，即

$$u = x - \overline{x} \tag{1-3}$$

式中，u 为残余误差（简称残差）；$\overline{x}$ 为真值的最佳估计（约定真值）。

式（1-3）是研究误差最常用的公式之一。

2. 误差分类

实际工作中常根据产生误差的原因把误差分为：工具误差、方法误差、环境误差、观测误差和调整误差等。

工具误差：它包括试验装置、测量仪器所带来的误差，如传感器的非线性等。

方法误差：测量方法不正确引起的误差称为方法误差，包括测量时所依据的原理不正确而产生的误差，这种误差也称为原理误差或理论误差。

环境误差：在测量过程中，因环境条件的变化而产生的误差称为环境误差。环境条件主要指环境的温度、湿度、气压、电场、磁场及振动、气流、辐射等。

观测误差和调整误差属于人员误差。人员误差：测量者生理特性和操作熟练程度的优劣引起的误差称为人员误差。

为了便于对测量误差进行分析和处理，按照误差的特点和性质可分为以下几类。

1）随机误差

在相同的测量条件下，多次测量同一物理量时，误差的绝对值与符号以不可预定的方式变化着。也就是说，产生误差的原因及误差数值的大小、正负是随机的，没有确定的规律性，或者说带有偶然性，这样的误差就称为随机误差。随机误差就个体而言，从单次测量结果来看是没有规律的，但就其总体来说，随机误差服从一定的统计规律。

2）系统误差

在相同的测量条件下，多次测量同一物理量时，误差不变或按一定规律变化着，这样的误差称为系统误差。系统误差等于误差减去随机误差，是具有确定性规律的误差，可以用非统计的函数来描述。

系统误差又可按下列方法分类。

（1）按对误差的掌握程度可分为已定系统误差和未定系统误差。

已定系统误差：误差的变化规律为已知的系统误差。

未定系统误差：误差的变化规律为未确定的系统误差。这种系统误差的函数公式还不能确定，一般情况下可估计出这种误差的最大变化范围。

（2）按误差的变化规律可分为定值系统误差、线性系统误差、周期系统误差和复杂规律系统误差。

定值系统误差：误差的绝对值和符号都保持不变的系统误差。

线性系统误差：误差是按线性规律变化的系统误差，误差可表示为一个线性函数。

周期系统误差：误差是按周期规律变化的系统误差，误差可表示为一个三角函数。

复杂规律系统误差：误差是按非线性、非周期的复杂规律变化的系统误差，误差可用非线性函数来表示。

3）粗大误差

粗大误差是指那些误差数值特别大，超出在规定条件下的预计值。测量结果中有明显错误的误差，称为粗差。出现粗大误差的原因是测量时仪器操作失误，或读数错误，或计算出现明显错误等。粗大误差一般是由测量者粗心大意、实验条件突变造成的。

粗大误差由于误差数值特别大，容易从测量结果中发现。一经发现有粗大误差，应认为该次测量无效，即可消除其对测量结果的影响。

如果根据误差的统计特征来分，还可以将误差分为以下两种。

（1）在对同一被测量进行多次测量的过程中，出现某种保持恒定或按确定的方式变化着的误差，就是系统误差。在测量偏离了规定的测量条件时，或测量方法引入了会引起某种按确定规律变化的因素时就会出现此类误差。

通常按系统误差的正负号和绝对值是否已经确定，可将系统误差分为已定系统误差和未定系统误差。

在测量中，已定系统误差可以通过修正来消除。

（2）当对同一量进行多次测量中，误差的正负号和绝对值以不可预知的方式变化着，此类误差称为随机误差。测量过程中有着众多的、微弱的随机影响因素存在，它们是产生随机误差的原因。

随机误差就其个体而言是不确定的，但其总体却有一定的统计规律可循。

随机误差不可能被修正。但在了解其统计规律性之后，还是可以控制和减少它们对测量结果的影响。

3. 误差表示方法

根据误差的定义，误差的量纲、单位应当和被测量一样。这是误差表述的根本出发点。然而习惯上常用与被测量量纲、单位不同的量来表述误差。严格地说，它们只是误差的某种特征的描述，而不是误差量值本身，学习时应注意它们的区别。这里仅介绍常用的几种误差表示方法：绝对误差、相对误差和引用误差。

1）绝对误差

如式（1-2）所示，绝对误差是指测量值与真值之差。

2）相对误差

相对误差是指绝对误差与被测量值（真值）之比值，通常用百分数表示，即

$$相对误差=绝对误差\div真值\times100\% \tag{1-4}$$

用符号表示，即

$$r=\frac{\Delta x}{x_0}\times100\%$$

当被测量值为未知数时，一般可用测量值的算术平均值代替被测量值。对于不同的被测量值，用测量的绝对误差往往很难评定其测量精度的高低，通常采用相对误差来评定。

3）引用误差

引用误差为测量仪器的绝对误差除以仪器的满度值，即

$$r_m=\frac{\Delta x}{x_m}\times100\% \tag{1-5}$$

式中，r_m 为测量仪器的引用误差；Δx 为测量仪器的绝对误差，一般指的是测量仪器的示值绝对误差；x_m 为测量仪器的满度值，一般又称为引用值，通常是测量仪器的量程。

引用误差实质是一种相对误差，可用于评价某些测量仪器的准确度高低。国际上规定电测仪表的精度等级指数 a 分为 0.1、0.2、0.5、1.0、1.5、2.5、5.0 共七级，其最大引用误差不超过仪器精度等级指数（ICJ）的百分数，即 $r_m<a\%$。

4. 表征测量结果质量的指标

常用正确度、精密度、准确度和不确定度等来描述测量的可信度。

1）正确度

正确度表示测量结果中系统误差大小的程度，即由于系统误差而使测量结果与被测量值偏离的程度。系统误差越小，测量结果越正确。

2）精密度

精密度表示测量结果中随机误差大小的程度，即在相同条件下，多次重复测量所得测量结果彼此间符合的程度。随机误差越小，测量结果越精密。

3）准确度

准确度是精密度和正确度的综合反映。准确度高，说明精密度和正确度都高，也就意味着系统误差和随机误差都小，因而最终测量结果的可信赖度也高。

4）不确定度

不确定度是指由于测量误差的存在而对被测量值不能确定的程度，是定量描述测量结果质量的指标。不确定度按估计其数值所用的计算方法不同归为 A 类不确定度、B 类不确定度和合成不确定度。

A 类不确定度：对一系列多次重复测量值，用统计方法计算出的标准偏数标准不确定度；B 类不确定度：用其他方法估算出的近似的标准偏差。用合成标准偏差的方法（如方和根法）来合成 A 类分量和 B 类分量，合成后仍以标准偏差的形式表示，称为合成不确定度。

第 2 章　机械测试系统的信号分析

信息的获取、传输和交换已经成为人类最基本的社会活动。信息是反映一个系统的状态或特性的预先未知知识，是人类对外界事物的感知。工程实践、科学研究过程中拥有大量的信息，为了发现事物的内在规律、研究事物之间的相互关系及预测未来发展的规律，生产实践中需要通过一定的手段获取并处理这些信息。工程上，客观存在的事物的信息可以通过测量装置变成容易测量、记录和分析的信号。通常把随时间和空间变化的物理量称为信号。信号是信息的载体，是信息的表现形式，而信息则是信号的内容。

测试工作的目的就是获取研究对象中有用的信息，而信息又蕴含于信号之中。可见，测试工作始终离不开信号。工程测试中，通过传感器获得被测对象的信号，而这些信号通常是随时间变化的波形。用时间的函数（或序列）来表述该函数的图形称为信号的波形，其中蕴含着被测对象的状态等信息。但仅通过对信号波形的直接观察，是无法获取所需要的有用信息的，必须进行一定的变换和处理。因此信号的获取、分析和处理等也是测试工作的重要内容，深入了解信号及其分析方法是工程测试的基础。

本章主要介绍机械工程测试系统中信号的分类及描述方法，重点讨论周期信号的分解与频谱分析方法，为测试系统的分析提供依据。

2.1　信号的分类与描述

信息的描述通过信号参量的变化来反映，可以用数学解析式来表示，也可以用图形来表示。为便于分析和讨论，有必要从不同的研究角度出发，对信号加以分类并从不同角度对其进行描述。

2.1.1　信号的分类

为了更好地了解信号的物理特性及其所代表的客观事物的实质，通常将信号分类后进行研究。按数学关系、取值特征、能量功率、处理分析方法等，可以将机械工程测试系统中的信号分为确定性信号和随机信号、连续信号和离散信号、能量信号和功率信号等。值得注意的是，对于客观世界，时间不为负值，因而信号不可能取自时间轴上的负半部分。也就是说，当$t<0$时，信号无意义。本章所讨论的多数信号为时间轴右半侧的实际信号。

1. 确定性信号和随机信号

确定性信号是指可明确地用数学关系式描述其随时间变化关系的信号。确定性信号可表示为一个确定的时间，因而可确定其任何时刻的量值。这类信号的幅值与时间对应关系唯一，可以用确定性的图形、曲线或解析式来准确描述其过程。若其为时间的一元函数，则对于指定的某一时刻，就可确定唯一相对应的函数值，因此也称为规则信号。确定性信号根据其波形是否有规律地重复再现可分为周期信号和非周期信号。

1）周期信号

周期信号按一定时间间隔重复出现，无始无终。这类信号可用数学表达式（2-1）来表示。

$$x(t)=x\left(t+nT_0\right),\qquad n=0,1,\cdots \tag{2-1}$$

式中，$T_0>0$，是信号重复的最短时间，即周期信号的周期。

由式（2-1）可知，只要给出周期信号在任一周期内的变化过程，便可确定其在任一时刻的数值。常见的典型周期信号有简谐信号（正弦信号、余弦信号）。

例如，如图 2-1 所示的集中参量的单自由度振动系统做无阻尼自由振动时，其位移 $x(t)$ 就是确定性的。图中 A 为质点 m 的静态平衡位置。

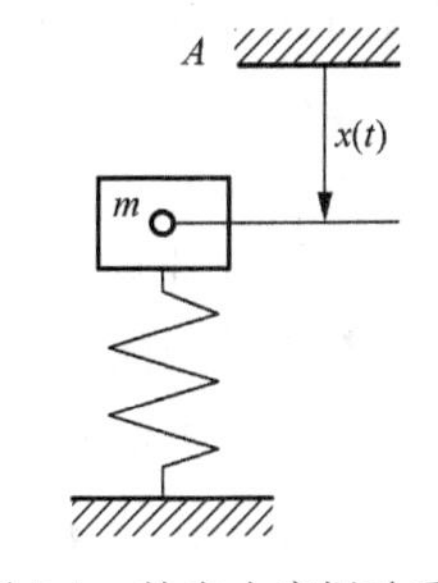

图 2-1　单自由度振动系统

位移 $x(t)$ 可用式（2-2）来确定质点的瞬时位置。

$$x(t)=x_0\sin\left(\sqrt{\frac{k}{m}}t+\varphi_0\right) \tag{2-2}$$

式中，x_0、φ_0 为初始条件的常数；m 为质量；k 为弹簧刚度；t 为时间。

该系统周期为 $T_0=\dfrac{2\pi}{\sqrt{k/m}}$，角频率为 $\omega_0=\dfrac{2\pi}{T_0}=\sqrt{\dfrac{k}{m}}$。

又如，电力系统中经常用正弦函数表示电压或电流与时间的关系，即

$$U=U_m\sin\left(\omega t+\varphi\right) \tag{2-3}$$

式中，U_m 为电压最大值，工频电压为 220V；ω 为频率，工频电频率为 50Hz；φ 为初相位。

2）非周期信号

与周期信号不同，确定性信号中有一类信号不具有周期重复性，这类信号称为非周期信号。非周期信号往往具有瞬变性，可以将其看成是周期 $T\to\infty$ 的周期信号。

非周期信号有两种：准周期信号和瞬变非周期信号。准周期信号是由两种以上的周期信号合成的，但其组成分量间无法找到公共周期，因而无法按某一时间间隔周而复始重复出现。准周期信号的频率间不是公式关系，其频率比不是有理数。在工程技术领域，不同的独立振源对某对象激振而形成的信号往往属于准周期信号。除了准周期信号之外的其他非周期信号，是一些或在一定时间区间内存在，或随着时间的增长而衰减至零的信号，并称为瞬变非周期信号。图 2-1 所示的单自由度振动系统加上阻尼装置后，质点位移 $x(t)$ 可用式（2-4）表示。

$$x\left(t\right)=x_0\mathrm{e}^{-at}\sin\left(\omega_0 t+\varphi_0\right) \tag{2-4}$$

图 2-2 是一种瞬变非周期信号，随时间的无限增加而衰减至零。

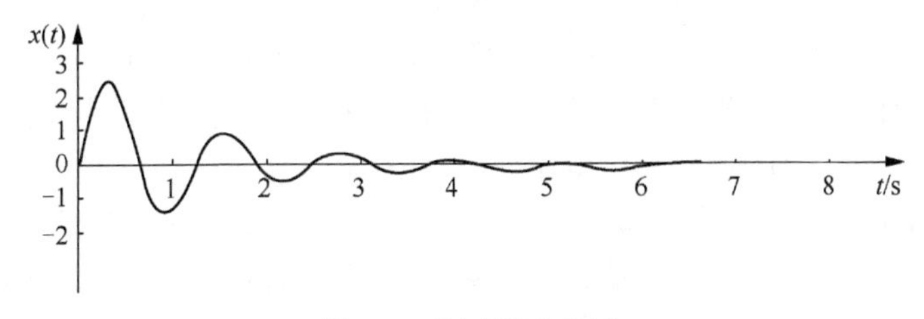

图 2-2　衰减振动信号

3）随机信号

随机信号也称为非确定性信号，是一种不能准确预测其未来瞬时值，也无法用数学关系式来描述的信号。这类信号的幅值、频率、相位的变化不可预知，所描述的物理现象是一种随机过程。但是它具有某些统计特征，可以用概率统计方法由其过去估计其未来，所以又将其称为统计时间信号。随机信号所描述的现象是随机过程。自然界和生活中有许多随机过程，例如，机床运转过程中受到外力产生的振动，汽车行驶时受到环境噪声等。

随机信号不能用数学表达式明确地表示出来，但是可以用统计方法估计其未来值。按照信号的统计特征，随机信号又分为平稳随机信号与非平稳随机信号两大类。其统计特征参数不随时间而变化的随机过程，称为平稳随机过程；否则为非平稳随机过程。

对于随机信号的统计特征，本书将在后面章节进行详细讨论。

2. 连续信号和离散信号

根据信号的连续性，测试系统中的信号分为连续信号与离散信号。实际采集到的信号通常是随时间变化的，因此这里所讨论的信号都是以时间作为独立变量。

若信号数学表示式中的独立变量在时间上的取值是连续的，则称为连续信号。连续信号在所讨论的时间间隔内，除若干个第一类间断点外，对于任意时间值，都可以给出确定的函数值。

知识链接　第一类间断点应满足的条件是：函数在间断点处左极限与右极限存在，左极限与右极限不等，间断点收敛于左极限与右极限值的中点。

若独立变量在时间上的取值是离散值，则称为离散信号。离散信号在所处区间内，时间是离散的，只是在某些不连续的规定瞬时给出函数值，即在一些间断点上有定义，在间断点之外是没有定义的，也称为时间序列。

实际信号通常是随时间变化的。将连续信号采样后可以得到离散信号。离散信号可以用离散图形表示，或用数字序列表示。如图 2-3(a)将连续信号等时距采样后的结果就得到了离散信号，如图 2-3(b)所示。

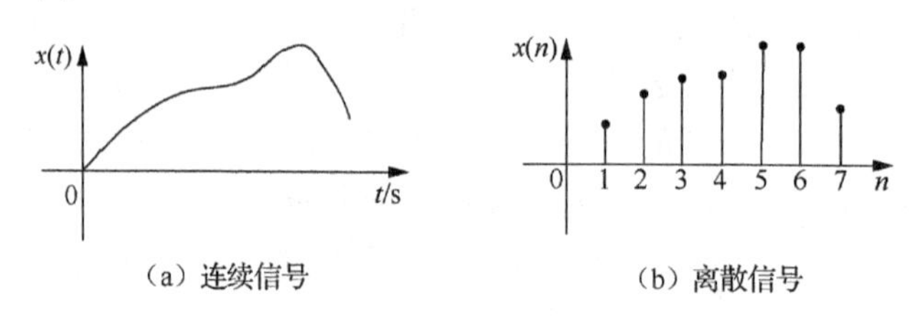

（a）连续信号　　（b）离散信号

图 2-3　连续信号和离散信号

连续信号的幅值可以是连续的，也可以是离散的。独立变量和幅值均取连续值的连续信号，也称为模拟信号；离散信号的幅值被限定为某些离散值时，也称为数字信号。对于测试系统来说，传感器测量到的各类物理量都是时间上连续变化的量。

如果离散时间信号是由某一连续信号离散化得到的，其幅值是连续信号上的一些离散点，则称该离散信号是抽样信号，工程上常称为采样信号。采样信号的时间是离散的，但幅值是连续的。采样信号是一类典型的离散信号，在信号控制理论分析中经常用到。

由于计算机只能处理有限的数值，即只能处理数字信号，因此信号的计算机处理首先要将连续信号时间离散化（抽样）和幅值离散化（量化），转换成数字信号，才能进行相应的处理和运算。

3. 能量信号和功率信号

为了研究不同信号所具有的能量或功率的分布规律，从能量观点把信号分为能量信号和功率信号两大类。

若把信号看作加在1Ω电阻两端的电压或通过的电流，则瞬时功率为

$$P(t)=x(t)^2 \tag{2-5}$$

瞬时功率对时间积分就是信号在该积分时间内的能量。信号的能量定义为信号幅度平方的时间积分。单位电阻在$|t|\leqslant T$所消耗的总能量定义为

$$E=\lim_{T\to\infty}\int_{-T}^{T}|x(t)|^2\mathrm{d}t \tag{2-6}$$

信号的平均功率定义为单位时间上信号的能量，即

$$P=\lim_{T\to\infty}\frac{1}{2T}\int_{-T}^{T}|x(t)|^2\mathrm{d}t \tag{2-7}$$

1）能量信号

在所分析的区间$(-\infty,+\infty)$，能量为有限值的信号称为能量有限信号，简称为能量信号。能量信号仅在有限区间段内有值，或在有限区间内其幅值可衰减至小于给定的误差或趋于零，如矩形脉冲信号、衰减指数函数等。

当

$$\int_{-\infty}^{+\infty}x^2(t)\mathrm{d}t<\infty \tag{2-8}$$

时，连续信号$x(t)$为能量信号。

当

$$\sum_{n=-\infty}^{+\infty}|x(n)|^2<\infty \tag{2-9}$$

时，离散信号$x(n)$为能量信号。

若信号平方可积，即满足能量信号条件，则其平均功率必为零，即能量信号的平均功率为零。

2）功率信号

若信号在区间$(-\infty,+\infty)$的能量是无限的，即

$$\int_{-\infty}^{+\infty}x^2(t)\mathrm{d}t\to\infty \tag{2-10}$$

但在有限区间(t_1,t_2)的平均功率为有限值，即

$$\frac{1}{t_2-t_1}\int_{t_1}^{t_2}x^2(t)\mathrm{d}t<\infty \tag{2-11}$$

则称其为功率有限信号，或功率信号。

一个幅度有限的周期信号或随机信号，按定义其总能量应为无限，但其功率却是有限的，故称为功率信号。

根据定义，能量信号功率为零。而功率信号量为无限，所以一个信号不能既是能量信号又是功率信号（可以全不是）。实际上，客观存在的信号大多是持续时间为有限的能量信号。

图 2-4 为典型的能量信号 $x(t)=\mathrm{e}^{-2|t|}$，而 $x(t)=\mathrm{e}^{-2t}$ 则既非功率信号也非能量信号（图 2-5）。

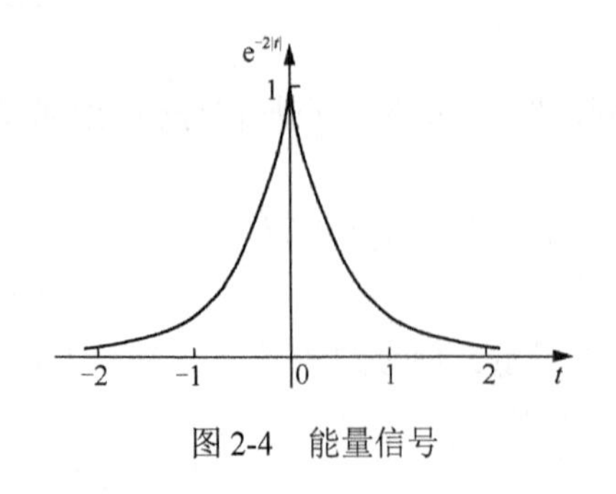

图 2-4　能量信号

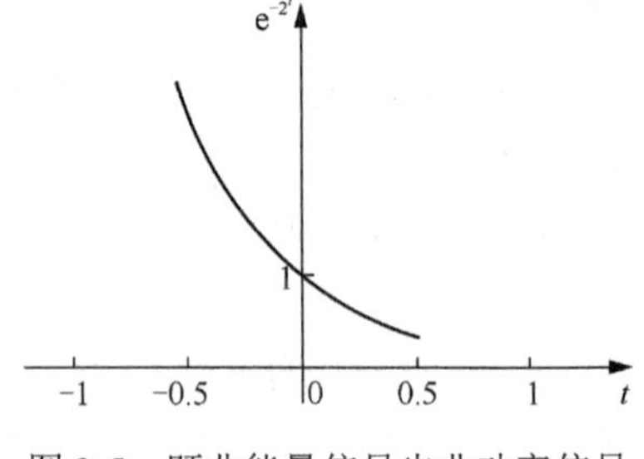

图 2-5　既非能量信号也非功率信号

必须注意，信号的功率和能量未必具有真实物理功率和能量的量纲。

4. 信号的其他分类方法

1）一维信号和多维信号

从数学表达式来看，信号可以表示为一个或多个变量的函数。话音信号可表示为声压随时间变化的函数，这是一维信号。一张黑白图像的每个点（像素）具有不同的光强度，任一点又是二维平面坐标中两个变量的函数，这是二维信号。实际上，还可能出现更多维数变量的信号。例如，电磁波在三维空间传播，同时考虑时间变量而构成四维信号。

在测试技术这门课程中，只研究一维信号，且自变量为时间。个别情况下，自变量可能不是时间。采用空间坐标，例如，在气象观测中，温度、气压或风速将随高度而变化，此时自变量为高度。

2）时域有限信号（时限信号）和频域有限信号（频限信号）

时域有限信号是指时间信号在有限的时间区域 (t_1,t_2) 内有定义，而其外延恒等于零。频域有限信号是指信号经过傅里叶变换，在频域内占据一定带宽 (f_1,f_2)，其外延恒等于零。根据对偶原理，一个信号在时域内有限，其频谱必然为无限；反之，若信号在频域内有限，则时域内必然是无限的。即一个信号不可能既是时限信号又是频限信号。如矩形脉冲信号、三角脉冲信号、余弦脉冲信号为时域有限信号，而周期信号、指数信号、随机信号等均为时域无限信号；正弦信号为频域有限信号，而白噪声等均为频域无限信号。图 2-6、图 2-7 分别为矩形脉冲信号与余弦信号的波形及其频谱。

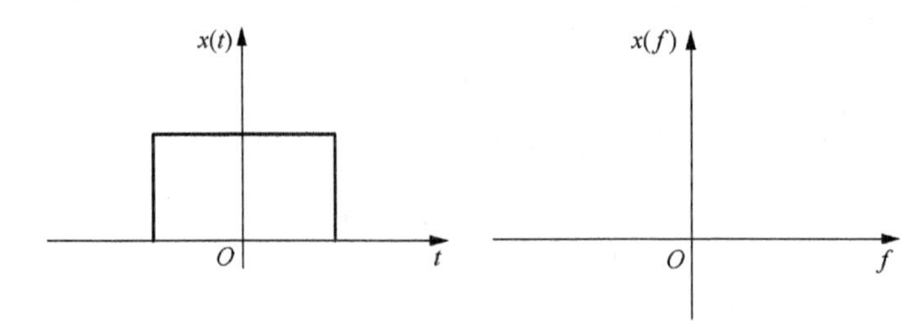

图 2-6　矩形脉冲信号波形及其频谱

3）因果信号与非因果信号

如果信号在 $(-\infty,0)$ 时间区间内取值为零，则该信号为因果信号；否则，为非因果信号。实际中的信号大多是因果信号，因为这种信号反映了物理上的因果规律，所以又称为物理可实现信号。

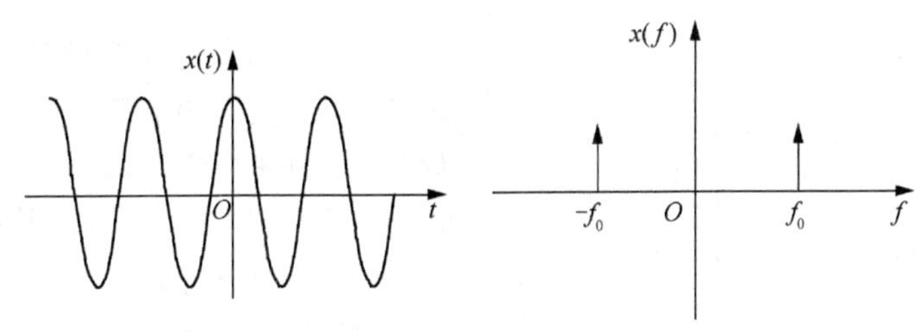

图 2-7　余弦信号波形及其频谱

例如，切削过程中，可以把机床、刀具、工件构成的工艺系统作为一个物理系统，把工件上的硬质点或切削刀具上积屑的突变等作为振动脉冲，仅在该脉冲作用于系统之后，振动传感器才有描述刀具振动的输出。又如，地震后的振动信号，人们不可能在振动发生前去预报，所测得的只是地震后的信号，是因果信号。如图 2-8 所示，由脉冲激励引起的质量块的振动响应是典型的因果信号。

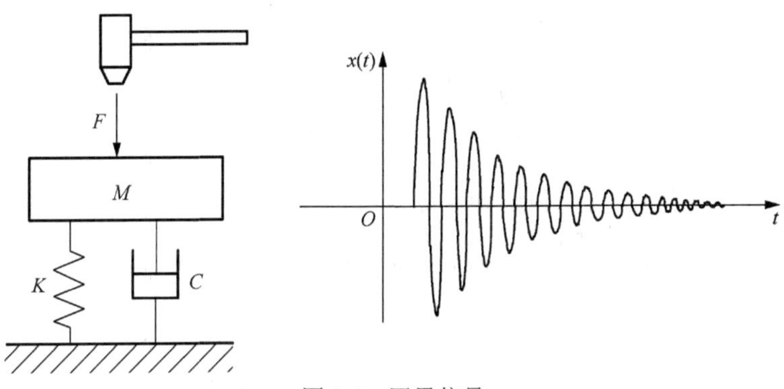

图 2-8　因果信号

4）奇异信号

如果信号函数本身具有不连续点，或者其导数与积分有不连续点，这种信号称为奇异信号。冲激信号与阶跃信号是两种常用的奇异信号。

5）实信号与复信号

依据信号取值，信号分为实信号和复信号。实信号就是实（值）函数，而复信号就是复（值）函数。显然，从关系上讲，实信号是复信号的一个子类，且一个复信号需要用两个实信号（实部信号和虚部信号）来表示。实际中存在的信号取值一般都为实数，因此大多为实信号，复信号通常是为了分析方便而引入的理想信号。

2.1.2　信号的描述

描述信号的变化过程通常有时域和频域两种方法。直接观测成记录的信号一般为随时间变化的物理量，这种以时间为独立变量，用信号的幅值随时间变化的函数或图形来描述信号的方法称为时域描述。信号的时域描述主要反映信号的幅值随时间变化的特征。时域描述简单直观，只能反映信号的幅值随时间变化的特性，而不能明确揭示信号的频率成分。

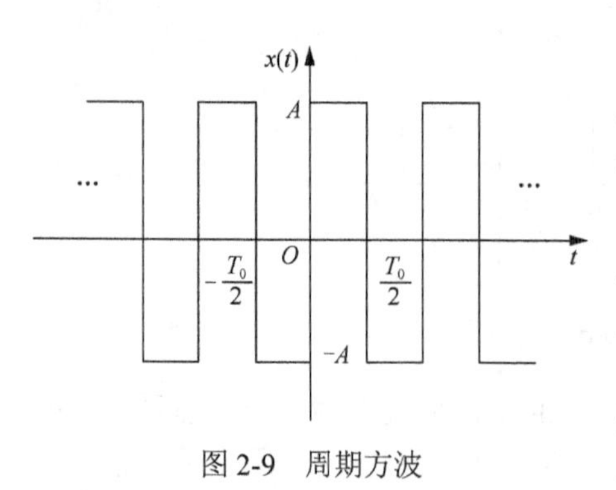

图 2-9　周期方波

为了更加全面深入地研究信号，从中获得更多有用的信息，常把时域描述的信号变换为信号的频域描述，即以频率作为独立变量来表示信号。频率描述法需要将信号与系统的时间变量函数或序列变换成对应频率域中的一系列基本信号的频域表达形式之和，从频率分布的角度出发来研究信号的频域特性、信号的结构及各种频率成分的幅值和相位关系。频域描述法常采用傅里叶变换将信号从时域变换到频域进行分析。

例如，图 2-9 是一个周期方波的一种时域描述，而式（2-12）则是其时域描述的另一种形式。

$$\begin{cases} x(t) = x\left(t + nT_0\right) \\ x(t) = \begin{cases} A, & 0 < t < \dfrac{T_0}{2} \\ -A, & -\dfrac{T_0}{2} < t < 0 \end{cases} \end{cases} \tag{2-12}$$

若该周期方波应用傅里叶级数展开，即得

$$x(t) = \frac{4A}{\pi}\left(\sin\omega_0 t + \frac{1}{3}\sin 3\omega_0 t + \frac{1}{5}\sin 5\omega_0 t + \cdots\right) \tag{2-13}$$

式中，$\omega_0 = \dfrac{2\pi}{T_0}$。

式（2-13）表明该周期方波是由一系列幅值和频率不等、相角为零的正弦信号叠加而成的。实际上，式（2-13）可改写成

$$x(t) = \frac{4A}{\pi}\left(\sum_{n=0}^{\infty}\frac{1}{n}\sin\omega t\right) \tag{2-14}$$

式中，$\omega = n\omega_0$，$n = 1,3,5,\cdots$。可见，此式中除 t 之外尚有另一变量 ω（各正弦成分的频率）。若视 t 为参变量，以 ω 为独立变量，则式（2-14）即为该周期方波的频域描述。

在信号分析中，将组成信号的各频率成分找出来，按序排列，得出信号的频谱。若以频率为横坐标、分别以幅值或相位为纵坐标，便分别得到信号的幅频谱或相频谱。

在时域中，两方波除彼此相对平移 $T_0/4$ 之外，其余完全一样。但两者的幅频谱虽然相同，相频谱却不同。平移使各频率分量产生了 $n\pi/2$ 相角，n 为谐波次数。总之，每个信号有其特有的幅频谱和相频谱，故在频域中每个信号都需同时用幅频谱和相频谱来描述。

信号时域描述直观地反映出信号瞬时随时间变化的情况；频域描述则反映信号的频率组成及其幅值、相角之大小。为了解决不同问题，往往需要掌握信号不同方面的特征，因而可采用不同的描述方法。例如，评定及其振动烈度需用振动速度的均方根值作为判据。若速度信号采用时域描述，就能很快求得均方根值。而在寻找振源时，需要掌握振动信号的频率分量，这就需要采用频域描述。实际上，这两种描述方法能相互转换，而且包含同样的信息量。

采用时域法和频域法来描述信号和分析系统，完全取决于不同测试任务的需要。例如，评定机器的振动烈度，需用振动速度的均方根值作为判据，可采用时域描述；寻找振源时，

需要了解振动信号的频率分量，此时需要频域描述。时域描述直观地反映信号随时间变化的情况，频域描述则侧重描述信号的组成成分。但无论采用哪一种描述方法，同一信号均含有相同的信息量，不会因采取不同的方法而增添或减少信号的信息量，并且两种方法可以相互转换。

2.2　周期信号与离散频谱

实际测试系统中的信号比较复杂，经时域分析不能够完全提取出所有的信息。为了更加全面深入地研究信号，从中获得更多有用的信息，常把时域描述的信号变换为信号的频域描述，即以频率作为独立变量来表示信号。信号的时域、频域描述是可以相互转换的，二者包含同样的信息量。描述和分析信号的频率组成的主要方法是傅里叶分析，也称为频域描述或频谱分析。本节将从周期信号、非周期信号的频域描述入手，运用数学手段，对周期信号进行频谱分析，并介绍周期信号的强度描述方法。

2.2.1　傅里叶级数的三角展开式

在有限区间上，凡是满足狄利克雷条件的周期函数都可以展开成傅里叶级数。

知识链接　狄利克雷的条件。

（1）在一个周期内信号是绝对可积的，即

$$\int_{-\frac{T_0}{2}}^{\frac{T_0}{2}}|x(t)|\,\mathrm{d}t<\infty$$

任意有界的周期信号都能满足这一条件。

（2）在一个周期（0，T）内只有有限个不连续点，而且在这些点上函数必须是有限值。

（3）在一个周期内只有有限个最大值和最小值。

上述条件（1）是充分条件，但不是必要的；条件（2）和（3）是必要条件，但不是充分的。

傅里叶级数的三角函数展开式如下。

$$x(t)=a_0+\sum_{n=1}^{\infty}\left(a_n\cos n\omega_0 t+b_n\sin n\omega_0 t\right) \tag{2-15}$$

式中，$a_0=\dfrac{1}{T_0}\int_{-\frac{T_0}{2}}^{\frac{T_0}{2}}x(t)\mathrm{d}t$ 为常值分量；$a_n=\dfrac{2}{T_0}\int_{-\frac{T_0}{2}}^{\frac{T_0}{2}}x(t)\cos n\omega_0 t\mathrm{d}t$ 为余弦分量的幅值；$b_n=\dfrac{2}{T_0}\int_{-\frac{T_0}{2}}^{\frac{T_0}{2}}x(t)\sin n\omega_0 t\mathrm{d}t$ 为正统分量的幅值；T_0 为周期；ω_0 为圆频率，$\omega_0=\dfrac{2\pi}{T_0}$。

从式（2-15）中可以看出，一个周期信号在满足狄利克雷条件时可分解成一系列不同频率的谐波叠加。简谐信号的频率是信号频率的整数倍。通常情况下，ω_0 称为周期信号的基频，$n\omega_0$ 称为 n 次谐波频率，二次以后的统称为高次谐波。

根据三角函数的正交性，当周期信号 $x(t)$ 为时间 t 的奇函数时，$a_n=0$，此时信号分解为一系列正弦信号的叠加；当周期信号以 $x(t)$ 为时间 t 的偶函数时，$b_n=0$，此时信号分解为一系列余弦信号的叠加。系数 a_n 和 b_n 统称为三角形式傅里叶级数的系数，简称傅里叶系数。

将式（2-15）中同频项合并，可以改写成

$$x(t)=a_0+\sum_{n=1}^{\infty}A_n\sin\left(n\omega_0 t+\varphi_n\right) \tag{2-16}$$

$$A_n=\sqrt{a_n^2+b_n^2}$$

$$\tan\varphi_n=\frac{a_n}{b_n}$$

式中，A_n 为第 n 次谐波的幅值；φ_n 为第 n 次谐波的初相位。

由周期信号以 $x(t)$ 展开成了一系列正弦信号的叠加，正弦信号的幅值为 A_n,相位为 φ_n，式中每一项代表信号的一次谐波。同样，周期信号 $x(t)$ 也可以展开成一系列余弦信号的叠加，此时只是初相位不同，其幅值是相同的。

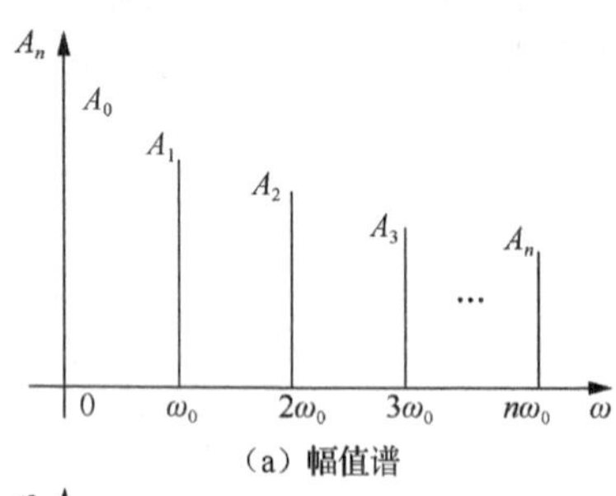

（a）幅值谱

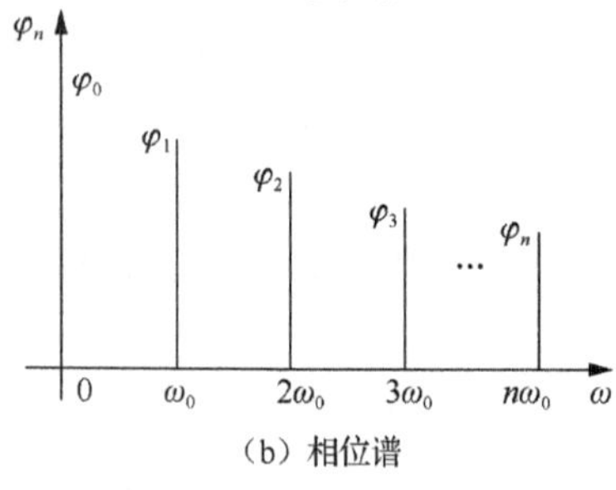

（b）相位谱

图 2-10　频谱图

幅值 A_n、相位 φ_n 是谐波频率 $n\omega_0$ 的函数，只要确定这三要素，周期信号就完全确定了。通常将 A_n 和 φ_n 称为该周期信号的幅值谱函数与相位谱函数。除用函数表达式描述外，常采用图形的形式表述信号，即频谱图。频谱图反映了周期信号所包含的频率成分及其与幅值、相位的关系，如图 2-10 所示。以频率 ω 为横坐标、幅值 A_n 为纵坐标所做的图 A_n-ω 称为幅值谱图，它揭示了各频率成分在周期信号中所占的比重。以频率 ω 为横坐标、相位 φ_n 为纵坐标所做的图 φ_n-ω 称为相位谱图，它揭示了各频率成分的初相位情况。频谱图用线段表示每一次谐波的幅值、相位和频率之间的关系，每一条线段称为一条谱线。

由于频率取值是离散的，所以周期信号的幅值谱和相位谱都是离散谱。频谱是构成信号 $x(t)$ 的各频率分量的集合，它完整地表示了信号的频率结构，即信号由哪些谐波组成，以及各谐波分量的幅值和初相位，从而揭示了信号的频率信息。

例 2-1　如图 2-9 所示的周期方波，求其傅里叶级数的三角展开式，并画出其频谱图。

解　周期方波在一个周期内的表达式为

$$x(t)=\begin{cases}A, & 0<t<\dfrac{T_0}{2}\\ -A, & -\dfrac{T_0}{2}<t<0\end{cases}$$

因为 $x(t)$ 为奇函数，所以 $a_0=0$，$a_n=0$，$n=1,2,\cdots$。

$$b_n=\frac{2}{T}\int_{-\frac{T_0}{2}}^{\frac{T_0}{2}}x(t)\sin n\omega_0 t\mathrm{d}t=\begin{cases}\dfrac{4A}{n\pi}, & n=1,3,5,\cdots\\ 0, & n=2,4,6,\cdots\end{cases}$$

所以 $A_n=b_n$，$\varphi_n=\arctan\dfrac{a_n}{b_n}=0$。$x(t)$ 的展开式为

$$x(t)=\frac{4A}{\pi}\omega_0 t+\frac{4A}{3\pi}\omega_0 t+\frac{4A}{5\pi}\omega_0 t+\cdots$$

周期方波的频谱图如图 2-11 所示。从图 2-11 可以看出，周期方波的频谱是离散谱，仅在基频的奇数倍频处才具有幅值，且幅值谱按 $1/n$ 依次递减，表明该幅值谱是随着频率的增加逐渐衰减的，称为收敛性。

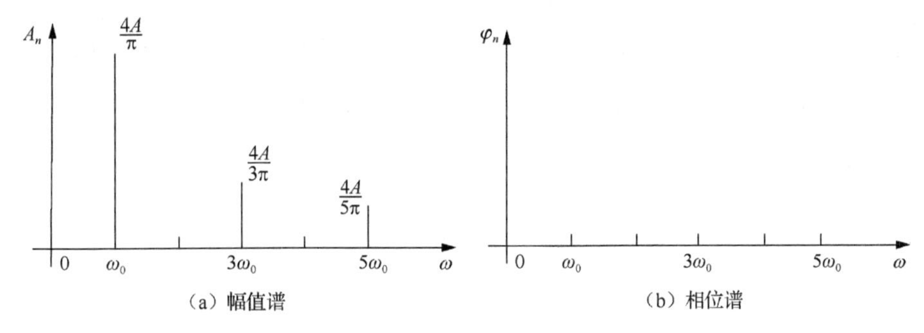

图 2-11　周期方波的频谱图

由例 2-1 可以看出，周期信号是由一个或几个乃至无穷多个不同频率的谐波叠加而成的。或者说，一般周期信号可以分解为一个常值分量 a_0 和多个呈谐波关系的简谐分量之和。因此，一般周期信号的傅里叶级数三角函数展开式以正（余）弦作为基本函数族进行相加获得。

例 2-2　求图 2-12 中周期三角波的傅里叶级数。

解　$x(t)$ 在一个周期中可表示为

$$x(t)=\begin{cases}A+\dfrac{2A}{T_0}t, & -\dfrac{T_0}{2}\leqslant t<0\\ A-\dfrac{2A}{T_0}t, & 0\leqslant t\leqslant\dfrac{T_0}{2}\end{cases}$$

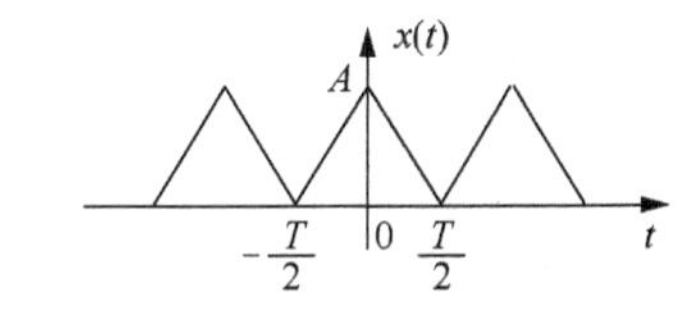

图 2-12　周期性三角波

常值分量为

$$a_0=\frac{1}{T_0}\int_{-\frac{T_0}{2}}^{\frac{T_0}{2}}x(t)\mathrm{d}t=\frac{2}{T_0}\int_0^{\frac{T_0}{2}}\left(A-\frac{2A}{T_0}t\right)\mathrm{d}t=\frac{A}{2}$$

余弦分量的幅值为

$$a_n=\frac{2}{T_0}\int_{-\frac{T_0}{2}}^{T_0}x(t)\cos n\omega_0 t\mathrm{d}t=\frac{4}{T_0}\int_0^{\frac{T_0}{2}}\left(A-\frac{2A}{T_0}t\right)\cos n\omega_0 t\mathrm{d}t$$

$$=\frac{4A}{n^2\pi^2}\sin^2\frac{n\pi}{2}=\begin{cases}\dfrac{4A}{n^2\pi^2}, & n=1,3,5,\cdots\\ 0, & n=2,4,6,\cdots\end{cases}$$

正弦分量的幅值为

$$b_n=\frac{2}{T_0}\int_{-\frac{T_0}{2}}^{\frac{T_0}{2}}x(t)\sin n\omega_0 t\mathrm{d}t=0$$

因为 $x(t)$ 为偶函数，$\sin n\omega_0 t$ 为奇函数，所以 $x(t)\sin n\omega_0 t$ 也为奇函数，而奇函数在上下对称区间积分之值等于零。这样，该周期性三角波的傅里叶级数展开式为

$$x(t)=\frac{A}{2}+\frac{4A}{\pi^2}(\cos\omega_0 t+\frac{1}{3^2}\cos3\omega_0 t+\frac{1}{5^2}\cos5\omega_0 t+\cdots)$$
$$=\frac{A}{2}+\frac{4A}{\pi^2}\sum_{n=1}^{\infty}\frac{1}{n^2}\cos n\omega_0 t,\quad n=1,3,5,\cdots$$

周期三角波的频谱图如图 2-13 所示，其幅频谱只包含常值分量、基波和奇次谐波频率分量，谐波的幅值以 $\frac{1}{n^2}$ 的规律收敛；在其相频谱中各次谐波的初相位为 φ_n，基波和奇次谐波的相位均为零。

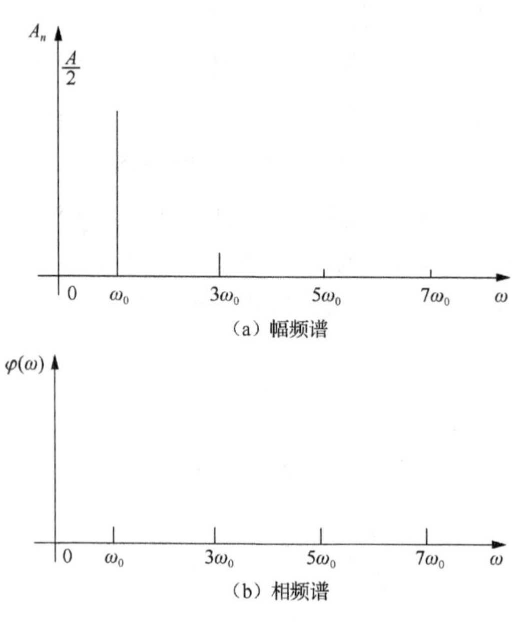

图 2-13　周期三角波的频谱

由例 2-2 可以看出，周期信号是由一个或几个乃至无穷多个不同频率的谐波叠加而成的。或者说，任何一个满足狄利克雷条件的周期信号都可以分解为一个常值分量 a_0 和多个成谐波关系的简谐分量之和。因此，一般周期信号的傅里叶级数三角函数展开式以正（余）弦作为基本函数族进行相加获得。

2.2.2　傅里叶级数的复指数展开

三角函数形式的傅里叶级数含义比较明确，但在有些运算时会不方便。因此，利用欧拉公式，将三角傅里叶级数转化为复指数函数形式的傅里叶级数。

根据欧拉公式，有

$$e^{\pm j\omega t}=\cos\omega t\pm j\sin\omega t,\quad j=\sqrt{-1}\tag{2-17}$$

$$\sin\omega t=j\frac{1}{2}(e^{-j\omega t}-e^{j\omega t})\tag{2-18}$$

$$\cos\omega t=\frac{1}{2}(e^{-j\omega t}+e^{j\omega t})\tag{2-19}$$

因此式（2-15）可改写为

$$x(t)=a_0+\sum_{n=1}^{\infty}\left[\frac{1}{2}(a_n+\mathrm{j}b_n)\mathrm{e}^{-\mathrm{j}n\omega_0 t}+\frac{1}{2}(a_n-\mathrm{j}b_n)\mathrm{e}^{\mathrm{j}n\omega_0 t}\right] \tag{2-20}$$

令

$$c_n=\frac{1}{2}(a_n-\mathrm{j}b_n) \tag{2-21}$$

$$c_{-n}=\frac{1}{2}(a_n+\mathrm{j}b_n) \tag{2-22}$$

$$c_0=a_0 \tag{2-23}$$

则

$$x(t)=c_0+\sum_{n=1}^{\infty}c_{-n}\mathrm{e}^{-\mathrm{j}n\omega_0 t}+\sum_{n=1}^{\infty}c_{-n}\mathrm{e}^{-\mathrm{j}n\omega_0 t}$$

或

$$x(t)=\sum_{n=-\infty}^{\infty}c_n\mathrm{e}^{\mathrm{j}n\omega_0 t},\quad n=0,\pm1,\pm2,\cdots \tag{2-24}$$

这就是傅里叶级数的复指数函数形式。将式（2-15）各分量代入式（2-21）和式（2-22）中，并令 $n=0,\pm1,\pm2,\cdots$，即得

$$c_n=\frac{1}{T_0}\int_{-\frac{T}{2}}^{\frac{T}{2}}x(t)\mathrm{e}^{-\mathrm{j}n\omega_0 t}\mathrm{d}t \tag{2-25}$$

由傅里叶级数的复指数展开式可知，周期信号可展开成一系列复指数的叠加。其系数 c_n 反映了各次谐波的频率分量在信号中所占的比例及其相位，称为周期信号复指数形式的频谱函数。在一般情况下 c_n 是复数，可以写成

$$c_n=c_{n\mathrm{R}}+\mathrm{j}c_{n\mathrm{I}}=|c_n|\mathrm{e}^{\mathrm{j}\varphi_n} \tag{2-26}$$

式中

$$|c_n|=\sqrt{c_{n\mathrm{R}}^2+c_{n\mathrm{I}}^2} \tag{2-27}$$

$$\varphi_n=\arctan\frac{c_{n\mathrm{I}}}{c_{n\mathrm{R}}} \tag{2-28}$$

$c_{n\mathrm{R}}$ 为复数 c_n 在实轴[Re]上的投影，称为复数 c_n 的实部；$c_{n\mathrm{I}}$ 为复数 c_n 在虚轴[Im]上的投影，称为复数 c_n 的虚部。c_n 与 c_{-n} 共轭，即 $c_n=c_{-n}^*$；$\varphi_n=\varphi_{-n}$。

同傅里叶级数的三角展开式，周期信号的傅里叶复指数形式频谱函数 F_n 同样也可以采用幅值谱和相位谱组成的频谱图进行描述。

例 2-3　求图 2-9 所示周期方波的傅里叶级数的复指数展开式，并画出其频谱图。

解

$$c_n=\frac{a_n-\mathrm{j}b_n}{2}=-\frac{\mathrm{j}}{2}b_n=\begin{cases}-\mathrm{j}\dfrac{2A}{n\pi}, & n=\pm1,\pm3,\pm5,\cdots\\ 0, & n=\pm2,\pm4,\pm6,\cdots\end{cases}$$

$$|c_n|=\frac{b_n}{2}=\begin{cases}\dfrac{2A}{n\pi}, & n=\pm1,\pm3,\pm5,\cdots\\ 0, & n=\pm2,\pm4,\pm6,\cdots\end{cases}$$

$$\varphi_n = \arctan\frac{-\frac{b_n}{2}}{0} = \begin{cases} -\frac{\pi}{2}, & n=1,3,5,\cdots \\ \frac{\pi}{2}, & n=-1,-3,-5,\cdots \\ 0, & \text{其他} \end{cases}$$

$$c_{nR} = \frac{a_n}{2} = 0$$

$$c_{nI} = -\frac{b_n}{2} = \begin{cases} -\frac{2A}{n\pi}, & n=\pm1,\pm3,\pm5,\cdots \\ 0, & n=\pm2,\pm4,\pm6,\cdots \end{cases}$$

周期方波的复指数级数展开式为

$$x(t) = \cdots + \frac{2A}{3\pi}e^{-j3\omega_n t} + \frac{2A}{\pi}e^{-j\omega_n t} - \frac{2A}{\pi}e^{j\omega_n t} - \frac{2A}{3\pi}e^{j3\omega_n t} - \cdots$$

该信号的频谱图如图 2-14 所示。

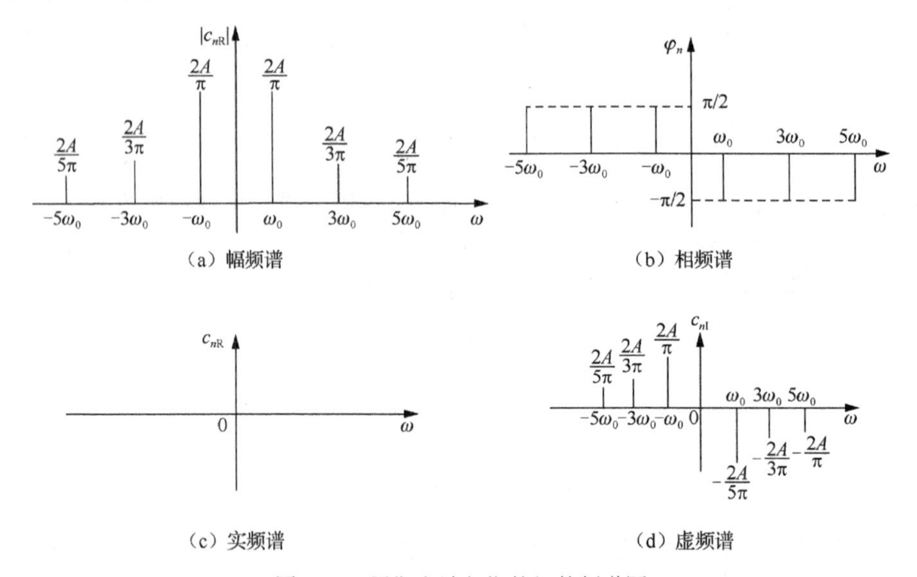

图 2-14　周期方波复指数级数频谱图

比较例 2-2 和例 2-3 可以看出，傅里叶奇数三角展开式以正（余）弦函数为基本函数族，而复指数展开式以 $e^{j\omega_n t}$ 为基本函数族，二者之间以欧拉公式为转换桥梁。三角展开式只有正频率，仅在 $n\omega_2$ 处有一根谱线，而复指数展开式将原来的一项变为两项，出现了负频率。在工程实际中，负频率是不存在的，负频率的出现完全是数学计算的需要。在工程分析中，一般将负频率段的频谱叠加到正频率段上，分析信号的实频谱。工程上把只有正频率的三角级数形式频谱图称为单边谱，而将复指数形式频谱图称为双边谱。

比较单边幅频谱与双边幅频谱可以看出，双边谱的幅值是单边谱幅值的 1/2 映射到负频率段的结果，其幅值存在如下关系。

$$|c_n| = \frac{1}{2}A_n$$

例 2-4　画出余弦、正弦函数的实、虚部频谱图。

解　根据式（2-18）和式（2-19）得

$$\cos\omega_0 t = \frac{1}{2}\left(e^{-j\omega_0 t} + e^{j\omega_0 t}\right)$$

$$\sin\omega_0 t = j\frac{1}{2}\left(e^{-j\omega_0 t} - e^{j\omega_0 t}\right)$$

故余弦函数只有实频谱图，与纵轴偶对称。正弦函数只有虚频谱图，与纵轴奇对称。图 2-15 是这两个函数的频谱图。

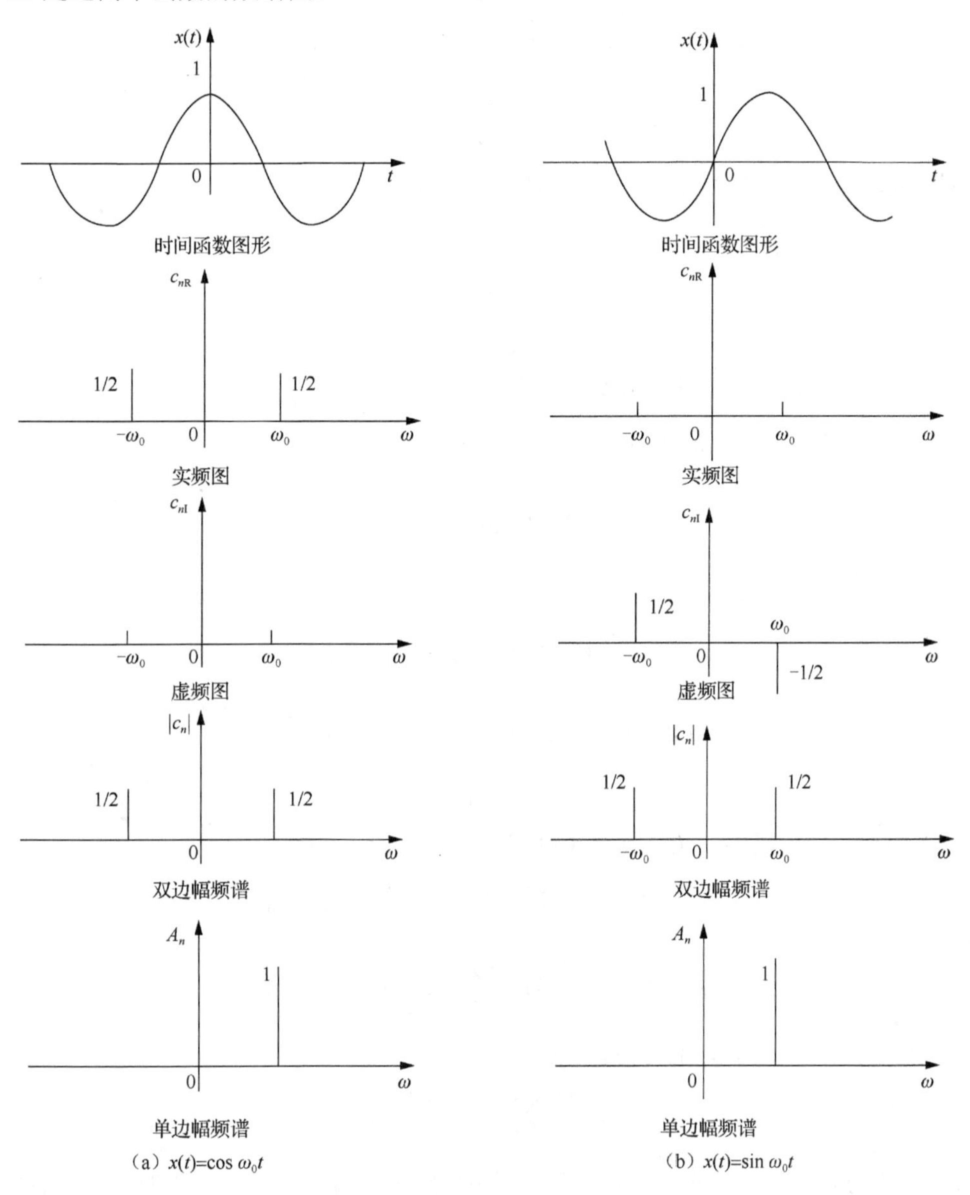

（a）$x(t)=\cos\omega_0 t$　（b）$x(t)=\sin\omega_0 t$

图 2-15　正余弦函数的频谱图

周期信号两种不同形式的傅里叶级数表明，任何图形的周期信号都可以分解成由两种基本时间信号，即正（余）弦信号或复指数信号所组成，它们都属于用时间函数表示的时域分析范畴。由于它们都是以 ω_0 为基频的周期信号，因而各组成分量之间都存在着谐波关系。不同形状的周期信号，只是组成的各个谐波的频率、幅值和初相位不同而已。

例 2-5　已知周期矩形脉冲信号 $x(t)$ 的脉冲宽度为 τ 、脉冲幅度为 E 、周期为 T_0 ，如图 2-16 所示，求其傅里叶级数及其频谱图。

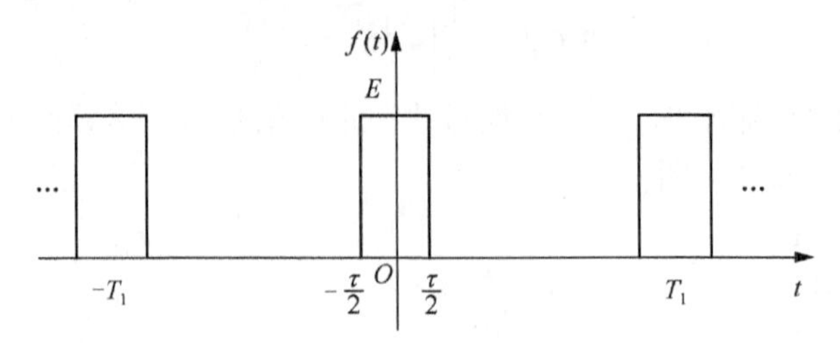

图 2-16　周期矩形脉冲信号的波形

解　周期矩形脉冲信号 $x(t)$ 在一个周期内的表达式为

$$x(t)=\begin{cases}E, & |t|<\dfrac{\tau}{2}\\ 0, & |t|>\dfrac{\tau}{2}\end{cases}$$

将其展开成三角形式的傅里叶级数如下。

$$\begin{aligned}x(t)&=a_0+\sum_{n=1}^{\infty}(a_n\cos n\omega_0 t+b_n\sin n\omega_0 t)\\&=\frac{a_0}{2}+\sum_{n=1}^{\infty}A_n\sin(n\omega_0+\phi_n)\end{aligned}$$

式中

$$a_0=\frac{2}{T_0}\int_0^{\frac{T_0}{2}}x(t)\mathrm{d}t=\frac{2}{T_0}\int_0^{\frac{\tau}{2}}E\mathrm{d}t=\frac{E\tau}{T_0}$$

$$a_n=\frac{4}{T_0}\int_0^{\frac{T_0}{2}}x(t)\cos n\omega_0 t\mathrm{d}t=\frac{4}{T_0}\int_0^{\frac{\tau}{2}}E\cos n\omega_0 t\mathrm{d}t=\frac{2E}{n\pi}\sin\frac{n\omega_0\tau}{2}=\frac{2E\tau}{T_0}\mathrm{Sa}\left(\frac{n\omega_0\tau}{2}\right)$$

$$b_n=0$$

周期矩形脉冲信号的三角形式傅里叶级数展开式为

$$x(t)=\frac{E\tau}{T_0}+\frac{2E\tau}{T_0}\sum_{n=1}^{\infty}\mathrm{Sa}\left(\frac{n\omega_0 t}{2}\right)\cos n\omega_0 t$$

$$c_n=\frac{a_n-\mathrm{j}b_n}{2}=\frac{E\tau}{T_0}\mathrm{Sa}\left(\frac{n\omega_0\tau}{2}\right),\quad n=0,\pm1,\pm2,\cdots$$

周期矩形脉冲信号的复指数级数展开式为

$$x(t)=\frac{E\tau}{T_0}\sum_{n=-\infty}^{\infty}\mathrm{Sa}\left(\frac{n\omega_0\tau}{2}\right)\mathrm{e}^{\mathrm{j}n\omega_0 f}$$

图 2-17 为周期矩形脉冲信号频谱图，图中实线为双边实频谱；虚线为谱线包络线，该包络线为 Sa 函数。与一般周期信号一样，周期矩形脉冲的频谱也是离散的，仅含有 $\omega=n\omega_0$ 的谐波频率分量，谱线间隔为 ω_0 ，当周期矩形脉冲信号的周期 T 变大时，谱线间隔逐渐变小；反之，谱线间隔逐渐变大。但无论谱线间隔如何变化，其包络线不变且当 $\omega=n\omega_0=2k\pi/\tau$ 时各频率分量幅值为零。频谱包含无数条谱线，但其能量主要集中在零频和包络线第一次过零点对应的频率之间。

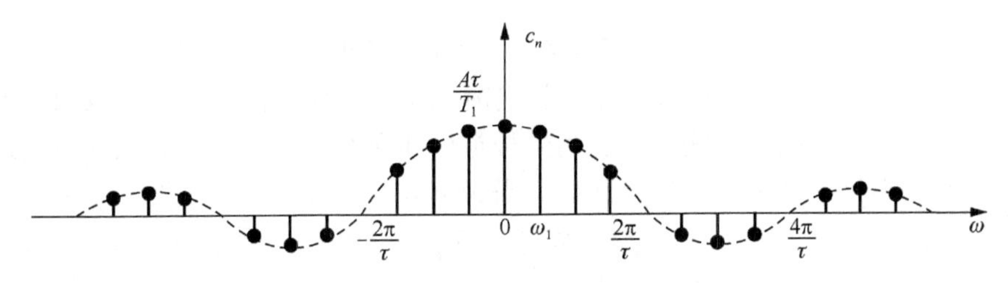

图 2-17　周期矩形脉冲信号频谱图

2.2.3　周期信号的强度表述

周期信号的强度以峰值、绝对均值、有效值和平均功率来表述，如图 2-18 所示。

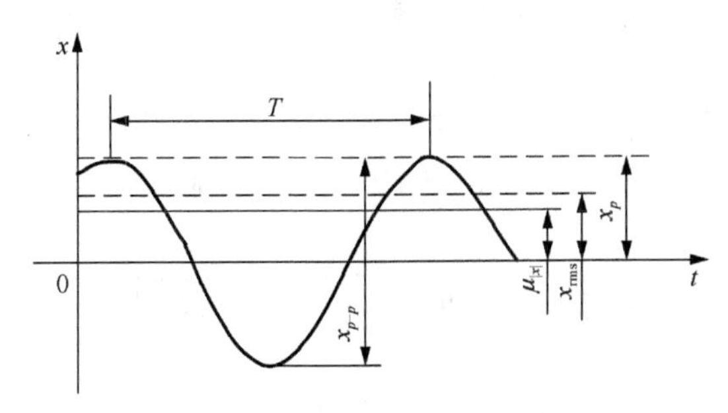

图 2-18　周期信号的强度表示

峰值 x_p 是信号可能出现的最大瞬时值，即

$$x_p = \max|x(t)| \tag{2-29}$$

峰-峰值 x_{p-p} 是在一个周期中最大瞬时值与最小瞬时值之差。

对信号的峰值和峰-峰值应有足够的估计，以便确定测试系统的动态范围。一般希望信号的峰-峰值在测试系统的线性区域内，使所观测（记录）到的信号正比于被测量的变化状态。如果进入非线性区域，则信号将发生畸变，结果不但不能正比于被测信号的幅值，而且会增生大量谐波。

周期信号的均值 μ_x 为

$$\mu_x = \frac{1}{T_0}\int_0^{T_0} x(t)\mathrm{d}t \tag{2-30}$$

它是信号的常值分量。

周期信号全波整流后的均值就是信号的绝对均值 $\mu_{|x|}$，即

$$\mu_{|x|} = \frac{1}{T_0}\int_0^{T_0} |x(t)|\mathrm{d}t \tag{2-31}$$

有效值是信号的均方根值 x_{rms}，即

$$x_{\mathrm{rms}} = \sqrt{\frac{1}{T_0}\int_0^{T_0} x^2(t)\mathrm{d}t} \tag{2-32}$$

有效值的平方-均方值就是信号的平均功率 P_{av}，即

$$P_{\mathrm{av}} = \frac{1}{T_0}\int_0^{T_0} x^2(t)\mathrm{d}t \tag{2-33}$$

它反映信号功率的大小。

信号的峰值 x_p、绝对均值 $\mu_{|x|}$ 和有效值 x_{rms} 可用三值电压表来测量，也可用普通的电工仪表来测量。峰值可根据波形折算或用能记忆瞬峰示值的仪表测量，也可以用示波器来测量。绝对均值可用直流电压表测量。因为信号是周期交变的，如果交流频率较高，交流成分影响表针的微小晃动，不影响均值读数。当频率低时，表针将产生摆动，影响读数。这时可用一个电容器与电压表并接，将交流分量旁路，但应注意这个电容器对被测电路的影响。

值得指出，虽然一般的交流电压均按有效值刻度，但其输出量（如指针的偏转角）并不一定和信号的有效值成比例，而是随着电压表的检波电路的不同，其输出量可能与信号的有效值成正比，也可能与信号的峰值或绝对均值成比例。不同检波电路的电压表上的有效值刻度，都是依照单一简谐信号来刻度的。这就保证了用各种电压表在测量单一简谐信号时都能正确测得信号的有效值，获得一致的读数。然而，刻度过程实际上相当于把检波电路输出和简谐信号有效值的关系“固化”在电压表中。这种关系不适用于非单一简谐信号，因为随着波形的不同，各类检波电路检出和信号有效值的关系已经改变了，从而造成电路表在测量复杂信号有效值时的系统误差。这时应根据检波电路和波形来修正有效值读数。

2.3　非周期信号及其频谱

周期信号可展开成傅里叶级数，也就是若干次谐波（正弦波）之和，其频谱具有离散性且各个简谐分量的频率具有一个公约数——基频。但几个简谐信号的叠加不一定是周期信号，即具有离散频谱的信号不一定是周期信号。当一个信号的各简谐成分的频率比是有理数时，各分量能在某个时间间隔后周而复始，合成后的信号才是周期信号。

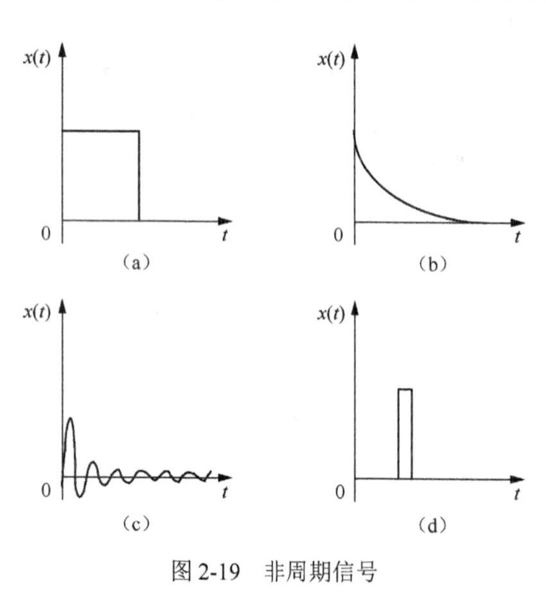

图 2-19　非周期信号

除了周期信号以外，事实上在自然界和实际工程领域中还普遍存在着一些非周期信号，如声音信号、机床振动产生的冲击信号、汽车发动机工作时的噪声信号等。非周期信号包括准周期信号和瞬变非周期信号两种，其频谱各有独自的特点。非周期信号的各简谐成分的频率比不是有理数，各简谐成分在合成后不可能经过某一时间间隔后重演，其合成信号就不是周期信号。但对于这种信号有离散频谱的称为准周期信号，多个独立振源激励起某对象的振动往往就是准周期信号。通常所说的非周期信号是指瞬变非周期信号。常见的瞬变非周期信号如图 2-19 所示，图(a)为矩形脉冲信号，图(b)为指数衰减信号，图(c)为衰减振荡信号，图(d)为单一脉冲。

本节主要讨论非周期信号及其频谱问题。

2.3.1　傅里叶变换

周期为T_0的信号$x(t)$其频谱是离散的。当$x(t)$的周期T_0趋于无穷大时，则该信号就成为非周期信号了。周期信号频谱谱线的频率间隔$\Delta\omega=\omega_0=\dfrac{\Delta n}{T_0}$，当周期$T_0$趋于无穷大时，其频率间隔$\Delta\omega$趋于无穷小，谱线无限靠近，变量$\omega$连续取值以致离散谱线的顶点最后演变成一条连续曲线。所以非周期信号的频谱是连续的。可以将非周期信号理解为由无限多个频率无限接近的频率成分所组成。

设有一个周期信号$x(t)$，在$\left(-\dfrac{T_0}{2},\dfrac{T_0}{2}\right)$区间以傅里叶级数表示为

$$x(t)=\sum_{n=-\infty}^{\infty}c_n\mathrm{e}^{\mathrm{j}n\omega_0 t}$$

式中，$c_n=\dfrac{1}{T_0}\int_{-\frac{T_0}{2}}^{\frac{T_0}{2}}x(t)\mathrm{e}^{-\mathrm{j}n\omega_0 t}\mathrm{d}t$。将$c_n$代入上式则得

$$x(t)=\sum_{n=-\infty}^{\infty}\left(\frac{1}{T_0}\int_{-\frac{T_0}{2}}^{\frac{T_0}{2}}x(t)\mathrm{e}^{-\mathrm{j}n\omega_0 t}\mathrm{d}t\right)\mathrm{e}^{\mathrm{j}n\omega_0 t}$$

当T_0趋于∞时，频率间隔$\Delta\omega$成为$\mathrm{d}\omega$，离散频谱中相邻的谱线紧靠在一起，$n\omega_0$就变成连续变量ω，求和符号“$\sum$”就变为积分符号“$\int$”，于是

$$\begin{aligned}x(t)&=\int_{-\infty}^{\infty}\frac{\mathrm{d}\omega}{2\pi}\left(\int_{-\infty}^{\infty}x(t)\mathrm{e}^{-\mathrm{j}\omega t}\mathrm{d}t\right)\mathrm{e}^{\mathrm{j}\omega t}\\&=\int_{-\infty}^{\infty}\left(\frac{1}{2\pi}\int_{-\infty}^{\infty}x(t)\mathrm{e}^{-\mathrm{j}\omega t}\mathrm{d}t\right)\mathrm{e}^{\mathrm{j}\omega t}\mathrm{d}\omega\end{aligned}\tag{2-34}$$

这就是傅里叶积分。

式（2-34）中圆括号里的积分由于时间t是积分变量，故积分之后仅是ω的函数，记为$X(\omega)$。这样有

$$X(\omega)=\frac{1}{2\pi}\int_{-\infty}^{\infty}x(t)\mathrm{e}^{-\mathrm{j}\omega t}\mathrm{d}t\tag{2-35}$$

$$x(t)=\int_{-\infty}^{\infty}X(\omega)\mathrm{e}^{\mathrm{j}\omega t}\mathrm{d}\omega\tag{2-36}$$

当然，式（2-34）也可写成

$$X(\omega)=\int_{-\infty}^{\infty}x(t)\mathrm{e}^{-\mathrm{j}\omega t}\mathrm{d}t$$

式中

$$x(t)=\frac{1}{2\pi}\int_{-\infty}^{\infty}X(\omega)\mathrm{e}^{\mathrm{j}\omega t}\mathrm{d}\omega$$

本书采用式（2-35）和式（2-36）。

在数学上，称式（2-35）所表达的$X(\omega)$为$x(t)$的傅里叶变换；称式（2-36）所表达的$x(t)$为$X(\omega)$的傅里叶逆变换，两者互称为傅里叶变换对，可记为

$$x(t)\underset{\mathrm{IFT}}{\overset{\mathrm{FT}}{\Leftrightarrow}}X(\omega)$$

把$\omega=2\pi f$代入式（2-34），则式（2-35）和式（2-36）变为

$$X(f)=\int_{-\infty}^{\infty}x(t)\,\mathrm{e}^{-\mathrm{j}2\pi ft}\,\mathrm{d}t \tag{2-37}$$

$$x(t)=\int_{-\infty}^{\infty}X(f)\mathrm{e}^{\mathrm{j}2\pi ft}\,\mathrm{d}f \tag{2-38}$$

这样就避免了在傅里叶变换中出现$\frac{1}{2\pi}$的常数因子，使公式形式简化，其关系是

$$X(f)=2\pi X(\omega) \tag{2-39}$$

一般$X(f)$是实变量f的复函数，可以写成

$$X(f)=|X(f)|\mathrm{e}^{\mathrm{j}\varphi(f)} \tag{2-40}$$

式中，$|X(f)|$为信号$x(t)$的连续幅值谱；$\varphi(f)$为信号$x(t)$的连续相位谱。

必须着重指出，尽管非周期信号的幅值谱$|X(f)|$和周期信号的幅值谱$|c_n|$很相似，但两者是有差别的。其差别突出表现在$|c_n|$的量纲与信号幅值的量纲一样，而$|X(f)|$的量纲与信号幅值的量纲不一样，它是单位频宽上的幅值。所以更确切地说，$X(f)$是频谱密度函数。本书为方便起见，在不会引起紊乱的情况下，仍称$X(f)$为频谱。

例 2-6　求矩形窗函数$w(t)$的频谱函数$W(f)$（图 2-20）。

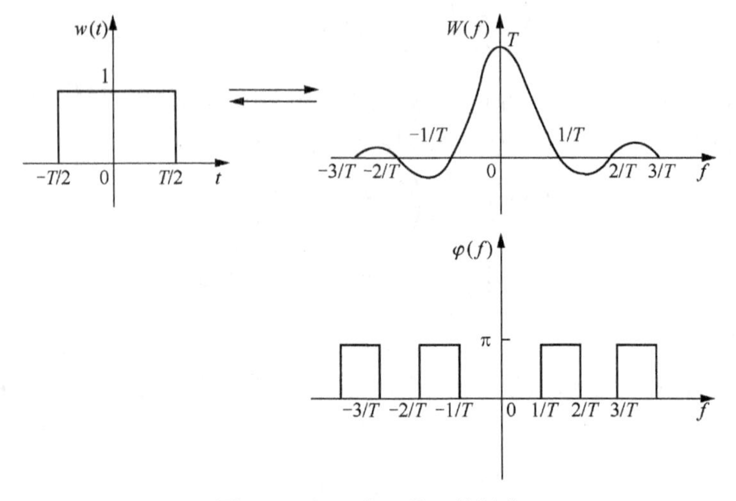

图 2-20　矩形窗函数及其频谱

$$w(t)=\begin{cases}1, & |t|<\dfrac{T}{2}\\[2mm] 0, & |t|>\dfrac{T}{2}\end{cases} \tag{2-41}$$

称为矩形窗函数，其频谱为

$$\begin{aligned}W(f)&=\int_{-\infty}^{\infty}w(t)\mathrm{e}^{-\mathrm{j}2\pi ft}\,\mathrm{d}t\\&=\int_{-\frac{T}{2}}^{\frac{T}{2}}\mathrm{e}^{-\mathrm{j}2\pi ft}\,\mathrm{d}t\\&=\frac{-1}{\mathrm{j}2\pi f}(\mathrm{e}^{-\mathrm{j}\pi fT}-\mathrm{e}^{\mathrm{j}\pi fT})\end{aligned}$$

稍作改写，有

$$\sin(\pi f T) = -\frac{1}{2\mathrm{j}}(\mathrm{e}^{-\mathrm{j}\pi f T} - \mathrm{e}^{\mathrm{j}\pi f T})$$

代入上式得

$$W(f) = T\frac{\sin\pi f T}{\pi f T} = T\mathrm{sinc}(\pi f T) \tag{2-42}$$

式中，T 称为窗宽 $\mathrm{sinc}\theta = \sin\theta / \theta$ 。

上式中定义 $\mathrm{sinc}\theta = \dfrac{\sin\theta}{\theta}$，该函数在信号分析中很有用。$\mathrm{sinc}\theta$ 的图像如图 2-21 所示，$\mathrm{sinc}\theta$ 的函数值有专门的数学表可查得，它以 2π 为周期并随 θ 的增加而做衰减振荡。$\mathrm{sinc}\theta$ 函数是偶函数，在 $n\pi(n=\pm1,\pm2,\cdots)$ 处其值为零。

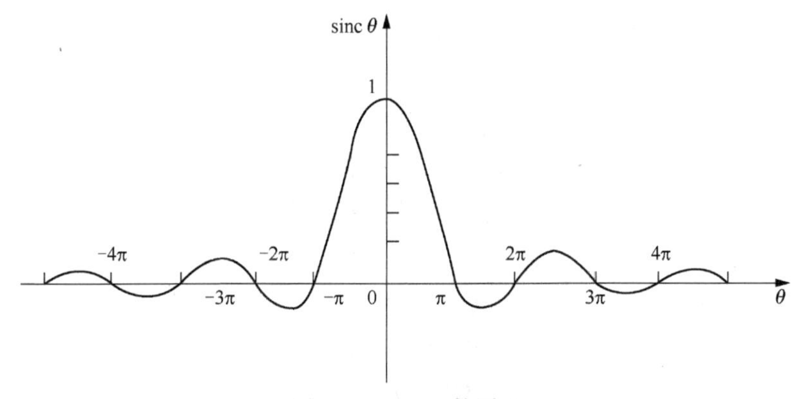

图 2-21 sinc θ 的图形

$W(f)$ 函数只有实部，没有虚部。其幅值频谱为

$$|W(f)| = T|\mathrm{sinc}(\pi f T)| \tag{2-43}$$

sinc 表示抽样函数。其相位频谱视 $\mathrm{sinc}(\pi f T)$ 的符号而定。当 $\mathrm{sinc}(\pi f T)$ 为正值时相角为零，当 $\mathrm{sinc}(\pi f T)$ 为负值时相角为 π 。

2.3.2 傅里叶变换的性质

前面讨论了一个信号的时域形式和频域形式之间用傅里叶变换互求的一般关系。由以上分析可知，信号的特性既可以用时间函数 $f(t)$ 表示，也可以用其频谱函数 $F(t)$ 表示。两者之间有着一一对应的关系，只要一个确定，另一个也随之唯一地确定。熟悉傅里叶变换的主要性质，有助于了解信号在某个域中的变化和运算将在另一个域中产生何种相应的变化和运算关系，最终有助于对复杂工程问题的分析和简化计算工作。下面就常用的基本性质加以讨论。

1. 线性

设有两个函数 $f_1(t)$ 和 $f_2(t)$，其频谱函数分别为 $F_1(\omega)$ 和 $F_2(\omega)$，若 a_1 和 a_2 是两个任意常数，则 $a_1 f_1(t)$ 与 $a_2 f_2(t)$ 之和的频谱函数是 $a_1 F_1(\omega)$ 和 $a_2 F_2(\omega)$ 之和。这可简述为

$$f_1(t) \leftrightarrow F_1(\omega)$$
$$f_2(t) \leftrightarrow F_2(\omega)$$

则有

$$a_1 f_1(t) + a_2 f_2(t) \leftrightarrow a_1 F_1(\omega) + a_2 F_2(\omega) \tag{2-44}$$

上述关系称为傅里叶变换的线性特性。很容易由定义式进行证明，此处从略。

线性特性有两个含义：①齐次性，又称均匀性。它表明若信号 $f(t)$ 乘以常数 a，则其频谱函数也乘以相同的常数 a；②可加性，它表明几个信号之和的频谱等于各个信号的频谱函数之和。

2. 奇偶虚实性

在一般情况下，$F(\omega)$ 是复函数，可以把它表示成模与相位或实部与虚部两部分，即

$$\begin{aligned} F(\omega) &= \int_{-\infty}^{\infty} f(t) \mathrm{e}^{-\mathrm{j}\omega t} \mathrm{d}t \\ &= |F(\omega)| \mathrm{e}^{\mathrm{j}\varphi(\omega)} = R(\omega) + \mathrm{j}X(\omega) \end{aligned} \tag{2-45}$$

显然

$$\begin{aligned} |F(\omega)| &= \sqrt{R^2(\omega) + X^2(\omega)} \\ \varphi(\omega) &= \arctan \frac{X(\omega)}{R(\omega)} \end{aligned} \tag{2-46}$$

根据傅里叶正变换式可以证明

$$f(-t) \leftrightarrow F(-\omega)$$

$$f^*(-t) \leftrightarrow F^*(\omega)$$

$$f^*(t) \leftrightarrow F^*(-\omega)$$

无论 $f(t)$ 是实函数还是复函数，上式都是成立的，读者可自行证明。下面讨论两种特定情况。

（1）$f(t)$ 是实函数。

$$\begin{aligned} F(\omega) &= \int_{-\infty}^{\infty} f(t) \mathrm{e}^{-\mathrm{j}\omega t} \mathrm{d}t \\ &= \int_{-\infty}^{\infty} f(t) \cos\omega t \mathrm{d}t - \mathrm{j}\int_{-\infty}^{\infty} f(t) \sin\omega t \mathrm{d}t \end{aligned}$$

此时

$$R(\omega) = \int_{-\infty}^{\infty} f(t) \cos\omega t \mathrm{d}t$$

$$X(\omega) = \int_{-\infty}^{\infty} f(t) \sin\omega t \mathrm{d}t$$

显然 $R(\omega)$ 为频率 ω 的偶函数，$X(\omega)$ 为 ω 的奇函数，即满足下列关系。

$$R(\omega) = R(-\omega)$$

$$X(\omega) = -X(-\omega)$$

$$F(-\omega) = F^*(\omega)$$

即当 $f(t)$ 为实函数时，$|F(\omega)|$ 和 $R(\omega)$ 为 ω 的偶函数，$\varphi(\omega)$ 和 $X(\omega)$ 为奇函数。

若 $f(t)$ 是实偶函数，即

$$f(t) = f(-t)$$

又

$$X(\omega)=0$$

所以

$$F(\omega)=R(\omega)=2\int_0^{\infty} f(t)\cos\omega t\mathrm{d}t$$

可见，若 $f(t)$ 是实偶函数，$F(\omega)$ 必为 ω 的实偶函数；若 $f(t)$ 是实奇函数，即 $f(t)=-f(-t)$。

又

$$R(\omega)=0$$

所以

$$F(\omega)=\mathrm{j}X(\omega)=-2\mathrm{j}\int_0^{\infty} f(t)\sin\omega t\mathrm{d}t$$

可见，若 $f(t)$ 是实奇函数，则 $F(\omega)$ 必为 ω 的虚奇函数。

（2） $f(t)$ 是虚函数。

设 $f(t)=\mathrm{j}g(t)$，则

$$F(\omega)=\int_{-\infty}^{\infty} f(t)\mathrm{e}^{-\mathrm{j}\omega t}\mathrm{d}t=\int_{-\infty}^{\infty}\mathrm{j}g(t)\mathrm{e}^{-\mathrm{j}\omega t}\mathrm{d}t$$
$$=\int_{-\infty}^{\infty} g(t)\sin\omega t\mathrm{d}t+\mathrm{j}\int_{-\infty}^{\infty} g(t)\cos\omega t\mathrm{d}t$$

此时

$$R(\omega)=\int_{-\infty}^{\infty} g(t)\sin\omega t\mathrm{d}t$$
$$X(\omega)=\int_{-\infty}^{\infty} g(t)\cos\omega t\mathrm{d}t$$

在这种情况下，$R(\omega)$ 为 ω 的奇函数，$X(\omega)$ 为 ω 的偶函数，即满足

$$R(\omega)=-R(-\omega)$$
$$X(\omega)=X(-\omega)$$

但 $|F(\omega)|$ 仍为偶函数，$\varphi(\omega)$ 为奇函数。

3. 时移特性

若 $f(t)\leftrightarrow F(\omega)$，则

$$f(t-t_0)\leftrightarrow \mathrm{e}^{-\mathrm{j}\omega t_0}F(\omega)$$

证明

$$F\left[f(t-t_0)\right]=\int_{-\infty}^{\infty} f(t-t_0)\mathrm{e}^{-\mathrm{j}\omega t}\mathrm{d}t$$

令

$$x=t-t_0$$

则

$$F\left[f(t-t_0)\right]=\int_{-\infty}^{\infty} f(x)\mathrm{e}^{-\mathrm{j}\omega x}\mathrm{e}^{-\mathrm{j}\omega t_0}\mathrm{d}t$$
$$=\mathrm{e}^{-\mathrm{j}\omega t_0}\int_{-\infty}^{\infty} f(x)\mathrm{e}^{-\mathrm{j}\omega x}\mathrm{d}x$$
$$=\mathrm{e}^{\mathrm{j}\omega t_0}F(\omega)$$

所以

$$f(t-t_0)\leftrightarrow \mathrm{e}^{-\mathrm{j}\omega t_0}F(\omega) \tag{2-47}$$

同理可得

$$f(t+t_0) \leftrightarrow \mathrm{e}^{\mathrm{j}\omega t_0} F(\omega)$$

从式（2-47）可以看出，信号 $f(t)$ 在时域中沿时间轴左移（延时）t_0，等效于在频域中频谱乘以因子 $\mathrm{e}^{-\mathrm{j}\omega t_0}$。也就是说，信号左移后，其幅度谱不变，而相位谱产生附加相位值 $(-\omega t_0)$。由此还可以得出这样的结论：信号的幅度频谱是由信号波形形状决定的，与信号在时间轴上出现的位置无关；而信号的相位频谱则是信号波形形状和在时间轴上出现的位置共同决定的。

例 2-7　已知矩形脉冲 $f_1(t)$ 的频谱函数 $F_1(\omega)=E\tau\mathrm{Sa}(\omega\tau/2)$（图 2-22），其相位谱画于图 2-22(b)。将此脉冲右移 $\tau/2$ 得 $f_2(t)$，试画出其相位谱。

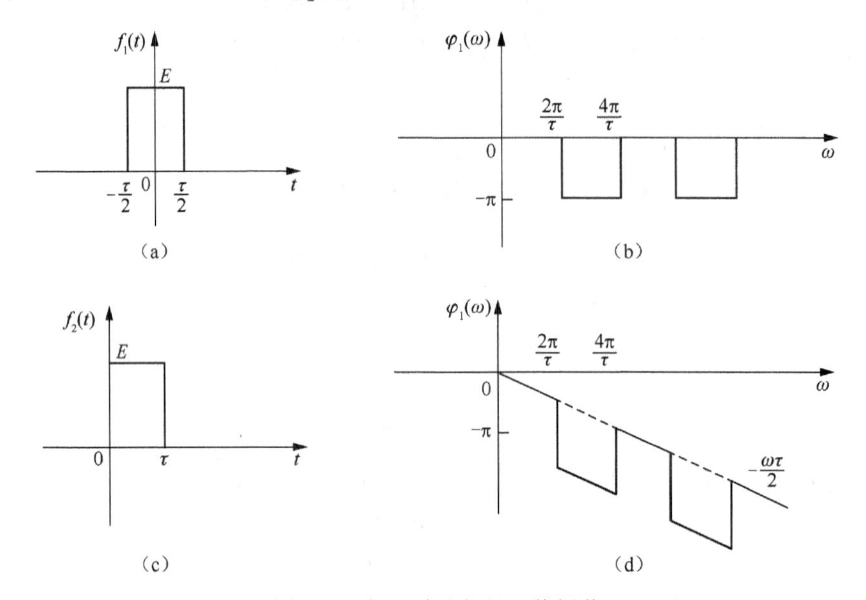

图 2-22　矩形脉冲信号及其频谱

解　由题意知 $f_2(t)=f_1\left(t-\dfrac{\tau}{2}\right)$，根据时移特性，可得 $f_2(t)$ 的频谱函数为

$$F_2(\omega)=F_1(\omega)\mathrm{e}^{-\mathrm{j}\omega\frac{\tau}{2}}=E\tau\mathrm{Sa}\left(\frac{\omega\tau}{2}\right)\mathrm{e}^{-\mathrm{j}\omega\frac{\tau}{2}}$$

显然，幅度谱没有变化，其相位谱比图 2-22（b）滞后 $\omega\tau/2$，如图 2-22（d）所示。

由延时特性可知，如果要把一个信号延迟时间 t_0，其办法是设计一个网络，能把信号中各个频率分量按其频率高低分别滞后一相位 ωt_0。当信号通过这样的网络时就可延时 t_0。反之，如果此网络不能满足上述条件时，则不同频率分量将有不同的延时，结果将使输出信号的波形出现失真。有关内容将在 7.3 节中讨论。

例 2-8　求图 2-23 所示三脉冲信号的频谱。

解　假设以 $f_0(t)$ 表示矩形单脉冲信号，其频谱函数 $F_0(\omega)$ 为

$$F_0=E\tau\mathrm{Sa}\left(\frac{\omega\tau}{2}\right)$$

因为

$$f(t)=f_0(t)+f_0(t+T)+f_0(t-T)$$

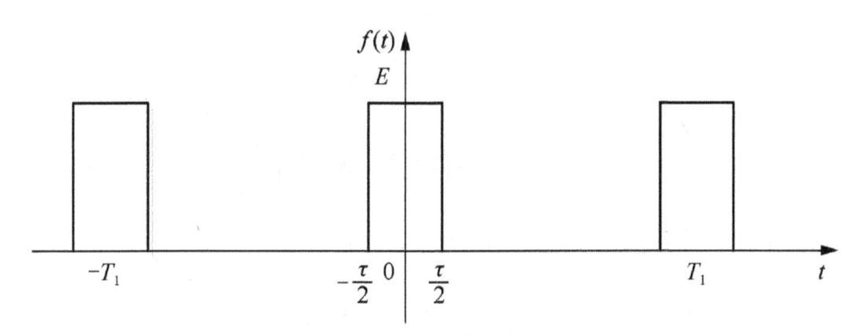

图 2-23　三脉冲信号

根据时移特性，得

$$F(\omega)=F_0(\omega)\left(1+\mathrm{e}^{\mathrm{j}\omega T}+\mathrm{e}^{-\mathrm{j}\omega T}\right)$$
$$=E\tau\mathrm{Sa}\left(\frac{\omega\tau}{2}\right)(1+2\cos\omega T)$$

其频谱如图 2-24 所示。

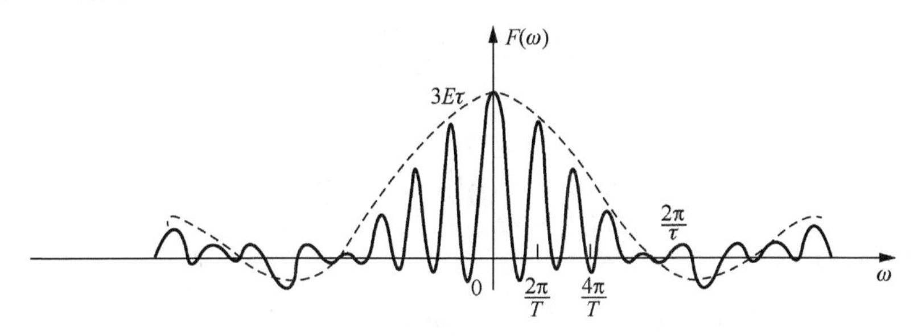

图 2-24　三脉冲信号的频谱

4. 频移特性

若 $f(t)\leftrightarrow F(\omega)$，则

$$f(t)\mathrm{e}^{\mathrm{j}\omega_0 t}\leftrightarrow F(\omega-\omega_0)，\quad \omega_0 \text{ 为常数}$$

证明　因为

$$F\left[f(t)\mathrm{e}^{\mathrm{j}\omega_0 t}\right]=\int_{-\infty}^{\infty}f(t)\mathrm{e}^{\mathrm{j}\omega_0 t}\mathrm{e}^{-\mathrm{j}\omega t}\mathrm{d}t$$
$$=\int_{-\infty}^{\infty}f(t)\mathrm{e}^{-\mathrm{j}(\omega-\omega_0)t}\mathrm{d}t$$
$$=F(\omega-\omega_0)$$

所以

$$f(t)\mathrm{e}^{\mathrm{j}\omega_0 t}\leftrightarrow F(\omega-\omega_0) \tag{2-48}$$

同理可得

$$f(t)\mathrm{e}^{-\mathrm{j}\omega_0 t}\leftrightarrow F(\omega+\omega_0)$$

可见，将时间信号 $f(t)$ 乘以 $\mathrm{e}^{\mathrm{j}\omega_0 t}$，等效于 $f(t)$ 的频谱 $F(\omega)$ 沿频率轴右移 ω_0。这种频谱搬移技术在通信系统中得到广泛的应用。诸如调幅、变频等过程都是在频谱搬移的基础上完成的。

实际使用过程中，将信号 $f(t)$ 乘以正弦函数 $\cos\omega t$ 或 $\sin\omega t$，就可引起信号的频谱搬移。由于

$$\cos\omega_0 t=\frac{1}{2}\left(\mathrm{e}^{\mathrm{j}\omega_0 t}+\mathrm{e}^{-\mathrm{j}\omega_0 t}\right)$$

$$\sin\omega_0 t=\frac{1}{2\mathrm{j}}\left(\mathrm{e}^{\mathrm{j}\omega_0 t}-\mathrm{e}^{-\mathrm{j}\omega_0 t}\right)$$

所以函数 $f(t)\cos\omega_0 t$ 和 $f(t)\sin\omega_0 t$ 的频谱函数分别为

$$f(t)\cos\omega_0 t\leftrightarrow\frac{1}{2}\left[F\left(\omega-\omega_0\right)+F\left(\omega+\omega_0\right)\right]$$

$$f(t)\sin\omega_0 t\leftrightarrow\frac{1}{2\mathrm{j}}\left[F\left(\omega-\omega_0\right)+F\left(\omega+\omega_0\right)\right] \tag{2-49}$$

由此可见，将时间信号 $f(t)$ 乘以 $\cos\omega_0 t$ 或 $\sin\omega_0 t$，等效于将 $f(t)$ 的频谱 $F(\omega)$ 一分为二，即幅度减小一半，沿频率轴向左和向右各平移 ω_0。

例 2-9　求矩形调幅信号 $f(t)=G_\tau(t)\cos\omega_0 t$ 的频谱函数。

解　已知门函数 $G_\tau(t)$ 的频谱函数为

$$G(\omega)=E\tau\mathrm{Sa}\left(\frac{\omega\tau}{2}\right)$$

又

$$f(t)=\frac{1}{2}G_\tau(t)\left(\mathrm{e}^{\mathrm{j}\omega_0 t}+\mathrm{e}^{-\mathrm{j}\omega_0 t}\right)$$

根据频移特性可得

$$\begin{aligned}F(\omega)&=\frac{1}{2}G(\omega-\omega_0)+\frac{1}{2}G(\omega+\omega_0)\\&=\frac{1}{2}E\tau\mathrm{Sa}\left[(\omega-\omega_0)\frac{\tau}{2}\right]+\frac{1}{2}E\tau\mathrm{Sa}\left[(\omega+\omega_0)\frac{\tau}{2}\right]\end{aligned}$$

此调幅信号的频谱如图 2-25 所示。

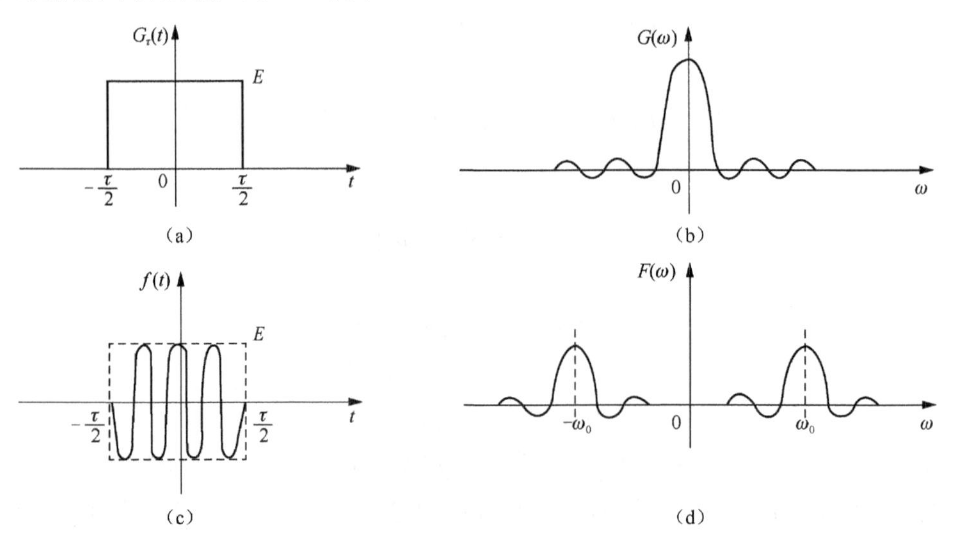

图 2-25　矩形调幅信号及其频谱

5. 尺度变换特性（展缩特性、反比特性）

首先，说明一下信号波形沿时间轴压缩或扩展的概念。大家已经熟悉，函数 $f(x)=\sin x$ 在 $0\leqslant x\leqslant 2x$ 区间，有一个周期的、完整的正弦波形，如图 2-26 所示。现在若把函数沿 x 轴压缩，使 x 在 $0\sim 2\pi$ 的间隔内能容下三个周期的完整的正弦波形，那么这个新函数应记为 $f(3x)=\sin 3x$，如图 2-26（a）所示。类似地，一个门函数，它原来的宽度为 τ，新函数 $g(t/2)$ 则是由原来的门函数扩展成 2 倍后所得到的函数，如图 2-26(b)所示。

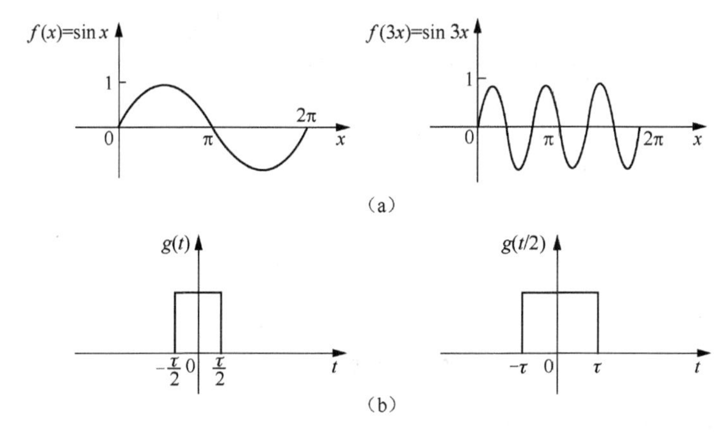

图 2-26　尺度变换特性

然后，研究尺度变换特性与信号占有的时宽和频宽之间的关系。

若 $f(t)\leftrightarrow F(\omega)$，则

$$f(at)\leftrightarrow \frac{1}{|a|}F\left(\frac{\omega}{a}\right),\quad a\neq 0$$

证明

$$F\left[f(at)\right]=\int_{-\infty}^{\infty} f(at)\mathrm{e}^{-\mathrm{j}\omega t}\mathrm{d}t$$

令 $x=at$，当 $a>0$ 时有

$$F\left[f(at)\right]=\frac{1}{a}\int_{-\infty}^{\infty} f(x)\mathrm{e}^{-\mathrm{j}\frac{\omega x}{a}}\mathrm{d}x=\frac{1}{a}F\left(\frac{\omega}{a}\right)$$

当 $a<0$ 时有

$$F\left[f(at)\right]=\frac{1}{a}\int_{\infty}^{-\infty} f(x)\mathrm{e}^{-\mathrm{j}\frac{\omega x}{a}}\mathrm{d}x$$

$$=\frac{-1}{a}\int_{-\infty}^{\infty} f(x)\mathrm{e}^{-\mathrm{j}\frac{\omega}{a}x}\mathrm{d}x=\frac{-1}{a}F\left(\frac{\omega}{a}\right)$$

综合上述两种情况，便可得到尺度变换特性表示式为

$$f(at)\leftrightarrow \frac{1}{|a|}F\left(\frac{\omega}{a}\right) \tag{2-50}$$

式（2-50）表示信号在时域中的压缩 $(a>1)$ 等效于在频域中的扩展；反之，信号在时域中的扩展 $(a<1)$ 则等效于在频域中的压缩。图 2-27 给出矩形脉冲波形展缩及其频谱函数的相应变化情况。

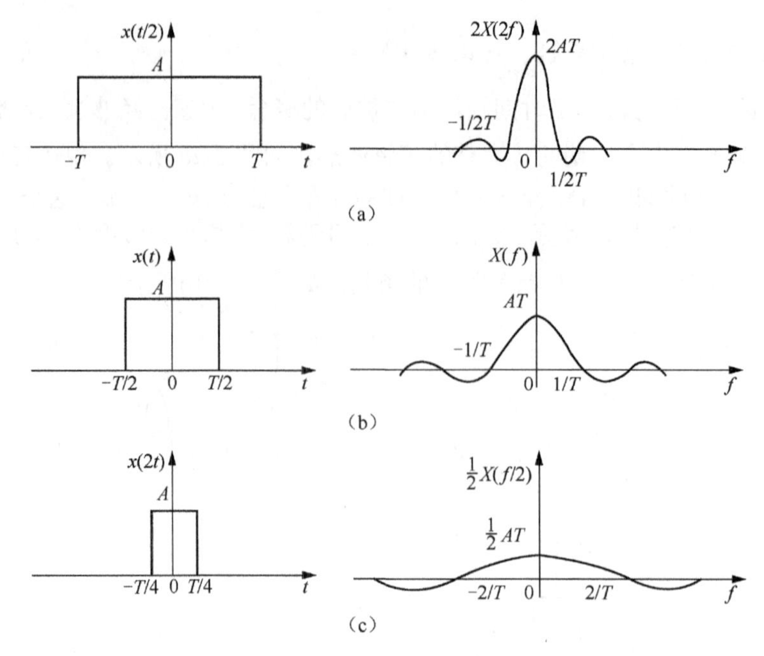

图 2-27　尺度变换特性举例

当 $a=-1$ 时，式（2-50）变为

$$f(-t) \leftrightarrow F(-\omega) \tag{2-51}$$

式（2-51）说明信号在时域中沿纵轴反褶等效于在频域中频谱也沿纵轴反褶。

6. 对称特性

该性质说明傅里叶正变换和反变换之间的对称关系。

若 $f(t) \leftrightarrow F(\omega)$，则

$$F(t) \leftrightarrow 2\pi f(-\omega) \tag{2-52}$$

证明　因为

$$f(t)=\frac{1}{2\pi}\int_{-\infty}^{\infty}F(\omega)\mathrm{e}^{\mathrm{j}\omega t}\mathrm{d}\omega$$

于是

$$f(-t)=\frac{1}{2\pi}\int_{-\infty}^{\infty}F(\omega)\mathrm{e}^{-\mathrm{j}\omega t}\mathrm{d}\omega$$

将上式中的变量 t 和变量 ω 互换，可以得到

$$2\pi f(-\omega)=\int_{-\infty}^{\infty}F(t)\mathrm{e}^{-\mathrm{j}\omega t}\mathrm{d}t$$

所以

$$F(t) \leftrightarrow 2\pi f(-\omega)$$

若 $f(t)$ 为偶函数，即 $f(t)=f(-t)$，则式（2-52）变成 $F(t) \leftrightarrow 2\pi f(\omega)$ 至此可以得出关于对称性质的如下结论。

若 $f(t)$ 为偶函数，且

$$F(t) \leftrightarrow F(\omega)$$

则

$$F(t) \leftrightarrow 2\pi f(\omega)$$

或

$$(1/2\pi)F(t) \leftrightarrow f(\omega)$$

对称特性表明，当 $f(t)$ 为偶函数时，其时域和频域完全对称。即如果时间函数 $f(t)$ 的频谱函数为 $F(\omega)$，则与 $F(\omega)$ 形式相同的时间函数 $F(t)$ 的频谱函数与 $f(t)$ 有相同的形式，为 $2\pi f(\omega)$。此处系数 2π 只影响坐标尺度，不影响函数特性。

此处用以下面两个例子说明傅里叶变换的对称性：①矩形脉冲的频谱为抽样函数 $\mathrm{Sa}(x)$，而 $\mathrm{Sa}(x)$ 形式脉冲的频谱必为矩形函数，如图 2-28 所示；②直流信号的频谱为冲激函数，而冲激函数的频谱必为常数，如图 2-29 所示。

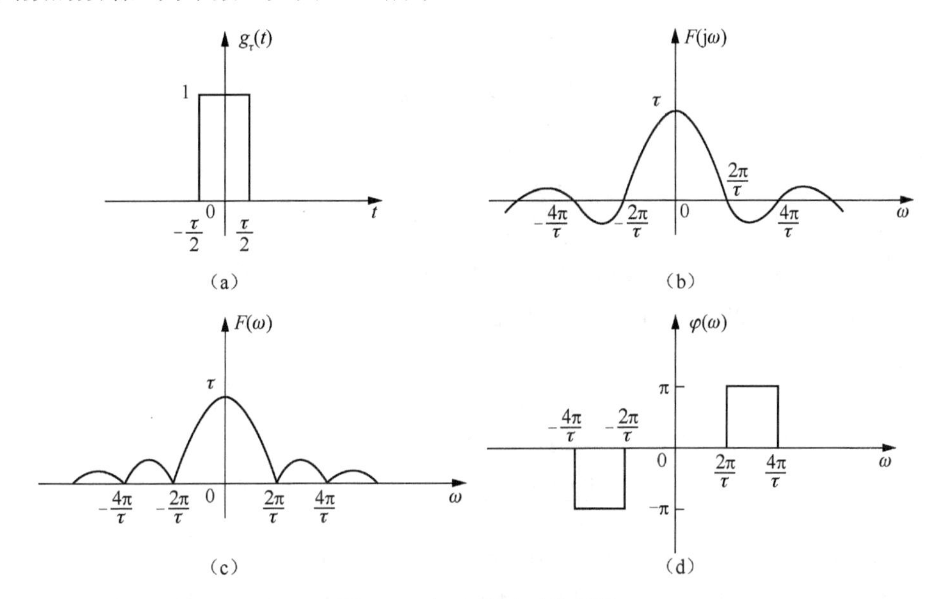

图 2-28　矩形脉冲及其频谱

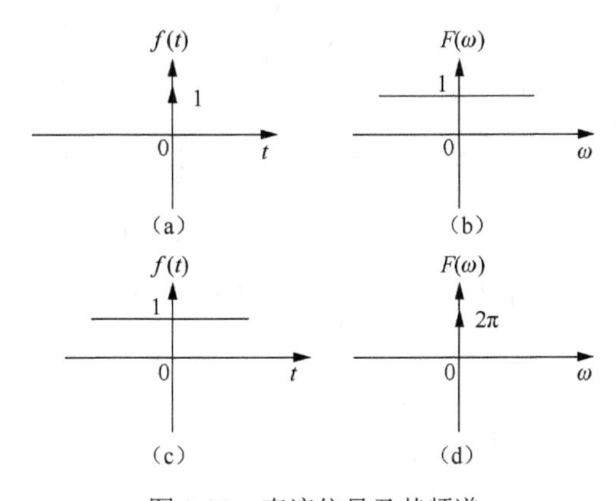

图 2-29　直流信号及其频谱

7. 微分特性

微分特性包括时域微分特性和频域微分特性。

若当$|t|\to\infty$时，$f(t)\to 0$，且$f(t)\leftrightarrow F(\omega)$，则

$$\frac{\mathrm{d}f(t)}{\mathrm{d}t}\leftrightarrow \mathrm{j}\omega F(\omega)$$

$$\frac{\mathrm{d}^n f(t)}{\mathrm{d}t^n}\leftrightarrow (\mathrm{j}\omega)^n F(\omega)$$

证明　因为

$$f(t)=\frac{1}{2\pi}\int_{-\infty}^{\infty}F(\omega)\mathrm{e}^{\mathrm{j}\omega t}\mathrm{d}\omega$$

将上式两边对t求导数，得

$$\frac{\mathrm{d}f(t)}{\mathrm{d}t}=\frac{1}{2\pi}\int_{-\infty}^{\infty}[\mathrm{j}\omega F(\omega)]\mathrm{e}^{\mathrm{j}\omega t}\mathrm{d}\omega$$

所以

$$\frac{\mathrm{d}f(t)}{\mathrm{d}t}\leftrightarrow \mathrm{j}\omega F(\omega) \tag{2-53}$$

同理可推得

$$\frac{\mathrm{d}^n f(t)}{\mathrm{d}t^n}\leftrightarrow (\mathrm{j}\omega)^n F(\omega)$$

时域微分特性说明，在时域中$f(t)$对t取n阶导数，等效于在频域中频谱$F(\omega)$乘以因子$(\mathrm{j}\omega)^n$。类似地，可以导出频域的微分特性。

若$f(t)\leftrightarrow F(\omega)$，则

$$\frac{\mathrm{d}F(\omega)}{\mathrm{d}\omega}\leftrightarrow(-\mathrm{j}t)f(t)$$

$$\frac{\mathrm{d}^n F(\omega)}{\mathrm{d}\omega^n}\leftrightarrow(-\mathrm{j}t)^n f(t)$$

例 2-10　求图 2-30 所示梯形脉冲的傅里叶变换。

解　本题可以有若干种解法，但若应用傅里叶变换的时域微分特性，可以使求解更为简单。

梯形脉冲的一次导数$f'(t)$是高度为$E/(b-a)$的正负两个矩形脉冲。二次导数$f''(t)$是强度为$E/(b-a)$的四个正负冲激函数，即

$$\frac{\mathrm{d}^2 f(t)}{\mathrm{d}t^2}=\frac{E}{b-a}\left[\delta(t+b)-\delta(t+a)-\delta(t-a)+\delta(t-b)\right]$$

根据时域微分特性和延时特性，上式的傅里叶变换表示为

$$(\mathrm{j}\omega)^2F(\omega)=\frac{E}{b-a}\left(\mathrm{e}^{\mathrm{j}b\omega}-\mathrm{e}^{-\mathrm{j}a\omega}+\mathrm{e}^{-\mathrm{j}b\omega}\right)$$

所以

$$F(\omega)=\frac{2E}{b-a}\left(\frac{\cos a\omega-\cos b\omega}{\omega^2}\right)$$

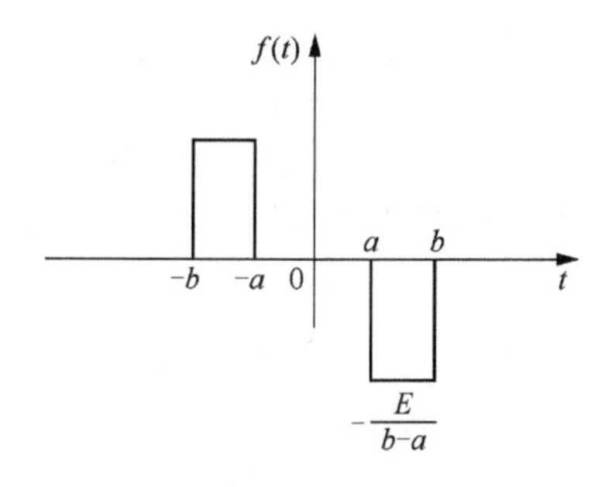

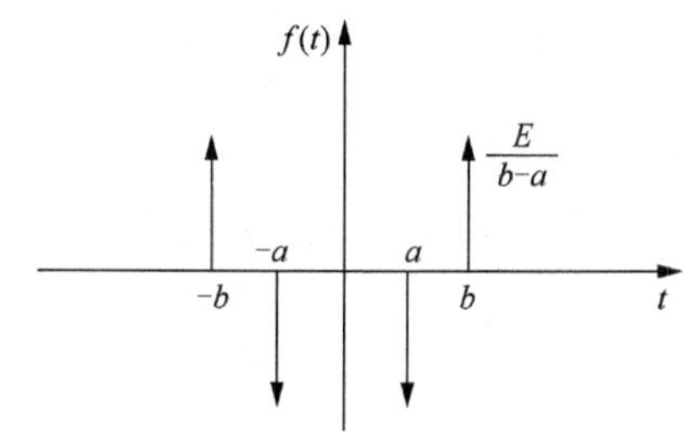

图 2-30　梯形信号的微分求解及二次微分

8. 积分特性

$$\int_{-\infty}^{t} f(\tau)\mathrm{d}\tau \leftrightarrow \frac{F(\omega)}{\mathrm{j}\omega} + \pi F(0)\delta(\omega)$$

证明　由定义知

$$F\left[\int_{-\infty}^{t} f(\tau)\mathrm{d}\tau\right] = \int_{-\infty}^{\infty}\left[\int_{-\infty}^{t} f(\tau)\mathrm{d}\tau\right]\mathrm{e}^{-\mathrm{j}\omega t}\mathrm{d}t$$
$$= \int_{-\infty}^{\infty}\left[\int_{-\infty}^{\infty} f(\tau)u(t-\tau)\mathrm{d}\tau\right]\mathrm{e}^{-\mathrm{j}\omega t}\mathrm{d}t$$

交换上式中的积分次序，可变为

$$F\left[\int_{-\infty}^{t} f(\tau)\mathrm{d}\tau\right] = \int_{-\infty}^{\infty} f(\tau)\left[\int_{-\infty}^{\infty} u(t-\tau)\mathrm{e}^{-\mathrm{j}\omega t}\mathrm{d}t\right]\mathrm{d}\tau$$

式中等式右边的方括号内是阶跃函数 $u(t-\tau)$ 的傅里叶变换，根据延时特性，$u(t-\tau)$ 的频谱函数为

$$\left[\pi\delta(\omega) + \frac{1}{\mathrm{j}\omega}\right]\mathrm{e}^{-\mathrm{j}\omega\tau}$$

代入上式则得

$$F\left[\int_{-\infty}^{t} f(\tau)\mathrm{d}\tau\right] = \int_{-\infty}^{\infty} f(\tau)\pi\delta(\omega)\mathrm{e}^{-\mathrm{j}\omega t}\mathrm{d}\tau + \int_{-\infty}^{\infty} f(\tau)\frac{1}{\mathrm{j}\omega}\mathrm{e}^{-\mathrm{j}\omega t}\mathrm{d}\tau$$
$$= \pi F(0)\delta(\omega) + \frac{1}{\mathrm{j}\omega}F(\omega)$$

则

$$\int_{-\infty}^{t} f(\tau)\mathrm{d}\tau \leftrightarrow \pi F(0)\delta(\omega) + \frac{1}{\mathrm{j}\omega}F(\omega) \tag{2-54}$$

若 $t\to\infty$，$\int_{-\infty}^{t} f(\tau)\mathrm{d}\tau = 0$，或者满足 $F(0)=0$，则

$$\int_{-\infty}^{t} f(\tau)\mathrm{d}\tau \leftrightarrow \frac{1}{\mathrm{j}\omega}F(\omega) \tag{2-55}$$

积分特性说明如果信号符合上述条件，且信号积分的频谱函数存在，则它等于信号的频谱函数除以 $\mathrm{j}\omega$。或者说，信号在时域中对时间积分，相当于在频域中用因子 $\mathrm{j}\omega$ 去除它的频谱函数。

和微分特性一样，上述结论也可以推广：对函数在时域中进行 n 次积分，相当于在频域中除以 $(\mathrm{j}\omega)^n$，即

$$\iint\cdots\int f(\tau)\mathrm{d}\tau \leftrightarrow \frac{1}{(\mathrm{j}\omega)^n}F(\omega) \tag{2-56}$$

当然，这里也要把 $\omega=0$ 点除外。

例 2-11　求图 2-31（a）所示截平斜坡信号的频谱函数。

$$y(t)=\begin{cases}0, & t<0\\ t/t_0, & 0\leqslant t\leqslant t_0\\ 1, & t>t_0\end{cases}$$

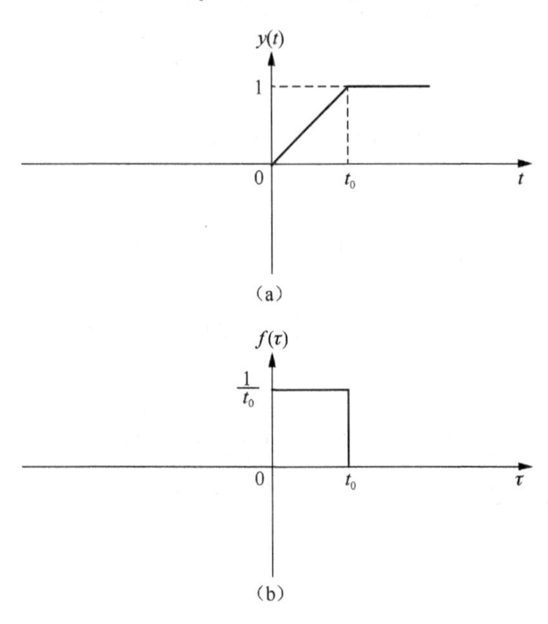

图 2-31　积分特性举例

解　将 $y(t)$ 求导得 $f(\tau)$，如图 2-31（b）所示。

根据积分特性得

$$y(t)=\int_{-\infty}^{t} f(\tau)\mathrm{d}\tau$$

根据矩形脉冲的频谱及时移特性，可得 $f(\tau)$ 的频谱 $F(\omega)$ 为

$$F(\omega)=\mathrm{Sa}\left(\frac{\omega t_0}{2}\right)\mathrm{e}^{-\mathrm{j}\omega\frac{t_0}{2}}$$

由于 $F(0)=1\neq 0$，故

$$Y(\omega)=\frac{1}{\mathrm{j}\omega}F(\omega)+\pi F(0)\delta(\omega)=\frac{1}{\mathrm{j}\omega}\mathrm{Sa}\left(\frac{\omega t_0}{2}\right)\mathrm{e}^{-\mathrm{j}\frac{\omega t_0}{2}}+\pi\delta(\omega)$$

9. 卷积特性

卷积定理在信号与系统分析中占有重要地位。

（1）时域卷积定理。

若 $f_1(t) \leftrightarrow F_1(\omega)$， $f_2(t) \leftrightarrow F_2(\omega)$，则

$$f_1(t) * f_2(t) \leftrightarrow F_1(\omega)F_2(\omega)$$

证明

$$\begin{aligned}F\left[f_1(t) * f_2(t)\right] &= \int_{-\infty}^{\infty}\left[\int_{-\infty}^{\infty} f_1(\tau)f_2(t-\tau)\mathrm{d}\tau\right]\mathrm{e}^{-\mathrm{j}\omega t}\mathrm{d}t \\ &= \int_{-\infty}^{\infty} f_1(\tau)\left[\int_{-\infty}^{\infty} f_2(t-\tau)\mathrm{e}^{-\mathrm{j}\omega t}\mathrm{d}t\right]\mathrm{d}\tau \\ &= \int_{-\infty}^{\infty} f_1(\tau)F_2(\omega)\mathrm{e}^{-\mathrm{j}\omega t}\mathrm{d}\tau = F_2(\omega)\int_{-\infty}^{\infty} f_1(\tau)\mathrm{e}^{-\mathrm{j}\omega t}\mathrm{d}\tau \\ &= F_1(\omega)F_2(\omega)\end{aligned}$$

即

$$f_1(t) * f_2(t) \leftrightarrow F_1(\omega)F_2(\omega)$$

上式表明，两函数在时域中的卷积，等效于频域中两函数傅里叶变换的乘积。

（2）频域卷积定理。

若 $f_1(t) \leftrightarrow F_1(\omega)$， $f_2(t) \leftrightarrow F_2(\omega)$，则

$$f_1(t)f_2(t) \leftrightarrow \frac{1}{2\pi}F_1(\omega) * F_2(\omega) \tag{2-57}$$

式中

$$F_1(\omega) * F_2(\omega) = \int_{-\infty}^{\infty} F_1(u)F_2(\omega-u)du$$

证明方法与时域卷积定理相同。

2.3.3　几种典型信号的频谱

本小节给出较常用的非周期及周期性典型信号的频谱分析的结果。

1. 单位脉冲函数（ δ 函数）

单位脉冲函数（ δ 函数）的傅里叶变换是

$$F(\omega) = \int_{-\infty}^{\infty} \delta(t)\mathrm{e}^{-\mathrm{j}\omega t}\mathrm{d}t = 1 \tag{2-58}$$

此结果也可由矩形脉冲取极限得到。即当脉宽 τ 减小时，其频谱的第一个零点右移，可以想象，若 $\tau \to 0$，这时矩形脉冲变成 $\delta(t)$，其相应频谱的第一个零点 $(2\pi/\tau)$ 将移到无穷远，故 $F(\omega)$ 必为常数 1。

单位冲激信号的频谱在整个频率范围内均匀分布，这种频谱常常被称为均匀谱或白色频谱。

2. 单位阶跃函数

根据傅里叶变换公式，$u(t)$ 的频谱函数为

$$F_e(\omega) = \int_{-\infty}^{\infty} u(t)\mathrm{e}^{-\mathrm{j}\omega t}\mathrm{d}t = \int_{0}^{\infty} \mathrm{e}^{-\mathrm{j}\omega t}\mathrm{d}t$$

因为当 $t \to \infty$ 时，$e^{-j\omega t}$ 不存在，所以 $u(t)$ 的频谱不能直接用傅里叶变换式进行计算。于是改用间接方法求 $u(t)$ 的傅里叶变换。

根据单边指数函数的频谱式，把它分写为实部和虚部，即

$$F_e(\omega) = \frac{1}{a + j\omega} = \frac{a}{a^2 + \omega^2} - j\frac{\omega}{a^2 + \omega^2} = A_e(\omega) + jB_e(\omega)$$

令 $a \to 0$，分别求上式中的实部和虚部的极限 $A(\omega)$ 和 $B(\omega)$。

$$A(\omega) = \lim_{a \to 0} A_e(\omega) = 0, \quad \omega \neq 0$$

并且

$$\int_{-\infty}^{\infty} A(\omega)\mathrm{d}\omega = \lim_{a \to 0}\left[\int_{-\infty}^{\infty} \frac{\mathrm{d}\frac{\omega}{a}}{1 + \left(\frac{\omega}{a}\right)^2}\right] = \lim_{a \to 0}\left(\arctan\frac{\omega}{a}\bigg|_{-\infty}^{\infty}\right)$$

由此可见，$A(\omega)$ 是一个冲激函数，冲激点位于 $\omega = 0$ 处，冲激强度为 π，即

$$A(\omega) = \pi\delta(\omega)$$

又

$$B(\omega) = \lim_{a \to 0} B_e(\omega) = \frac{-1}{\omega}, \quad \omega \neq 0$$

考虑到

$$\lim_{a \to 0} e^{-at} u(t) = u(t)$$

所以，单位阶跃函数的频谱为

$$F(\omega) = A(\omega) + jB(\omega) = \pi\delta(\omega) + \frac{1}{j\omega} = \pi\delta(\omega) + \frac{1}{\omega}e^{-j\frac{\pi}{2}}$$

如图 2-32 所示，阶跃函数的频谱中有一冲激函数。这是因为单位阶跃函数包含一个直流分量。

3. 单边指数信号

单边指数信号如图 2-33 所示，其表示式为

$$f(t) = e^{-at}u(t), \quad a > 0$$

根据傅里叶正变换式，单边指数信号的频谱函数为

$$F(\omega) = \int_{-\infty}^{\infty} f(t)e^{-j\omega t}\mathrm{d}t = \int_{0}^{\infty} e^{-at}e^{-j\omega t}\mathrm{d}t = \frac{1}{a + j\omega}$$

其幅度谱和相位谱分别为

$$|F(\omega)| = \frac{1}{\sqrt{a^2 + \omega^2}}$$

$$\varphi(\omega) = -\arctan\frac{\omega}{a}$$

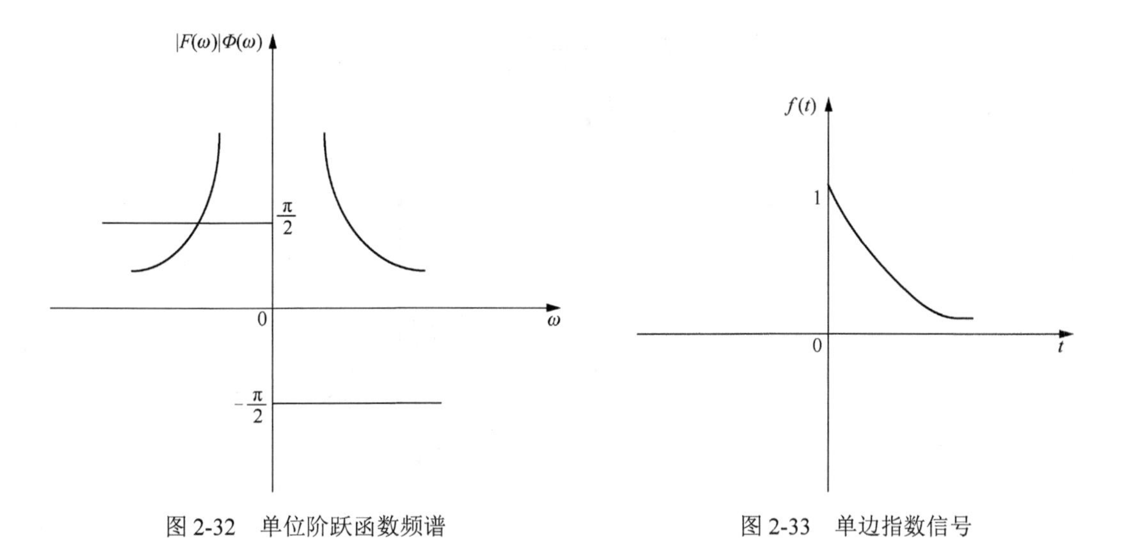

图 2-32　单位阶跃函数频谱　　　　图 2-33　单边指数信号

单边指数信号的频谱图如图 2-34 所示。

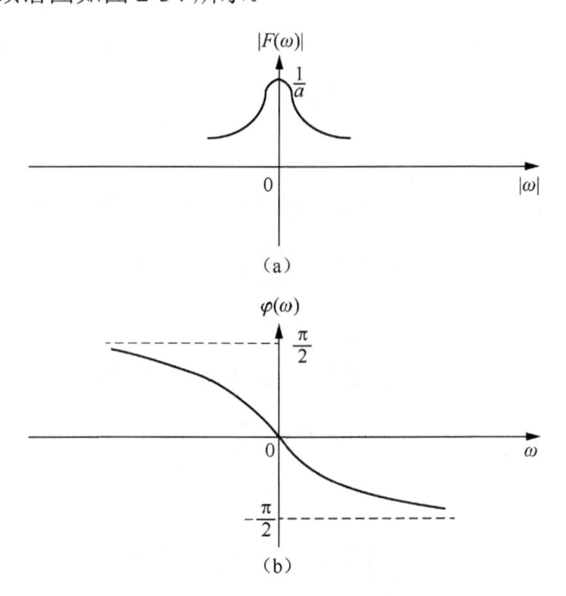

图 2-34　单边指数信号的频谱

4. 双边指数信号

双边指数信号如图 2-35 所示，其表示式为

$$f(t)=\mathrm{e}^{-a|t|},\quad a>0$$

其频谱函数为

$$\begin{aligned}F(\omega)&=\int_{-\infty}^{\infty}f(t)\mathrm{e}^{-\mathrm{j}\omega t}\mathrm{d}t=\int_{-\infty}^{\infty}\mathrm{e}^{-a|t|}\mathrm{e}^{-\mathrm{j}\omega t}\mathrm{d}t\\&=\int_{-\infty}^{0}\mathrm{e}^{at}\mathrm{e}^{-\mathrm{j}\omega t}\mathrm{d}t+\int_{0}^{\infty}\mathrm{e}^{-at}\mathrm{e}^{-\mathrm{j}\omega t}\mathrm{d}t\\&=\frac{1}{a-\mathrm{j}\omega}+\frac{1}{a+\mathrm{j}\omega}=\frac{2a}{a^2+\omega^2}\end{aligned}$$

幅度谱和相位谱分别为

$$|F(\omega)| = \frac{2a}{a^2 + \omega^2}$$

$$\varphi(\omega) = 0$$

如图 2-35 所示。

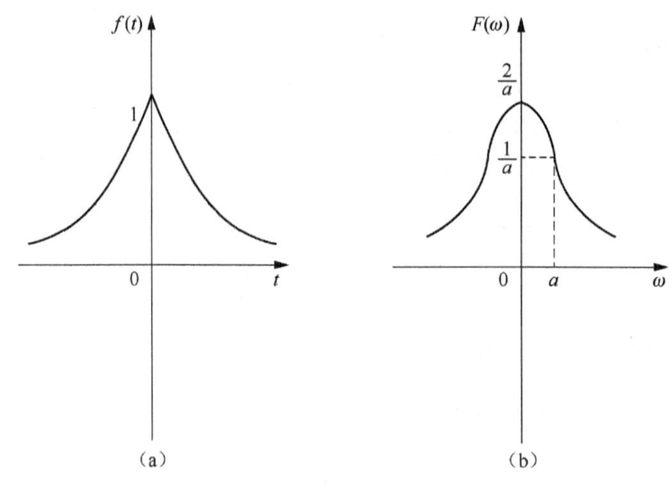

图 2-35 双边指数信号及其频谱

5. 周期单位脉冲序列

等间隔的周期单位脉冲序列常称为梳状函数，并用 $\mathrm{comb}(t,T_s)$ 表示。

$$\mathrm{comb}(t,T_s) = \sum_{n=-\infty}^{\infty} \delta(t - nT_s) \tag{2-59}$$

式中，T_s 为周期；n 为整数，$n = 0, \pm1, \pm2, \cdots$。

因为此函数是周期函数，所以可以把它表示为傅里叶级数的复指数函数形式。

$$\mathrm{comb}(t,T_s) = \sum_{k=-\infty}^{\infty} c_k \mathrm{e}^{\mathrm{j}2\pi n f_s t} \tag{2-60}$$

式中，$f_s = 1/T_s$；系数 c_k 为

$$c_k = \frac{1}{T_s}\int_{-\frac{T_s}{2}}^{\frac{T_s}{2}} \mathrm{comb}(t,T_s)\mathrm{e}^{-\mathrm{j}2\pi k f_s t}\mathrm{d}t$$

因为在 $(-T_s/2, T_s/2)$ 区间内，式（2-59）只有一个 δ 函数 $\delta(t)$，而当 $t=0$ 时，$\mathrm{e}^{-\mathrm{j}2\pi f_s t} = \mathrm{e}^0 = 1$，所以

$$c_k = \frac{1}{T_s}\int_{-\frac{T_s}{2}}^{\frac{T_s}{2}} \delta(t)\mathrm{e}^{-\mathrm{j}2\pi k f_s t}\mathrm{d}t = \frac{1}{T_s}$$

这样，式（2-60）可写成

$$\mathrm{comb}(t,T_s) = \frac{1}{T_s}\sum_{k=-\infty}^{\infty} \mathrm{e}^{\mathrm{j}2\pi n f_s t}$$

又

$$\mathrm{e}^{\mathrm{j}2\pi k f_s t} \leftrightarrow \delta(f - kf_s)$$

可得 $\mathrm{comb}(t,T_s)$ 的频谱 $\mathrm{comb}(f,f_s)$，也是梳状函数，如图 2-36 所示。

$$\mathrm{comb}\left(f,f_s\right)=\frac{1}{T_s}\sum_{k=-\infty}^{\infty}\delta\left(f-kf_s\right)=\frac{1}{T_s}\sum_{k=-\infty}^{\infty}\delta\left(f-\frac{k}{T_s}\right) \tag{2-61}$$

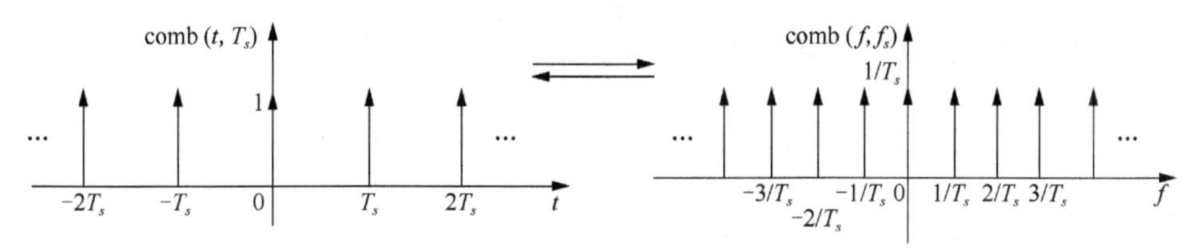

图 2-36　周期单位脉冲序列及其频谱

由图 2-36 可见，时域周期单位脉冲序列的频谱也是周期脉冲序列。若时域周期为T_s，则频域脉冲序列的周期为$1/T_s$；时域脉冲强度为 1，频域中强度为$1/T_s$。

6. 正、余弦函数

正、余弦函数不满足绝对可积条件，因此不能直接进行傅里叶变换，而需在傅里叶变换时引入δ函数。

正、余弦函数可以写成

$$\sin(2\pi f_0 t)=\mathrm{j}\frac{1}{2}\left(\mathrm{e}^{-\mathrm{j}2\pi f_0 t}-\mathrm{e}^{\mathrm{j}2\pi f_0 t}\right)$$

$$\cos(2\pi f_0 t)=\frac{1}{2}\left(\mathrm{e}^{-\mathrm{j}2\pi f_0 t}+\mathrm{e}^{\mathrm{j}2\pi f_0 t}\right)$$

可认为正、余弦函数是把频域中的两个δ函数向不同方向频移后之差或和的傅里叶逆变换。因而可求得正、余弦函数的傅里叶变换如下（图 2-37）。

$$\sin(2\pi f_0 t)=\mathrm{j}\frac{1}{2}[\delta(f+f_0)-\delta(f-f_0)] \tag{2-62}$$

$$\cos(2\pi f_0 t)=\frac{1}{2}[\delta(f+f_0)+\delta(f-f_0)] \tag{2-63}$$

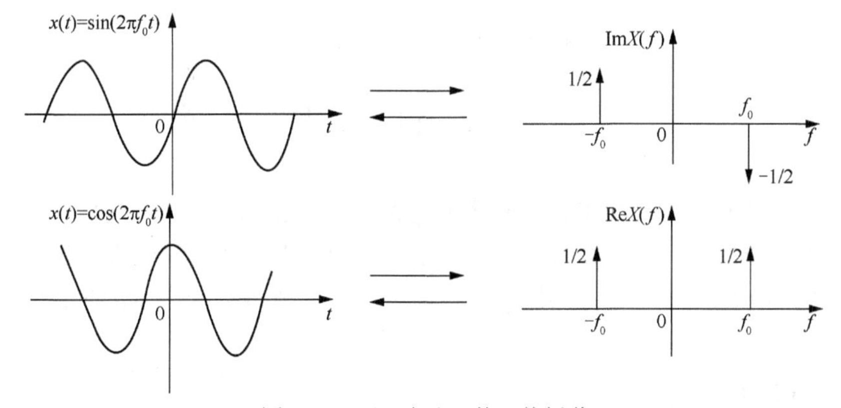

图 2-37　正、余弦函数及其频谱

7. 周期半波信号

若余弦信号为$E\cos(\omega_1 t)$，其中$\omega_1=2\pi/T$，则此时全波余弦信号$f(t)$为

$$f(t)=E\left|\cos(\omega_1 t)\right|$$

如图 2-38（a）所示，这是一个偶函数，而且$f(t)$的周期T_0只有余弦信号周期T的一半，

即$T_0 = T/2$，同时频率$\omega_0 = 2\pi / T_0 = 2\omega_1$。全波余弦信号参数为$\omega_0$，求出傅里叶级数为

$$f(t)=\frac{2E}{\pi}+\frac{4E}{3\pi}\cos(\omega_0 t)-\frac{4E}{15\pi}\cos(2\omega_0 t)+\frac{4E}{35\pi}\cos(3\omega_1 t)+\cdots$$

若使用余弦信号参数ω_1表示，则傅里叶级数为

$$\begin{aligned}f(t)&=\frac{2E}{\pi}+\frac{4E}{\pi}\left[\frac{1}{3}\cos(2\omega_1 t)-\frac{1}{15}\cos(4\omega_1 t)+\frac{1}{35}\cos(6\omega_1 t)+\cdots\right]\\&=\frac{2E}{\pi}+\frac{4E}{\pi}\sum_{n=1}^{\infty}(-1)^{n+1}\frac{1}{4n^2-1}\cos(2n\omega_1 t)\end{aligned}$$

可见，周期全波余弦信号的频谱，包含直流分量及ω_0的基波和各次谐波分量；或者说，只包含直流分量及ω_1的偶次谐波分量。谐波的幅度以$1/n^2$的规律收敛。周期全波余弦信号的频谱如图 2-38（b）所示。

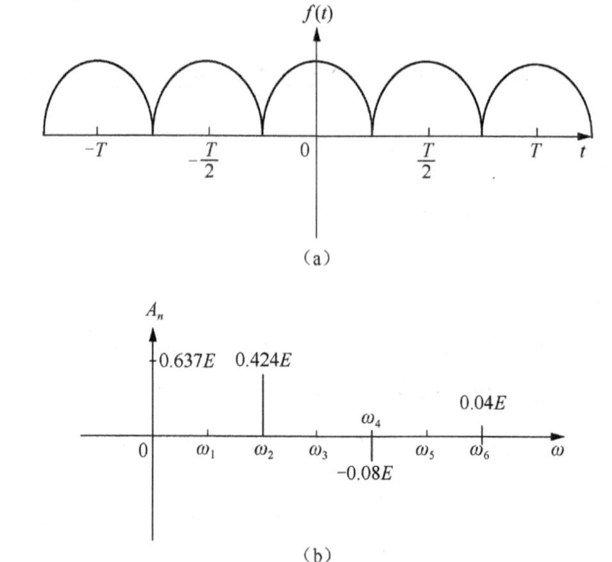

图 2-38　周期半波信号及其频谱

2.4　随 机 信 号

工程实践中还有一类无法用具体函数表达式表示的信号，如电力系统中的高频干扰。这类信号不能用确定的数学关系式来描述，不能预测其未来任何瞬时值。任何一次观测值只代表在其变动范围中可能产生的结果之一。这类信号称为随机信号。本节主要讨论随机信号及其统计规律。

2.4.1　随机信号的基本概念

随机信号也称为非确定性信号，每次观测的结果都不尽相同。具有随机性，不能用明确的数学关系式来描述，但其变动服从统计规律，可以用概率和统计的方法来描述。前面所研究的确定性信号仅是在一定条件下所出现的特殊情况，是在忽略某些随机因素后的抽象，研究随机信号具有更普遍的现实意义。

对随机信号按时间历程所做的各次长时间的观测记录称为样本函数，记为$x_i(t)$。如

图 2-39 所示。而在有限区间内的样本函数称为样本记录。在相同实验条件下，全部样本函数的集合（总体）就是随机过程，记为$\{x(t)\}$，即

$$\{x(t)\}=\{x_1(t),x_2(t),\cdots,x_i(t)\} \tag{2-64}$$

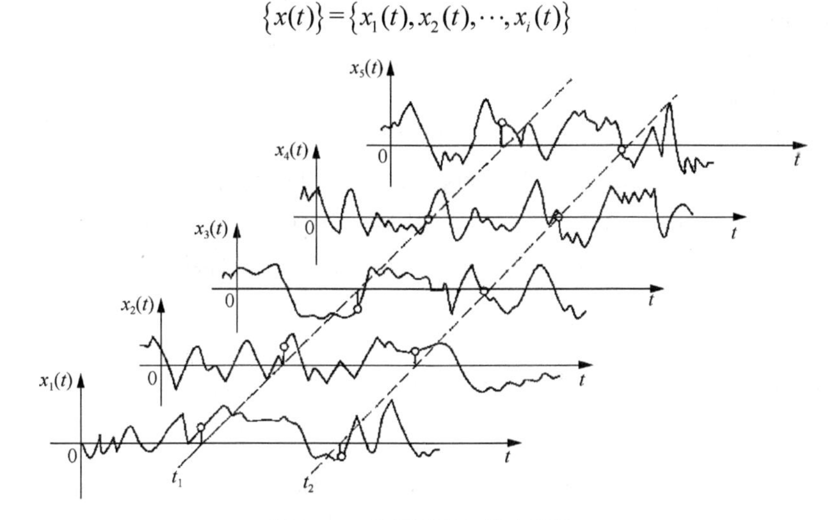

图 2-39　随机过程与样本函数

随机过程的各种平均值（均值、方差、均方值和均方根值等）是按集合平均来计算的。集合平均的计算不是沿着单个样本的时间轴进行，而是将集合中所有样本函数对同一时刻t_i的观侧值取平均。为了与集合平均相区别，把按单个样本的时间历程进行平均的计算称为时间平均。

随机过程有平稳随机过程和非平稳随机过程之分。平稳随机过程是指其统计特征参数不随时间而变化的随机过程，否则为非平稳随机过程。在平稳随机过程中，若任一单个样本函数的时间平均统计特征等于该过程的集合平均统计特征，这样的平稳随机过程称为各态历经（遍历性）随机过程。工程上所遇到的很多随机信号具有各态历经性，有的虽不是严格的各态历经过程，但也可以当作各态历经随机过程来处理。事实上，一般的随机过程需要足够多的样本函数（理论上应为无限多个）才能描述它，而要进行大量的观测来获取足够多的样本函数是非常困难或做不到的。实际的测试工作常把随机信号按各态历经过程来处理，进而以有限长度样本记录的观察分析来推断、估计被测对象的整个随机过程。也就是说，在测试工作中常以一个或几个有限长度的样本记录来推断整个随机过程，以其时间平均来估计集合平均。本书仅限于讨论各态历经随机过程的范围。

随机信号广泛存在于工程技术的各个领域。确定性信号一般是在一定条件下出现的特殊情况，或者是忽略了次要的随机因素后抽象出来的模型。测试信号总是受到环境噪声污染，故研究随机信号具有普遍、现实的意义。

2.4.2　随机信号的主要特征参数

描述各态历经随机信号的主要特征参数如下。

（1）均值μ_x、方差σ_x^2、均方值ψ_x^2：描述信号强度方面的特征。

（2）概率密度函数：描述信号在幅值域中的特征。

（3）自相关函数：描述信号在时域中的特征。

（4）功率谱密度函数：描述信号在频域中的特征。

在实际的信号分析中，往往还需要描述两个或两个以上各态历经随机信号之间的相互依赖程度，通过下面的联合统计特性参数来描述。

（1）联合概率密度函数。

（2）互相关函数。

（3）互谱密度函数和相干函数。

除上述通用特征参数外，在具体的应用过程中，还导出了一些时域、频域的相关特征参数，来解决具体的工程问题，如设备故障诊断领域用到的对故障敏感的特征参量（峭度指标、波形指标、脉冲指标、偏态指标等），从另一个侧面反映了随机信号的某些特征。

下面介绍 μ_x、σ_x^2、ψ_x^2、概率密度函数，以及特殊用途的特征参量。

1. *均值 μ_x、方差 σ_x^2 和均方值 ψ_x^2*

各态历经随机信号 $x(t)$ 的均值 μ_x 是信号在整个时间坐标上的积分平均，表达了信号变化的中心趋势，表示为

$$\mu_x = E[x] = \lim_{T\to\infty}\frac{1}{T}\int_0^T x(t)\mathrm{d}t \tag{2-65}$$

式中，$x(t)$ 为样本函数；T 为观测时间；$E[x]$为变量 x 的数学期望。均值用来描述信号的常值分量。

方差 σ_x^2 描述随机信号的波动分量（交流分量），它是 $x(t)$ 的偏离均值 μ_x 的平方的均值，即

$$\sigma_x^2 = \lim_{T\to\infty}\frac{1}{T}\int_0^T [x(t)-\mu_x]^2\mathrm{d}t \tag{2-66}$$

随机信号的强度可以用均方值 ψ_x^2 来描述，它是 $x(t)$ 平方的均值，代表随机信号的平均功率，即

$$\psi_x^2 = E[x^2] = \lim_{T\to\infty}\frac{1}{T}\int_0^T x^2(t)\mathrm{d}t \tag{2-67}$$

均方值的正平方根为均方根值，也称为有效值，它是信号的平均能量，定义为

$$x_{\mathrm{rms}} = \sqrt{\frac{1}{T}\int_0^\infty x^2(t)\,\mathrm{d}t} = \psi_x \tag{2-68}$$

它也是动态特性的平均能量（功率）的一种描述方法。

从上面几个特征参量的定义看，这些参量之间并不是相互独立的，均值、方差和均方值之间存在一定的相依关系。

$$\sigma_x^2=\psi_x^2-\mu_x \tag{2-69}$$

方差是除去了均值后的均方值，它是信号幅值相对于均值分散程度的一种表示，当均值 $\mu_x=0$ 时，则 $\sigma_x^2=\psi_x^2$，即方差等于均方值。

在实际测试中，以有限长的样本函数来估计总体的特性参数，其估计值通过在符号上方加注“ ^ ”来区分，即

$$\hat{\mu}_x = \frac{1}{T}\int_0^T x(t)\mathrm{d}t \tag{2-70}$$

$$\hat{\sigma}_x^2 = \frac{1}{T}\int_0^T [x(t)-\mu_x]^2\mathrm{d}t \tag{2-71}$$

$$\hat{\psi}_x^2 = \frac{1}{T}\int_0^T x^2(t)\mathrm{d}t \tag{2-72}$$

2. 概率密度函数

随机信号的概率密度函数表示信号幅值落在指定区间内的概率。如图 2-40 所示，设信号 $x(t)$ 的幅值落在 $[x, x+\Delta x]$ 区间内的时间为 T_x，则

$$T_x = \Delta t_1 + \Delta t_2 + \Delta t_3 + \cdots + \Delta t_N = \sum_{i=1}^{N} \Delta t_i \tag{2-73}$$

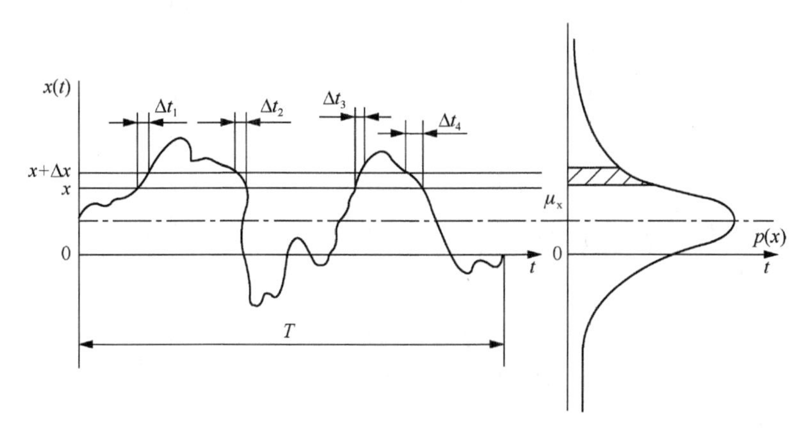

图 2-40　概率密度函数的说明

当样本函数 $x(t)$ 的记录时间 T 趋于无穷大时，T_x / T 的比值就是幅值落在 $[x, x+\Delta x]$ 区间内的概率，即

$$P[x < x(t) \leqslant (x+\Delta x)] = \lim_{T\to\infty} \frac{T_x}{T} \tag{2-74}$$

定义随机信号的概率密度函数为

$$p(x) = \lim_{\Delta x\to\infty} \frac{P[x < x(t) \leqslant (x+\Delta x)]}{\Delta x} = \lim_{\Delta x\to\infty} \frac{1}{\Delta x} \lim_{T\to\infty} \frac{T_x}{T} \tag{2-75}$$

在有限时间记录 T 内的概率密度函数可由式（2-76）估计。

$$p(x) = \lim_{\Delta x\to\infty} \frac{T_x}{T\Delta x} \tag{2-76}$$

概率密度函数描述了随机信号幅值域的分布特征信息，是随机信号的主要特性参数之一。不同的信号具有不同的概率密度函数曲线，可以借此来识别信号的性质。图 2-41 是常见信号（假设这些信号的均值为零）的概率密度曲线。概率密度函数给出了信号某幅值附近出现的频率，因此它也成为一些机械部件设计的依据。例如，幅值出现概率较高的应力为产品设计的依据。

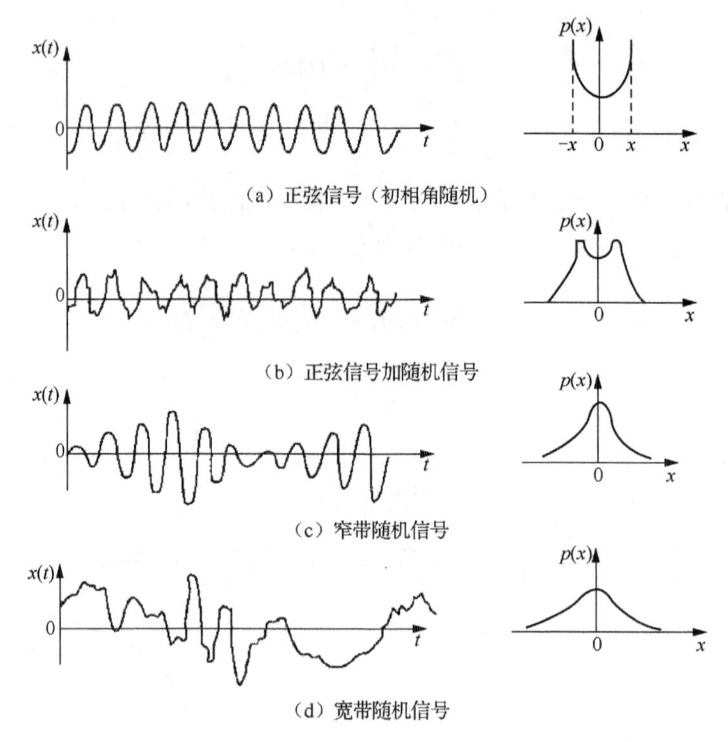

图 2-41　四种信号及概率密度函数曲线

3. 其他特征参数

除上述参数外，常引入一些量纲幅域特征参数作为随机信号的数字特征，用以弥补有量纲幅域参数容易受测试对象工作条件（如负载、转速、仪器灵敏度等）影响的不足，如波形指标、峰值指标、脉冲指标、裕度指标和峭度指标等。这些参数计算简单，常用在故障诊断中。它们对机械状态的变化有一定的敏感性。这些参数的定义如下。

（1）波形指标。

$$S_f = \frac{X_{\text{rms}}}{|\bar{X}|} = \frac{\sqrt{\frac{1}{N}\sum_{n=0}^{N-1} x^2(n)}}{\frac{1}{N}\sum_{n=0}^{N-1}|x(n)|} \tag{2-77}$$

（2）峰值指标。

$$C_f = \frac{|X|_{\max}}{X_{\text{rms}}} = \frac{\max\limits_{0<n<N-1}[|x(n)|]}{\sqrt{\frac{1}{N}\sum_{n=0}^{N-1} x^2(n)}} \tag{2-78}$$

（3）脉冲指标。

$$I_f = \frac{|X|_{\max}}{|\bar{X}|} = \frac{\max\limits_{0<n<N-1}[|x(n)|]}{\frac{1}{N}\sum_{n=0}^{N-1}|x(n)|} \tag{2-79}$$

（4）裕度指标。

$$\mathrm{CL}_f=\frac{|X|_{\max}}{X_r}=\frac{\max\limits_{0<n<N-1}[|x(n)|]}{\left[\frac{1}{N}\sum\limits_{n=0}^{N-1}\sqrt{|x(n)|}\right]^2} \tag{2-80}$$

（5）峭度指标。

$$K_f=\frac{\beta}{X_{\mathrm{rms}}^4}=\frac{\frac{1}{N}\sum\limits_{n=0}^{N-1}x^4(n)}{\left[\sqrt{\frac{1}{N}\sum\limits_{n=0}^{N-1}x^2(n)}\right]^4} \tag{2-81}$$

对于正弦波和三角波，无论幅值和频率为多大，这些参数的值是不变的。因为，对于这类信号，频率不会改变其幅值概率密度函数，幅值的变化对这些计算式中的分子和分母的影响相同，其比值就可以消除振幅的影响。

2.4.3　样本参数、参数估计和统计采样误差

从式(2-65)～式(2-67)中可看到，用时间平均法计算随机信号特征参数，需要进行 $T\to\infty$ 的极限运算，它意味着要使用样本函数（观测时间无限长的样本记录）。这是一个无法克服的困难。实际上只能从其中截取有限时间的样本记录来计算相应的特征参数（称为样本参数），并用它们作为随机信号特征参数的估计值。显然这使得样本参数随所采用的样本记录而异，它们本身也是随机变量。若把参数 $\varPhi$ 的估计值记为 $\hat{\varPhi}$，则随机信号的均值 μ_x 、均方值 ψ_x^2 的估计值 $\hat{\mu}_x$ 、$\hat{\psi}_x^2$ 按式（2-82）计算。

$$\begin{cases}\hat{\mu}_x=\dfrac{1}{T}\displaystyle\int_0^T x(t)\mathrm{d}t\\ \hat{\psi}_x^2=\dfrac{1}{T}\displaystyle\int_0^T x^2(t)\mathrm{d}t\end{cases} \tag{2-82}$$

用集合平均法计算随机信号特征参数时，同样存在这种困难。其困难表现在要求使用无限多个样本记录，如式（2-71）、式（2-72）中 $M\to\infty$ 的极限运算。实际上也只能使用有限数目的样本记录来计算相应样本参数，并作为随机信号特征参数的估计值。例如，t_1 样本均值、均方值的估计值用式（2-83）计算。

$$\begin{cases}\hat{\mu}_{x,t_1}=\dfrac{1}{M}\displaystyle\sum_{i=1}^{M}x_i(t_1)\\ \hat{\psi}_{x,t_1}^2=\dfrac{1}{M}\displaystyle\sum_{i=1}^{M}x_i(t_1)\end{cases} \tag{2-83}$$

式中，M、i 分别为所采用的样本记录总数目和样本记录序号。

总之，随机信号特征参数分析无非就是由有限样本记录获取样本参数，而后以样本参数作为随机信号特征参数的估计值。显然，这样做必定带来误差。这类误差称为统计采样误差，其大小和样本记录的长度、样本记录的数目有关。

设被估计参数为 $\varPhi$，其估计值为 $\hat{\varPhi}$。在多次估计过程中，估计值和被估计参数的关系如图 2-42 所示。$p(\hat{\varPhi})$ 为随机变量 $\hat{\varPhi}$ 的概率密度函数。采样统计误差可用均方误差 $D[\hat{\varPhi}]$ 来描述。均方误差定义为

$$D[\hat{\Phi}] = E[(\hat{\Phi} - \Phi)^2] \tag{2-84}$$

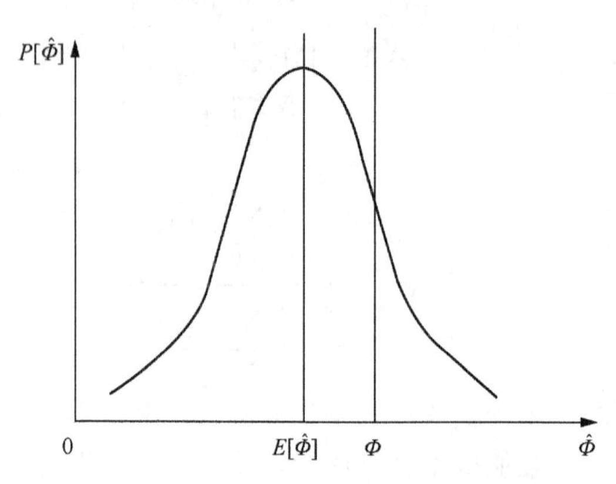

图 2-42　估计值的统计采样误差

它是每一个估计值 $\hat{\Phi}$ 与被估计参数 Φ（真值）之差的平方的期望值。式(2-84)最终可得

$$\begin{aligned} D[\hat{\Phi}] &= E[(\hat{\Phi} - E[\hat{\Phi}])^2] + E[(E[\hat{\Phi}] - \Phi)^2] \\ &= \sigma^2[\hat{\Phi}] + b^2[\hat{\Phi}] \end{aligned} \tag{2-85}$$

式中

$$\begin{cases} \sigma^2[\hat{\Phi}] = E[(\hat{\Phi} - E[\hat{\Phi}])^2] \\ b^2[\hat{\Phi}] = E[(E[\hat{\Phi}] - \Phi)^2] \end{cases} \tag{2-86}$$

显然，$\sigma^2[\hat{\Phi}]$ 是估计值偏离其期望值的平方的期望值，通常称为随机变量 $\hat{\Phi}$ 的方差。它描述统计采样误差中的随机部分，其大小表达概率分布曲线的宽窄。$b^2[\hat{\Phi}]$ 为估计值的期望对被估计参数 Φ 的偏离量的平方的期望值。它描述误差中的系统部分，一般与估计方法有关。其正平方根称为估计偏差或偏差。

分析表明，用式(2-82)和式(2-83)来估计随机信号的均值和均方值时，其偏度误差为零；其随机误差（方差）则与样本记录数目 M 、样本记录长度 T 的平方根成反比，即随机误差要减小一半，M 或 T 就必须增加 4 倍。对于时间平均估计，随机误差还与信号的频带宽度的平方根成反比。信号频带越宽，越容易获得误差小的估计。

第 3 章　测试系统的基本特性

工作现场的各种测试信号经过各种测量装置及其组成的测试系统，最终得到测试结果。需要注意到测试结果会受到测试系统的影响。同时，系统的特性不可避免地会给流经系统的信号带来影响，进而影响测试结果的精度和可靠性。由于受到测试系统特性的影响，信号经过测试系统传递与转换后，输出信号与输入信号会有所不同，有时会出现测量失真的情况。工程上在用数学语言描述测试系统后，需要了解测试系统中哪些环节会产生测量误差、如何减小或消除测量误差、输出信号与输入信号的转换关系、正确设计与选择测量系统的各个环节等诸多问题，从而了解测试系统的基本特性。因此，建立测试系统的概念并掌握系统的基本特性对于正确选用测试系统、校准测试系统以及提高测试过程的准确性等非常重要。

本章主要介绍线性定常系统的概念及其性质；测试系统静态特性的基本要领，各种静态特性指标的意义及评价方法；测试系统动态特性的描述及测评方法；测试系统不失真测试的条件；任意输入下，测试系统的时域及频域响应的计算方法等问题。

3.1　概　　述

科学实验和工程测试中，为了实现某种物理量的准确测量，选择或设计测量装置时必须考虑这些测量装置能否准确获取被测量的量值及其变化，即实现准确测量。实际的测试系统在组成的繁简程度和中间环节上差别很大，有时可能是一个完整的、简单的仪表（如数字万用表）；有时可能是一个由多路传感器和数据采集系统组成的庞大系统。而这些系统是否能够实现准确测量，则取决于测量装置的特性。这些特性包括静态与动态特性、负载特性、抗干扰性等。这种划分只是为了研究上的方便，事实上测量装置的特性是统一的，各种特性之间是相互关联的。

3.1.1　测试系统的基本概念

由若干相互作用和相互依赖的事物组合而成的具有特定功能的整体称为系统。测试系统的特定功能是对研究对象进行具有试验性质的测量，以获取研究对象的有关信息。测试时，需要使用试验装置使被测对象处于某种预定的状态下，将被测对象的内在联系充分地暴露出来，以便进行有效的测量。然后，通过传感器拾取被测对象所输出的特征信号并使其转换成适于测量的物理量或电信号，再经后续电路和仪器进行传输、变换、放大、运算等使之成为易于处理和记录的信号。这些变换器件和仪器，总称为测量装置。经测量装置输出的信号需要进一步由数据处理装置进行数据处理，以排除干扰、估计数据的可靠性以及抽取信号中各种特征信息等，最后将测试、分析处理的结果进行记录，得到所需要的信息。上述由被测对象、试验装置、测量装置、数据处理装置、显示记录装置组成的具有测试功能的整体是最一般的测试系统。

由于测试对象、测试目的和具体要求的不同，实际的测试系统可能会有很大的差异，有的测试系统可以十分简单，有的测试系统也可能相当复杂。例如，温度测试系统可以由被测对象和一个液柱式温度计构成，也可以由复杂的自动测温系统组成。图 3-1 所给出的一般测试系统中的各个装置，各自具有独立的功能，是构成测试系统的子系统。信号从发生到分析结果的显示，流经各子系统并受子系统特性的影响而发生改变。研究测试系统的基本特性，可以是测试系统中的某个子系统甚至是子系统中的某个组成环节的基本特性。如测量装置或测量装置的组成部分（传感器、放大器、中间变换器、电气元件、芯片、转换电路等）可以视为研究对象。因此，在研究测试系统的基本特性时，测试系统的概念是广义的。在信号流传输通道中，任意连接输入、输出并有特定测试功能的部分，均可视为测试系统。

基于广义测试系统的观点，测试系统是连接输入、输出的某个功能块。尽管测试系统的组成各不相同，但总可以将其抽象和简化。如果把功能块简化为一个方框表示测试系统，并用 $x(t)$ 表示输入量，用 $y(t)$ 表示输出量，用 $h(t)$ 表示系统的传递特性，则输入、输出和测试系统之间的关系可用图 3-1 表示。$x(t)$ 、$y(t)$ 、$h(t)$ 分别对应的是各自的拉普拉斯变换。

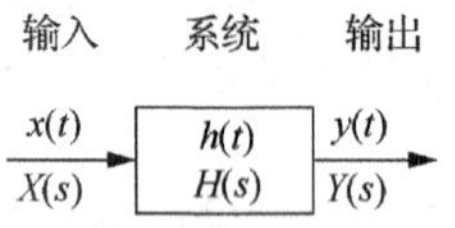

输入　系统　输出
$x(t)$ $X(s)$　$h(t)$ $H(s)$　$y(t)$ $Y(s)$

图 3-1　测试系统及其输入、输出

输入量、输出量、系统传递特性是三个具有确定关系的量，当知道其中任何两个量，便可以推断或估计第三个量。由此，机械工程测试工作的内容大致可归纳为以下三类问题。

（1）系统辨识问题：当输入和输出是可观察的或已知量时，就可以通过它们推断系统的传输特性，也就是求出系统的结构与参数、建立系统的数学模型，此即系统辨识问题。

（2）响应预测问题：当系统特性已知、输出可测时，可以通过它们推断导致该输出的输入量，此即滤波与预测问题，有时也称为载荷识别问题。

（3）载荷识别问题：当输入和系统特性已知时，则可以推断和估计系统的输出量，并通过输出来研究系统本身的有关结构参数，此即系统分析问题。

从输入到输出，系统对输入信号进行传输和变换。系统的特性将对输入信号产生影响。因此，要使输出信号真实地反映输入的状态，测试系统必须满足一定的性能要求。一个理想的测试系统应该具有单一的、确定的输入输出关系，而且系统的特性不应随时间的推移发生改变。当系统的输入输出呈线性关系时，分析处理最为简便。满足上述要求的系统，是线性时不变系统。具有线性时不变特性的测试系统为最佳测试系统。

知识链接　在系统分析过程中，经常会遇到线性、非线性、时变、时不变、常参数、变参数等概念。用线性运算子组成的系统称为线性系统，否则称为非线性系统。若线性系统还满足非时变性，则称为线性时不变系统，否则称为线性时变系统。系统的参数不随时间改变而改变，则称为常参数系统，否则称为变参数系统。

在工程测试实践和科学实验活动中，经常遇到的测试系统大多数属于线性时不变系统。一些非线性系统或时变系统，在限定的范围与指定的条件下，也遵从线性时不变的规律。线性时不变系统的分析方法已经形成了完整的、严密的体系，且日臻完善和成熟。但非线性系统与时变系统的研究还未能总结出令人满意的、具有普遍意义的分析方法；动态测试中，要进行非线性校正还存在一定的困难。本章主要讨论线性时不变系统。

3.1.2　测试系统的数学描述

线性时不变（linear time-invariant，LTI）系统也称为线性定常系统。本书后面章节所介绍的系统，如无特别声明，均指线性定常系统。当线性定常系统的输入为$x(t)$、输出为$y(t)$时，它们之间的关系可用如下常系数线性微分方程来描述。

$$a_n\frac{\mathrm{d}^n y(t)}{\mathrm{d}t^n}+a_{n-1}\frac{\mathrm{d}^{n-1}y(t)}{\mathrm{d}t^{n-1}}+\cdots+a_1\frac{\mathrm{d}y(t)}{\mathrm{d}t}+a_0y(t)=b_m\frac{\mathrm{d}^m x(t)}{\mathrm{d}t^m}+b_{m-1}\frac{\mathrm{d}^{m-1}x(t)}{\mathrm{d}t^{m-1}}+\cdots+b_1\frac{\mathrm{d}x(t)}{\mathrm{d}t}+b_0x(t) \tag{3-1}$$

式中，t为时间（s）；$a_i(i=0,1,\cdots,n)$、$b_j(j=0,1,\cdots,m)$为常数。

如果以$x(t)\to y(t)$表示上述系统输入和输出的对应关系，则线性定常系统具有以下一些主要性质。

1. 叠加特性

几个输入作用于系统所产生的总输出是各个输入所产生的输出叠加的结果。

如果$x_1(t)\to y_1(t)$，$x_2(t)\to y_2(t)$，则有

$$x_1(t)\pm x_2(t)\to y_1(t)\pm y_2(t) \tag{3-2}$$

叠加特性表明：作用于线性系统的各个输入所产生的输出是互不影响的；在分析同时施加于系统上的多个输入所产生的总效果时，可先分别分析单个输入的效果，然后将这些单独效果叠加起来，即表示总的效果。

2. 比例特性

对于任意常数a必有

$$ax(t)\to ay(t) \tag{3-3}$$

3. 微分特性

系统对输入导数的响应等于对原输入响应的导数，即

$$\frac{\mathrm{d}x(t)}{\mathrm{d}t}\to\frac{\mathrm{d}y(t)}{\mathrm{d}t} \tag{3-4}$$

4. 积分特性

如果系统的初始状态为零，则系统对输入积分的响应等同于对原输入响应的积分，即

$$\int x(t)\mathrm{d}t\to\int y(t)\mathrm{d}t \tag{3-5}$$

5. 频率保持性

若输入为某一频率的简谐信号，则系统的稳态输出必然是同频率的简谐信号，即如果$x(t)=X_0\mathrm{e}^{\mathrm{j}\omega t}$，则有

$$y(t)=Y_0\mathrm{e}^{\mathrm{j}(\omega t+\varphi_0)} \tag{3-6}$$

线性系统的这些主要性质，特别是叠加特性和频率保持性，在测试工作中具有重要的意义。对于线性系统，如果已知输入和输出信号的频率，则可由两者频率的异同来推断系统的线性。反过来，如果已知系统是线性的，而且其输入信号的频率也已知，那么依据频

率保持性，可以认定所测得该系统的输出信号中，只有与输入频率相同的成分才可能是由该输入引起的输出，而其他频率成分都是噪声。

3.1.3 测试系统的主要性质

在信号传输和处理过程中受系统特性和干扰的影响，输出信号未必能够真实地反映被测量。因此，设计或者选择测试系统时，必须考虑测试系统的特性，以实现“准确测试”或“不失真测试”。它主要包括静态特性、动态特性、负载效应以及抗干扰特性等几个方面。

1. 测量装置的静态特性

测量装置的静态特性是通过某种意义的静态标定过程确定的，因此对静态标定必须有一个明确定义。静态标定是一个实验过程，这一过程是在只改变测量装置的一个输入量，而其他所有的可能输入严格保持为不变的情况下，测量对应的输出量，由此得到测量装置输入与输出的关系。通常以测量装置所要测量的量为输入，得到的输入与输出的关系作为静态特性。为了研究测量装置的原理和结构细节，还要确定其他各种可能输入与输出的关系，从而得到所有感兴趣的输入与输出的关系。除被测量外，其他所有的输入与输出的关系可以用来估计环境条件的变化与干扰输入对测量过程的影响或估计由此产生的测量误差。

测量装置的静态测量误差与多种因素有关，包括测量装置本身和人为的因素。本章只讨论测量装置本身的测量误差。

2. 测量装置的动态特性

测量装置的动态特性是当被测量即输入量随时间快速变化时，测量输入与响应输出之间动态关系的数学描述。如前所述，在研究测量装置动态特性时，往往认为系统参数是不变的，并忽略诸如迟滞、死区等非线性因素，即用常系数线性微分方程描述测量装置输入与输出的关系。测量装置的动态特性也可用微分方程的线性变换描述。采用初始条件为零的拉普拉斯变换可得传递函数，采用初始条件为零时的傅里叶变换可得频响函数。此外，测量装置的动态特性也可用单位脉冲输入的响应来表示。

用于动态特性分析的测量装置数学模型可由物理原理的理论分析和参数的试验估计得到，也可由系统的试验方法得到。前者适用于简单的测量装置，后者则是普遍适用的方法，本章将详细讨论这些方法。

在测量装置动态特性建模中，常常使用静态标定得到的灵敏度等常数。然而，在某些情况下动态灵敏度不同于静态灵敏度；在要求高的动态特性精度时，则需要深入考虑这些问题。

确定测量装置动态特性的目的是了解其所能实现的不失真测量的频率范围。反之，在确定了动态测量任务之后，则要选择满足这种测量要求的测量装置，必要时还要用试验方法准确确定此装置的动态特性。从而得到可靠的测量结果和估计测量误差。

3. 测量装置的负载效应

测量装置或测量系统是由传感器、测量电路、前置放大、信号调理等等环节组成。对于数字系统，信号要通过 A/D 转换环节传输到数字环节或计算机，实现结果显示存储或 D/A

转换等。当传感器安装到被测物体上或进入被测介质时，要从物体与介质中吸收能量或产生干扰，使被测物理量偏离原有的量值，这种现象称为负载效应。这种效应不仅发生在传感器与被测物体之间，而且存在于测量装置的上述各个环节之间。对于电路间的级联来说，负载效应的程度取决于前级的输出阻抗和后级的输入阻抗。将其推广到机械或其他非电系统，就是本章要讨论的广义负载效应和广义阻抗的概念。测量装置的负载效应是其固有特性，在进行测量或组成测量系统时，要考虑这种特性并将其影响降到最小。

4. 测量装置的抗干扰特性

测量装置在测量过程中要受到各种干扰，包括电源干扰、环境干扰（电磁场、声、光、振动等干扰）和信道干扰。这些干扰的影响决定了测量装置的抗干扰性能，并且与所采取的抗干扰措施有关。本章讨论这些干扰与测量装置的耦合机理与叠加到被测信号上形成的噪声，同时讨论有效的抗干扰技术（如合理接地等）。

对于多通道测量装置，理想的情况应该是各通道完全独立的或完全隔离的，即通道间不发生耦合与相互影响。实际上通道间存在一定程度的相互影响，即存在通道间的干扰。因此，多通道测量装置应该考虑通道间的隔离性能。

对于那些用于静态测量的测试系统，一般只须利用静态特性、负载效应和抗干扰特性指标来考察其性能。在动态测试中，则需要考察各个方面的特性指标，以研究这些特性对测量结果的影响，并评价测试系统的性能。

3.2　测试系统的静态特性

当被测量是恒定的或是缓慢变化的物理量时，便不需要对系统进行动态描述，此时涉及的则是系统的静态特性。在静态测试中，式（3-1）中各微分项均为零，因而线性定常系统的输入、输出微分方程为

$$y(t)=\frac{b_0}{a_0}x(t)=Sx(t) \tag{3-7}$$

式（3-7）表明，理想的静态测试系统，其输出将是输入的单调、线性比率函数，其中斜率 S 应为常数。然而，实际的测试系统并非理想的线性定常系统，式（3-7）中的 S 不是常数。测试系统的静态特性，就是用来描述在静态测试的情况下，实际的测试系统与理想的线性定常系统之间的接近程度。静态特性一般包括线性度、灵敏度、回程误差等。本节对静态特性的各项指标分别加以讨论。

1. 线性度

线性度是指测量装置输入、输出之间的关系与理想比例关系（理想直线关系）的偏离程度。实际上由静态标定所得到的输入、输出数据点并不在一条直线上，如图 3-2(a)和图 3-2(b)所示。这些点与理想直线偏差的最大值 Δ_{max} 称为线性误差，也可以用百分数表示线性误差。这里的“理想直线”通常有两种确定方法：一种是最小与最大数据值的连线，即端点连线，如图 3-2(a)所示；另一种是数据点的最小二乘直线拟合得到的直线，如图 3-2(b)所示。通常较常使用后者。

$$线性误差=\frac{\Delta_{max}}{Y_{max}-Y_{min}}\times 100\% \tag{3-8}$$

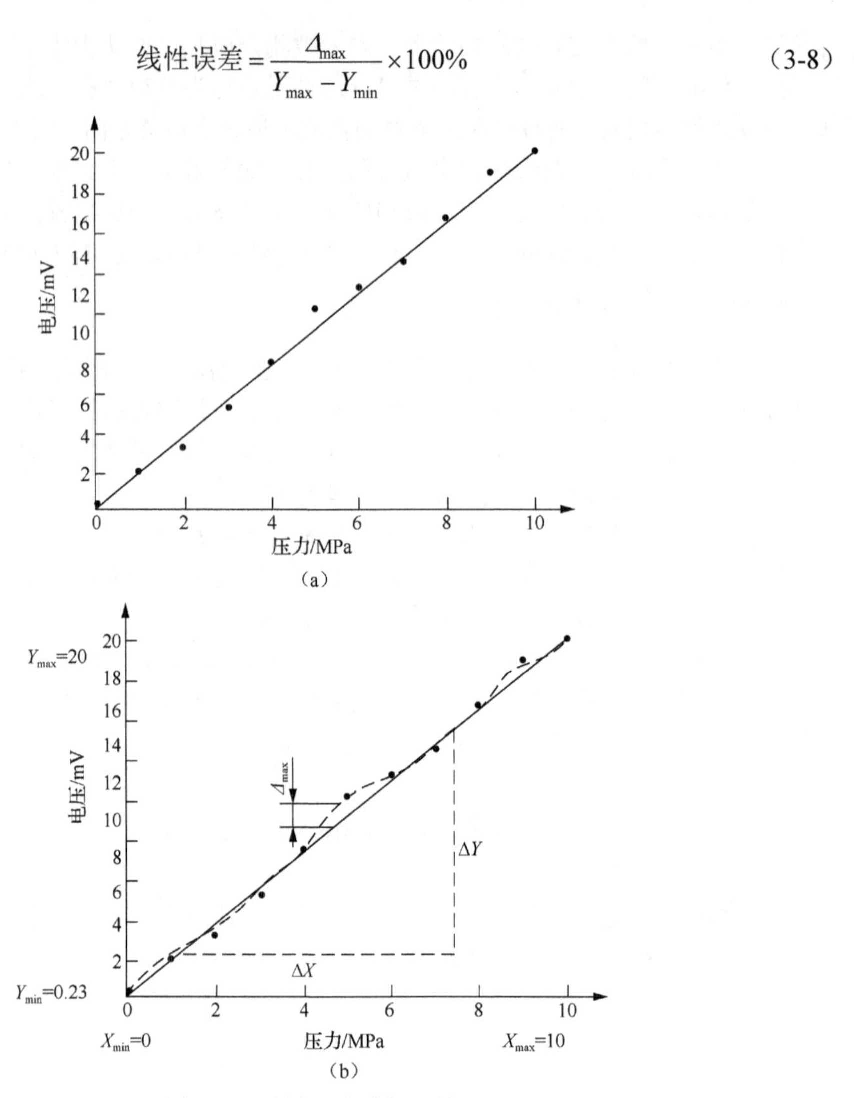

图 3-2　测量装置的线性误差

Y_{max} 和 Y_{min} 分别为输出的最小值和最大值；X_{max} 和 X_{min} 分别为输入的最小值和最大值；Δ_{max} 为最大的线性误差

2. *灵敏度*

灵敏度定义为单位输入变化所引起的输出的变化，通常使用理想直线的斜率作为测量装置的灵敏度值，如图 3-2(b)所示，即

$$灵敏度=\frac{\Delta Y}{\Delta X} \tag{3-9}$$

灵敏度是有量纲的，其量纲为输出量的量纲与输入量的量纲之比。

3. *回程误差*

回程误差也称为迟滞，是描述测量装置同输入变化方向有关的输出特性。如图 3-3 中曲线所示，理想测量装置的输入、输出有完全单调的一一对应的直线关系，无论输入是由小增大，还是由大减小，对于一个给定的输入，输出总是相同的。但是实际测量装置在同样的测试条件下，当输入量由小增大和由大减小时，对于同一个输入量所得到的两个输出量却往往存在差值。在整个测量范围内，最大的差值 h 称为回程误差或迟滞误差。

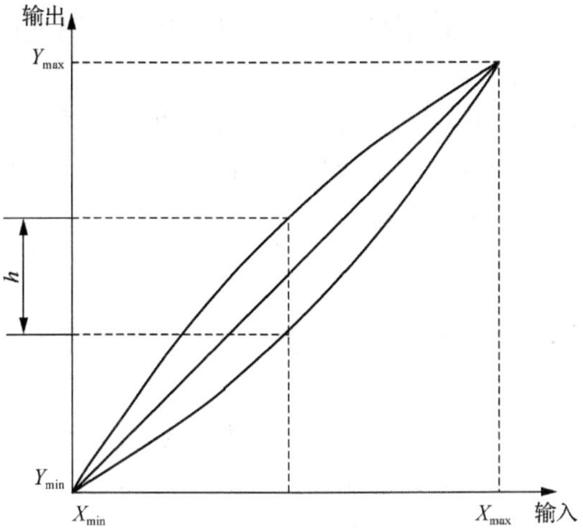

图 3-3　回程误差

磁性材料的磁化曲线和金属材料的受力-变形曲线常常可以看到这种回程误差。当测量装置存在死区时也可能出现这种现象。

4. 分辨力

引起测量装置的输出值产生一个可察觉变化的最小输入量（被测量）变化值称为分辨力。分辨力通常表示为它与可能输入范围之比的百分数。

5. 零点漂移和灵敏度漂移

零点漂移是测量装置的输出零点偏离原始零点的距离，如图 3-4 所示，它可以是随时间缓慢变化的量。灵敏度漂移则是由材料性质的变化所引起的输入与输出关系（斜率）的变化。因此，总误差是零点漂移与灵敏度漂移之和，如图 3-4 所示。在一般情况下，后者的数值很小，可以略去不计，于是只考虑零点漂移。若需长时间测量，则须做出 24h 或更长时间的零点漂移曲线。

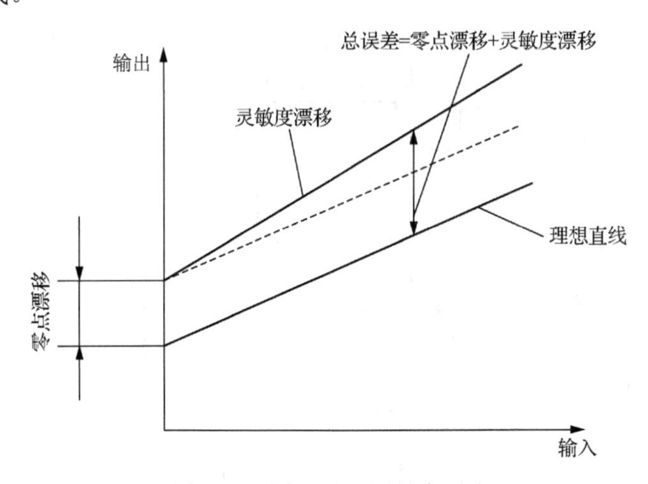

图 3-4　零点漂移和灵敏度漂移

6. 其他静态特性

（1）稳定度。稳定度是指测试系统在规定条件下保持其测量特性恒定不变的能力。通常稳定度是对时间变化而言的。

（2）重复性。重复性也称精度，它是测试系统最重要的静态特性之一。重复性表示由同一观察者采用相同的测试条件、方法及仪器对同一被测量所做的多组测量之间的接近程度。它表征测试系统随机误差接近零的程度。仪器的技术性能指标常用误差限来表示。

7. 测试系统静态特性的标定

测试系统的静态特性是通过某种意义的静态标定过程确定的。静态标定是一个实验过程，这一过程是在只改变测试系统的一个输入量，而其他所有可能的输入严格保持不变的情况下，测量对应的输出量，由此得到测试系统输入与输出之间的关系。通常以测试系统所要测量的量为输入，得到反映输入与输出之间关系的标定曲线，它是研究测试系统静态特性的基础。

为了研究测试系统的原理和结构，还要确定其他与环境和干扰有关的输入对测量过程的影响并估计由此产生的误差。静态标定过程如图 3-5 所示。在静态标定过程中只改变一个被标定的量，而其他量只能近似保持不变，严格保持不变实际上是不可能的。因此，实际标定过程中除用精密仪器测量输入量（被测量）和输出量（响应）之外，还要用精密仪器测量若干环境变量或干扰变量的输入和输出。如图 3-6 所示。一个设计、制造良好的测试系统，应该通过误差校正技术使得其对环境变化与干扰的响应最小化。

如果要得到有意义的标定结果，输入和输出变量的测量必须是精确的。用来定量这些变量的仪器（或传感器）和技术统称为标准。一个变量的测量精度是指测量结果接近真值的程度。这种接近程度是根据测量误差加以量化的。测量误差是测量值与真值之差。真值是通过无误差测量仪器指示出的测量值。工程实际中，真值是通过跟一个标准作比较或是用一个具有更高精度的标定仪器进行标定得到的。例如，测量所使用的传感器用实验室标准（市面出售的标定仪器）标定，实验室标准用传递标准（地方计量部门的标定仪器）标定，传递标准用最终标准（中国国家计通科学院的标定仪器）标定。

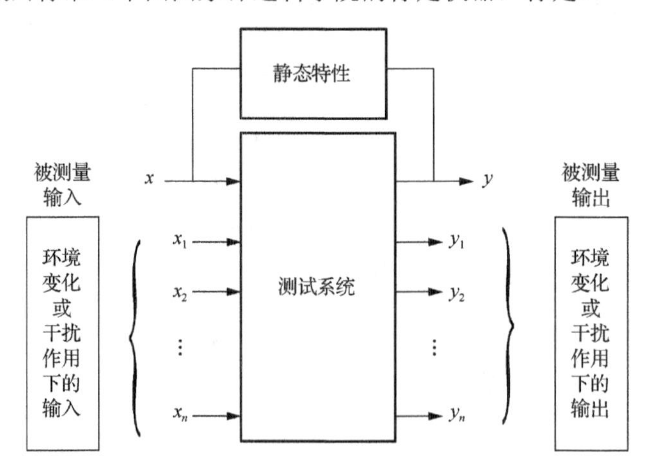

图 3-5　静态标定过程

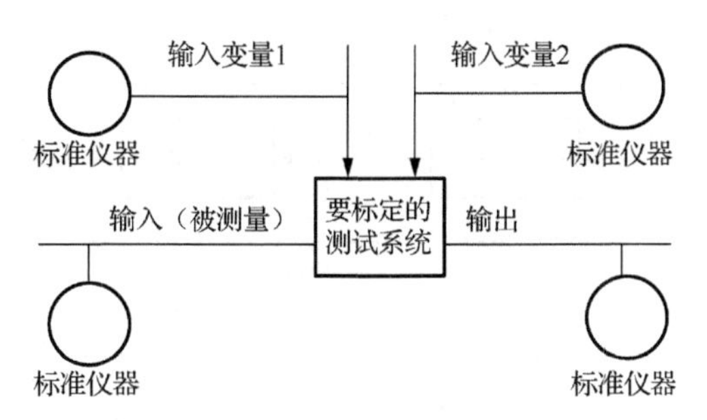

图 3-6　测试系统的静态标定

3.3　测试系统的动态特性

系统动态特性的性质往往与某些静态特性有关。例如，若考虑静态特性中的非线性、滞后、游隙等，则动态特性方程就成为非线性方程。显然，从难于求解的非线性方程很难得到系统动态特性的清晰描述。因此，在研究测量系统动态特性时，往往忽略上述非线性或参数的时变特性，只从线性系统的角度研究测量系统最基本的动态特性。

3.3.1　拉普拉斯变换与传递函数

传递函数是在复数域中描述系统特性的数学模型。设 $X(s)$ 和 $Y(s)$ 分别是输入 $x(t)$ 和输出 $y(t)$ 的拉普拉斯变换，对式（3-1）采用初始条件为零的拉普拉斯变换可得测试系统的传递函数如下。

$$H(s)=\frac{Y(s)}{X(s)}=\frac{b_m s^m+b_{m-1}s^{m-1}+\cdots+b_1 s+b_0}{a_n s^n+a_{n-1}s^{n-1}+\cdots+a_1 s+a_0} \tag{3-10}$$

式中，s 为一个复变量，$s=\sigma+\mathrm{j}\omega$。

传递函数具有以下特点。

（1）传递函数 $H(s)$ 与系统的输入和初始条件无关，它只反映系统本身的传输特性。

（2）传递函数 $H(s)$ 是对系统的微分方程式（3-1）取拉普拉斯变换而求得的，它只反映系统固有的传递特性而不拘泥于系统的物理结构。不同的物理系统可以具有相同形式的传递函数。

（3）对于实际的物理系统，输入 $x(t)$ 和输出 $y(t)$ 都具有各自的量纲。用传递函数描述系统的传输特性理应真实地反映量纲的这种变换关系。这关系是通过系数 $a_i(i=0,1,\cdots,n)$ 和 $b_j(j=0,1,\cdots,m)$ 来反映的。这些系数的量纲将因具体物理系统及其输入、输出的量纲而异。

（4）传递函数 $H(s)$ 的分母多项式取决于系统的结构。分母多项式中 s 的最高幂次 n 代表微分方程的阶数。分子多项式则和系统同外界之间的联系有关，如输入激励点的位置、输入方式、被测量及测点的布置情况等。一般来说，测试系统总是稳定的系统，所以分子多项式中 s 的最高幂次 m 总是小于分母多项式中 s 的最高幂次 n，即 $m<n$。

将传递函数的定义式（3-10）应用于图 3-7 所示的两环节的串联、并联以及反馈系统，可得到如下组合系统的运算规则。

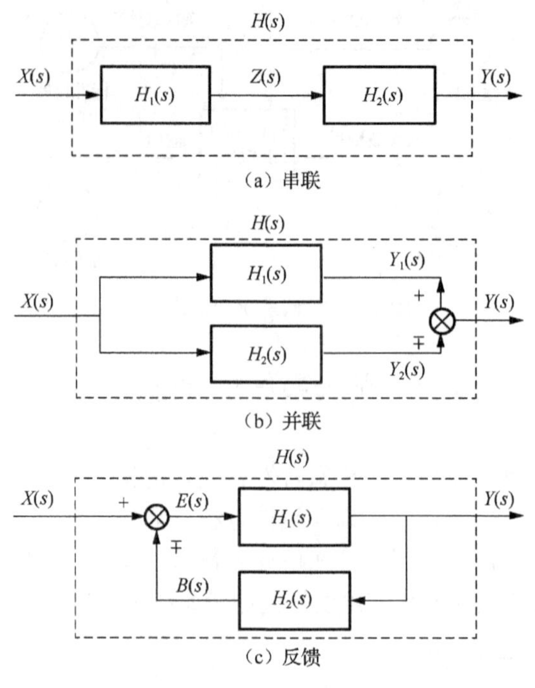

图 3-7　组合系统

如图 3-7（a）所示，两个环节的传递函数分别为 $H_1(s)$ 和 $H_2(s)$，串联后形成的组合系统的传递函数为

$$H(s)=\frac{Y(s)}{X(s)}=\frac{Y(s)}{Z(s)}\frac{Z(s)}{X(s)}=H_1(s)H_2(s) \tag{3-11}$$

图 3-7（b）为两环节 $H_1(s)$ 和 $H_2(s)$ 并联，形成的组合系统的传递函数为

$$H(s)=\frac{Y(s)}{X(s)}=\frac{Y_1(s)\mp Y_2(s)}{X(s)}=\frac{Y_1(s)}{X(s)}\mp\frac{Y_2(s)}{X(s)}=H_1(s)\mp H_2(s) \tag{3-12}$$

图 3-7(c)为两环节 $H_1(s)$ 和 $H_2(s)$ 连接成的闭环反馈回路，此时有

$$\begin{cases}Y(s)=H_1(s)E(s)\\E(s)=X(s)\mp B(s)\\B(s)=H_2(s)Y(s)\end{cases}$$

于是，由上述方程组可得闭环反馈系统的传递函数为

$$H(s)=\frac{Y(s)}{X(s)}=\frac{H_1(s)}{1\pm H_1(s)H_2(s)} \tag{3-13}$$

3.3.2　频率响应函数

频率响应函数是在频域中描述系统特性的数学模型。与时域中描述系统特性的微分方程以及复数域中描述系统特性的传递函数相比较，频率响应函数具有许多优点。许多工程实际中的物理系统的微分方程及其传递函数极难建立，而且传递函数的物理概念也很难理解。频率响应函数具有物理概念明确、容易通过实验建模，也极易由它求出传递函数的优点。因此，频率响应函数就成为实验研究系统特性的重要工具。

1）频率响应函数的定义

对于式(3-10)所描述的传递函数为$H(s)$的稳定线性定常系统，设复变量$s=\sigma+\mathrm{j}\omega$的实部为零，即$\sigma=0$，$s=\mathrm{j}\omega$，则定义

$$H(\mathrm{j}\omega)=\frac{Y(\mathrm{j}\omega)}{X(\mathrm{j}\omega)}=\frac{b_m(\mathrm{j}\omega)^m+b_{m-1}(\mathrm{j}\omega)^{m-1}+\cdots+b_1(\mathrm{j}\omega)+b_0}{a_n(\mathrm{j}\omega)^n+a_{n-1}(\mathrm{j}\omega)^{n-1}+\cdots+a_1(\mathrm{j}\omega)+a_0} \tag{3-14}$$

为测试系统的频率响应函数。显然频率响应函数为传递函数的特例。频率响应函数也可以用式（3-1）作初始条件为零的傅里叶变换求得。此时输入$x(t)$和输出$y(t)$的单边傅里叶变换为

$$\begin{cases}X(\mathrm{j}\omega)=\int_0^{\infty}x(t)\mathrm{e}^{-\mathrm{j}\omega t}\mathrm{d}t\\Y(\mathrm{j}\omega)=\int_0^{\infty}y(t)\mathrm{e}^{-\mathrm{j}\omega t}\mathrm{d}t\end{cases} \tag{3-15}$$

频率响应函数一般为复数，可以表示为幅值与相角的指数函数形式。

$$H(\mathrm{j}\omega)=|H(\mathrm{j}\omega)|\mathrm{e}^{\mathrm{j}\angle H(\mathrm{j}\omega)}=A(\mathrm{j}\omega)\mathrm{e}^{\mathrm{j}\varphi(\omega)} \tag{3-16}$$

式中

$$\begin{cases}A(\omega)=|H(\mathrm{j}\omega)|\\\varphi(\omega)=\angle H(\mathrm{j}\omega)\end{cases} \tag{3-17}$$

$A(\omega)$、$\varphi(\omega)$分别定义为系统的幅频特性与相频特性。频率响应函数也可以用其实部和虚部表示为

$$H(\mathrm{j}\omega)=U(\omega)+\mathrm{j}V(\omega) \tag{3-18}$$

式中，$U(\omega)$和$V(\omega)$分别称为系统的实频特性和虚频特性，此时有

$$\begin{cases}A(\omega)=\sqrt{U^2(\omega)+V^2(\omega)}\\\varphi(\omega)=\arctan\left(\dfrac{V(\omega)}{U(\omega)}\right)\end{cases} \tag{3-19}$$

2）频率响应函数的物理意义

对于稳定的线性定常系统，若对其输入一幅值为X的谐波信号$x(t)=X\sin\omega t$，根据频率保持性系统的稳态输出响应为同频率的谐波信号，但幅值和相位发生了变化，即$y(t)=Y(\omega)\sin[\omega t+\varphi(\omega)]$，将上述输入、输出表示为复指数形式则有

$$\begin{cases}x(t)=X\,\mathrm{e}^{\mathrm{j}\omega t}\\y(t)=Y(\omega)\mathrm{e}^{\mathrm{j}[\omega t+\varphi(\omega)]}\end{cases} \tag{3-20}$$

将上述两式相比，也能得到系统的频率特性，即

$$\frac{Y(\omega)\mathrm{e}^{\mathrm{j}[\omega t+\varphi(\omega)]}}{X\,\mathrm{e}^{\mathrm{j}\omega t}}=\frac{Y(\omega)}{X}\mathrm{e}^{\mathrm{j}\varphi(\omega)}=A(\omega)\mathrm{e}^{\mathrm{j}\varphi(\omega)}=H(\mathrm{j}\omega) \tag{3-21}$$

可见，系统的幅频特性$A(\omega)=Y(\omega)/X$是线性系统在谐波输入作用下，其稳态输出与输入的幅值比，它是频率ω的函数。它反映了系统输入不同频率的谐波信号时，其输出响应幅值的衰减（或放大）特性。而系统的相频特性$\varphi(\omega)$则是稳态输出信号与输入信号的相位差。它描述了系统输入不同频率的谐波信号时，其稳态输出信号产生相位超前或滞后的特性。规定按逆时针方向旋转为正值，按顺时针方向旋转为负值。对于一般的物理系统，相位一般是滞后的，即$\varphi(\omega)$一般是负值。因此，频率响应函数提供了系统本身特性的重要信息。

当输入为单位脉冲函数，即 $x(t)=\delta(t)$ 时，系统的输出称为脉冲响应函数。

$$y(t)=h(t)=L^{-1}[H(s)] \tag{3-22}$$

也就是说，系统的脉冲响应函数 $h(s)$ 等于其传递函数 $H(s)$ 的拉普拉斯逆变换。$h(s)$、$H(s)$ 和 $H(\mathrm{j}\omega)$ 统称为系统函数。对于线性定常系统，输出、系统函数和输入三者之间在时域具有卷积关系，在复频域和频域为乘积关系。

$$\begin{cases} y(t)=h(t)*x(t) \\ Y(s)=H(s)X(s) \\ Y(\mathrm{j}\omega)=H(\mathrm{j}\omega)X(\mathrm{j}\omega) \end{cases} \tag{3-23}$$

3）频率响应函数的图形描述

以 ω 为自变量分别画出 $A(\omega)$ 和 $\varphi(\omega)$ 的图形，所得的曲线分别称为幅频特性曲线和相频特性曲线。将自变量 ω 用对数坐标表达，幅值 $A(\omega)$ 用分贝（dB）来表达，此时所得的对数幅频特性曲线和对数相频特性曲线称为伯德（Bode）图。一阶系统的伯德图如图 3-8 所示。

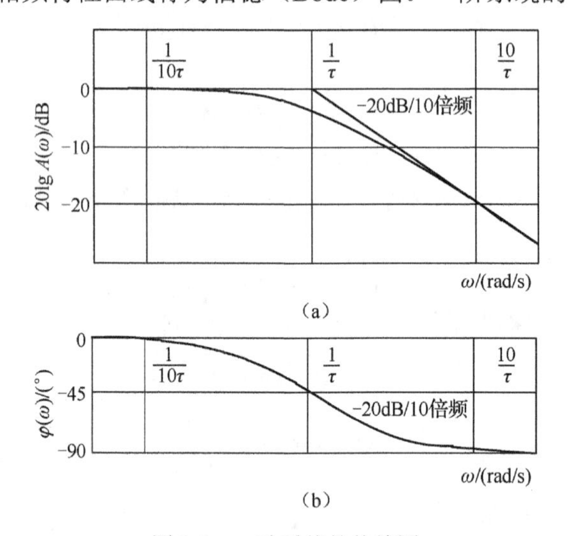

图 3-8　一阶系统的伯德图

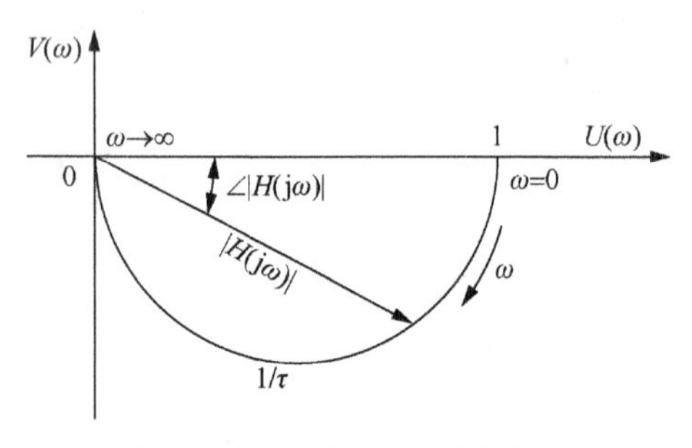

图 3-9　一阶系统的奈奎斯特图

另外一种表达系统幅频和相频特性的图形描述方法称为奈奎斯特（Nyquist）作图法。它是将系统频率特性 $H(\mathrm{j}\omega)$ 的实部 $U(\omega)$ 和虚部 $V(\omega)$ 分别作为坐标系的横坐标和纵坐标，画出它们随 ω 变化的参数曲线，且在曲线上注明相应的频率。图 3-10 中自坐标原点到曲线上某一频率点所作的矢量的长度，表示该频率的幅值 $|H(\mathrm{j}\omega)|$，该向径与横轴的夹角便代表了频率响应的幅角 $\angle H(\mathrm{j}\omega)$。一阶系统的奈奎斯特图如图 3-9 所示。

3.3.3　一阶和二阶系统的动态特性

1. 一阶系统

一阶系统也称为惯性系统。一般来说，各种测量装置的物理模型千差万别。但经过适当的简化之后，输入和输出关系可以用一阶微分方程来描述的系统，称为一阶系统。

1）一阶系统的动态描述

最一般形式的一阶常系数微分方程为

$$a_1\frac{\mathrm{d}y(t)}{\mathrm{d}t}+a_0y(t)=b_0x(t) \tag{3-24}$$

式（3-24）可改写为

$$\tau\frac{\mathrm{d}y(t)}{\mathrm{d}t}+y(t)=Sx(t) \tag{3-25}$$

式中，$\tau=a_1/a_0$ 为时间常数，有时间的量纲；$S=b_1/a_0$ 为系统灵敏度，有输出/输入的量纲。

对于具体的系统，S 是一个常数。为了分析方便，可令 $S=1$，并以这种归一化系统作为研究对象，即

$$\tau\frac{\mathrm{d}y(t)}{\mathrm{d}t}+y(t)=x(t) \tag{3-26}$$

由系统的相似性理论可知，能够用上述微分方程描述的任何形式的一阶测量装置，经拉普拉斯变换后都具有如下形式的传递函数和频响函数。

$$H(s)=\frac{1}{\tau s+1},\quad H(\omega)=\frac{1}{\mathrm{j}\tau\omega+1}$$

其幅频、相频特性表达式分别为

$$A(s)=\frac{1}{\sqrt{1+(\tau\omega)^2}},\quad \varphi(\omega)=-\arctan(\tau\omega) \tag{3-27}$$

式中，负号表示输出信号滞后于输入信号。

2）一阶系统举例

以图 3-10 所示的由弹簧、阻尼、质量块组成的机械振动系统为例，如果略去质量 M 的影响，那么这种系统的输入位移 $x(t)$ 和输出位移 $y(t)$ 之间可以用如下的一阶微分方程来描述。

$$c\frac{\mathrm{d}y(t)}{\mathrm{d}t}+k_sy(t)=k_sx(t)$$

式中，k_s 为弹簧刚度（N/m）；c 为黏性阻尼系数[N(m/s)]；F 为外作用力（N）。

对一阶微分方程进行拉普拉斯变换，则得系统的传递函数如下。

$$H(s)=\frac{Y(s)}{X(s)}=\frac{k_s}{cs+k_s}=\frac{1}{\tau s+1}$$

式中，$\tau=c/k_s$ 为系统时间常数（s）。

对于图 3-11 所示的液柱式温度计和图 3-12 所示的 RC 低通滤波器电路等，都可用相似的一阶微分方程描述，读者可以自行推导验证。

3）一阶系统的图形描述

一阶系统的伯德图和奈奎斯特图分别如图 3-8 和图 3-9 所示。

4）一阶系统的特点

由上述一阶系统的伯德图和奈奎斯特图可见，一阶系统有如下特点。

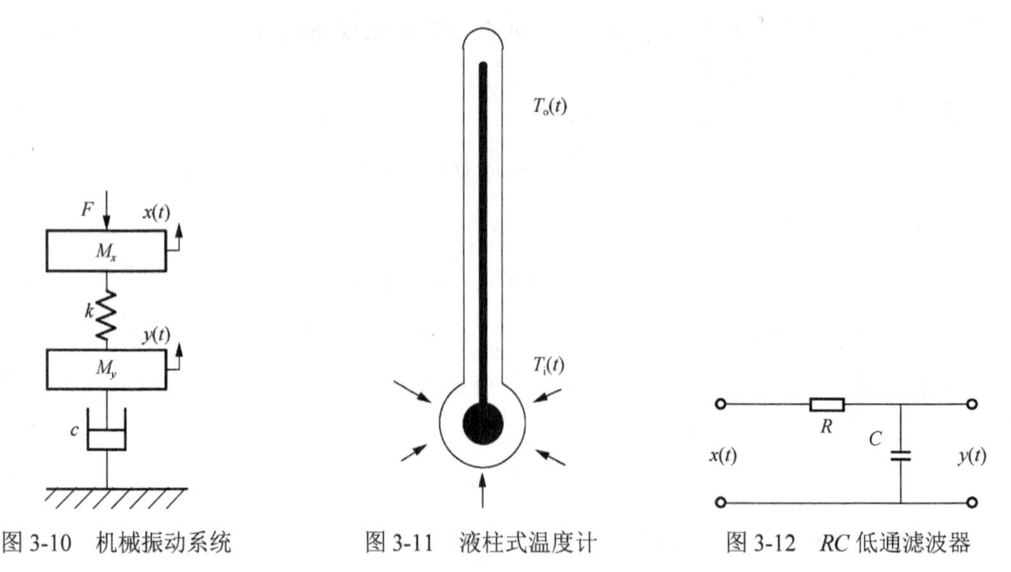

图 3-10　机械振动系统　　图 3-11　液柱式温度计　　图 3-12　RC 低通滤波器

（1）当激励频率 $\omega \ll 1/\tau$ 时（约 $\omega < 1/(5\tau)$），其 $A(\omega)$ 值接近于 1（误差不超过 2%），输出、输入幅值几乎相等。当 $\omega > (2 \sim 3)/\tau$，即 $\tau\omega >> 1$ 时，$H(\omega) \approx 1/(\mathrm{j}\tau\omega)$，与之相应的微分方程式为

$$y(t) = \frac{1}{\tau}\int_0^t x(t)\mathrm{d}t$$

即输出和输入的积分成正比，系统相当于一个积分器。其中 $A(\omega)$ 几乎与激励频率成反比，相位滞后近 90°。故一阶测量装置适用于测量缓慢或低频的被测量。

（2）时间常数 τ 是反映一阶系统特性的重要参数，它实际上决定了该装置适用的频率范围。在 $\omega = 1/\tau$ 处，$A(\omega)$ 为 0.707（−3dB），相位滞后 45°。

（3）一阶系统的伯德图可以用一条折线来近似描述。这条折线在 $\omega < 1/\tau$ 段为 $A(\omega) = 1$ 的水平线，在 $\omega > 1/\tau$ 段为−20dB/10 倍频程（或−6dB/倍频程）斜率的直线。$1/\tau$ 点称为转折频率，在该点折线偏离实际曲线的误差最大为−3dB。

2. 二阶系统

1）二阶系统的动态特性描述

满足如下二阶常微分方程的测量装置称为二阶系统。

$$a_2 \frac{\mathrm{d}^2 y(t)}{\mathrm{d}t^2} + a_1 \frac{\mathrm{d}y(t)}{\mathrm{d}t} + a_0 y(t) = b_0 x(t) \tag{3-28}$$

式中，a_2、a_1、a_0 和 b_0 均为由测量装置的参数所确定的常数。

2）二阶系统举例

图 3-13 为二阶系统的三种实例。其中图 3-13(a)所示的机械系统，以激励力 $x(t)$ 为输入、以响应位移 $y(t)$ 为输出；图 3-13(b)所示的 LRC 电路以电压 $u_i(t)$ 为输入、以电压 $u_o(t)$ 为输出；图 3-13(c)所示的动圈式电表以激励电流 $i(t)$ 为输入、以角位移 $\theta(t)$ 为输出。以上各系统具有描述形式相同的微分方程。

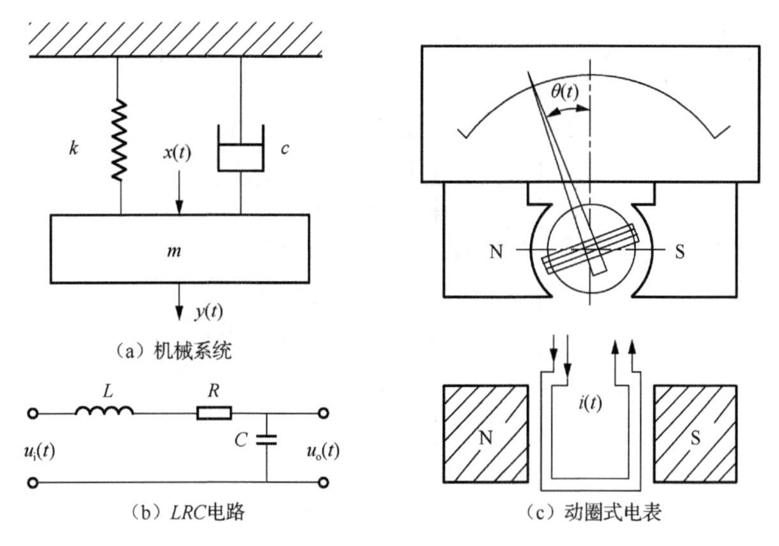

（a）机械系统
（b）LRC电路
（c）动圈式电表

图 3-13　二阶系统举例

下面以图 3-13(a)所示的机械系统为例来讨论其动态特性。系统由弹簧、阻尼器、质量块组成，弹簧刚度为k、阻尼为c、质量为M，系统微分方程如下。

$$M\frac{\mathrm{d}^2y(t)}{\mathrm{d}t^2}+C\frac{\mathrm{d}y(t)}{\mathrm{d}t}+Ky(t)=k_ix(t) \tag{3-29}$$

或

$$\frac{\mathrm{d}^2y(t)}{\mathrm{d}t^2}+2\xi\omega_n\frac{\mathrm{d}y(t)}{\mathrm{d}t}+\omega_n^2y(t)=S\omega_n^2x(t) \tag{3-30}$$

式中，k_i为系统增益；$\omega_n=\sqrt{K/M}$为系统的固有频率；$\xi=C/\sqrt{KM}$为系统的阻尼比；$S=k_i/K$为系统的静态灵敏度，对于具体的系统是一个常数。

令$S=1$，可得归一化的二阶微分方程式，它可作为研究二阶系统动态特性的标准形式。根据式(3-30)并令$S=1$，可求得二阶系统传递函数为

$$H(s)=\frac{\omega_n^2}{s^2+2\xi\omega_ns+\omega_n^2} \tag{3-31}$$

二阶系统频响函数为

$$H(s)=\frac{1}{1-\left(\dfrac{\omega}{\omega_n}\right)^2+\mathrm{j}2\xi\left(\dfrac{\omega}{\omega_n}\right)} \tag{3-32}$$

相应的幅频特性和相频特性分别为

$$A(\omega)=\frac{1}{\sqrt{\left[1-\left(\dfrac{\omega}{\omega_n}\right)^2\right]^2+4\xi^2\left(\dfrac{\omega}{\omega_n}\right)^2}} \tag{3-33}$$

$$\varphi(\omega)=-\arctan\frac{2\xi\left(\dfrac{\omega}{\omega_n}\right)}{1-\left(\dfrac{\omega}{\omega_n}\right)^2} \tag{3-34}$$

3）二阶系统的图形描述

二阶系统的伯德图和奈奎斯特图如图 3-14 和图 3-15 所示。

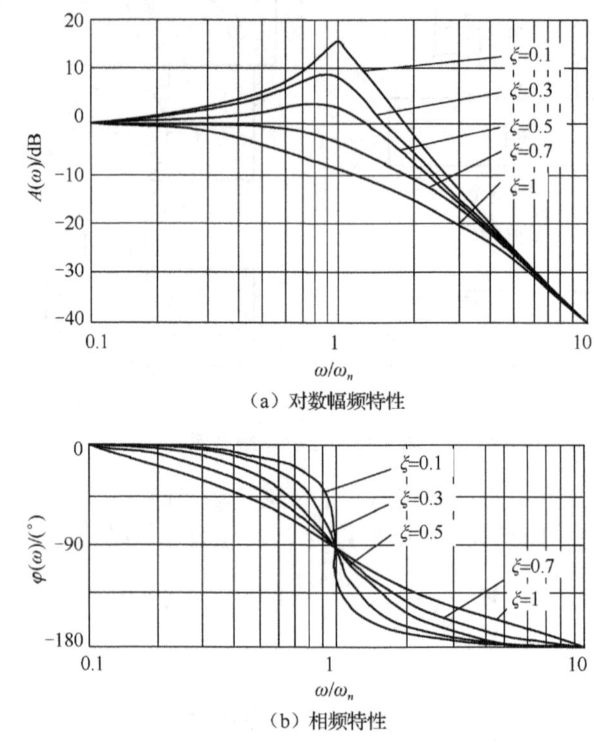

图 3-14　二阶系统的伯德图

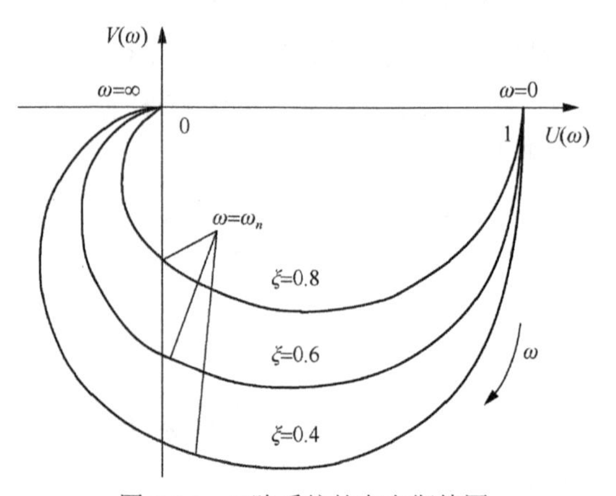

图 3-15　二阶系统的奈奎斯特图

4）二阶系统的特点

由上述二阶系统的伯德图和奈奎斯特图可见，二阶系统有如下特点。

（1）当奈奎斯特图 $\omega \ll \omega_n$ 时，$H(\omega)=1$；当 $\omega >> \omega_n$ 时，$H(\omega)\to 0$。

（2）影响二阶系统动态特性的参数是固有频率和阻尼比。然而在通常使用的频率范围中，又以固有频率的影响最为重要。所以二阶系统固有频率 ω_n 的选择就以其工作频率范围为依据。在 $\omega=\omega_n$ 附近，系统将发生共振，系统幅频特性受阻尼比影响极大，这时，$A(\omega)=1/2\xi$，$\varphi(\omega)=-\pi/2$。作为实用装置，应避开这种情况。

（3）二阶系统的伯德图可用折线来近似。在 $\omega << 0.5\omega_n$ 段，$A(\omega)$ 可用 0dB 水平线近似。

在 $\omega > 2\omega_n$ 段，可用斜率为−40dB/10 倍频程的直线来近似。在 $\omega \approx (0.5 \sim 2)\omega_n$ 区间，因共振现象，近似折线偏离实际曲线较大。

（4）在 $\omega << \omega_n$ 段 $\varphi(\omega)$ 很小，且和频率近似成正比增加。在 $\omega >> \omega_n$ 段，$\varphi(\omega)$ 趋近于 π，即输出信号几乎和输入反相。在 ω 靠近 ω_n 区间，$\varphi(\omega)$ 随频率的变化而剧烈变化，而且 ξ 越小，这种变化越剧烈。

（5）二阶系统是一个振荡环节，从测量的角度来看，总是希望测试系统在宽广的频带内由频率特性不理想所引起的误差尽可能小。为此，要选择恰当的固有频率和阻尼比的组合，以便获得较小的误差。

3.3.4　测试系统的串联与并联

1. 传递函数的串联与并联

一般的测试系统总是稳定系统。对于式(3-10)所描述的系统，其分母中的 s 的幂次总高于分子中 s 的幂次，即 $n > m$，且 s 的极点应具有负实部。将 $H(s)$ 中的分母分解为 s 的一次实系数因子式（二次实系数式对应其复数极点），即

$$a_n s^n + a_{n-1} s^{n-1} + \cdots a_1 s + a_0 = a_n \prod_{i=1}^{r}(s + p_i) \prod_{i=1}^{(n-r)/2}(s^2 + 2\xi\omega_{ni}s + \omega_{ni}^2)$$

式中，p_i、ξ 和 ω_{ni} 为常量。

因此传递函数为

$$H(s) = \sum_{i=1}^{r}\frac{q_i}{s + q_i} + \sum_{i=1}^{(n-r)/2}\frac{\alpha_i s + \beta_i}{s^2 + 2\xi\omega_{ni}s + \omega_{ni}^2} \tag{3-35}$$

式中，α_i、β_i 和 q_i 为常量。

式(3-35)表明，任何一个系统均可视为一个一阶、一个二阶系统的并联，也可将其转换为若干一阶、二阶系统的并联。

对于若干个环节串联组成的系统，如果它们之间没有能量交换，则其传递函数 $H(s)$ 可表示为

$$H(s) = \prod_{i=1}^{r} H_i(s) \tag{3-36}$$

对于若干个环节并联组成的系统，其传递函数也有类似的公式。

$$H(s) = \sum_{i=1}^{r} H_i(s) \tag{3-37}$$

2. 频响函数的串联与并联

与传递函数类似，根据式(3-14)，一个 n 阶系统的频率响应函数 $H(\mathrm{j}\omega)$ 也可视为多个一阶环节和二阶环节的并联或串联。

$$\begin{aligned} H(\mathrm{j}\omega) &= \sum_{i=1}^{r}\frac{q_i}{\mathrm{j}\omega + q_i} + \sum_{i=1}^{(n-r)/2}\frac{\alpha_i + \mathrm{j}\omega\beta_i}{(\mathrm{j}\omega)^2 + 2\xi\omega_{ni}(\mathrm{j}\omega) + \omega_{ni}^2} \\ &= \sum_{i=1}^{r}\frac{q_i}{\mathrm{j}\omega + q_i} + \sum_{i=1}^{(n-r)/2}\frac{\alpha_i + \mathrm{j}\omega\beta_i}{(\omega_{ni}^2 - \omega^2) + \mathrm{j}2\xi\omega_{ni}\omega} \end{aligned} \tag{3-38}$$

从传递函数和频率响应函数的关系可得到若干个环节串联时的频率响应函数为

$$H(\mathrm{j}\omega)=\prod_{i=1}^{r}H_i(\mathrm{j}\omega) \tag{3-39}$$

而若干个环节并联时的频率响应函数为

$$H(\mathrm{j}\omega)=\sum_{i=1}^{r}H_i(\mathrm{j}\omega) \tag{3-40}$$

理论分析表明，任何分母中 s 高于三次($n>3$)的高阶系统都可以看作若干一阶环节和二阶环节的并联，自然也可以转化为若干一阶环节和二阶环节的串联。因此，一阶系统和二阶系统的传递特性是研究高阶系统传递性的基础。

3.4　测试系统在任意激励下的输出响应

传递函数和频率响应函数均描述一个测试系统或系统的输入、输出关系，即传递特性。特别是频率响应函数着重描述测试系统对不同频率正弦激励信号的稳态响应特性。一般地，测试系统或系统受到正弦激励信号后一段时间内，系统的输出中主要包含瞬态响应。随着时间的推移，瞬态响应逐渐衰减至零，系统的输出逐渐过渡到稳态输出阶段。描述这两个阶段的全过程要采用传递函数。频率响应函数只是传递函数的一种特殊情况。

在实际工作过程中，往往不是根据传递函数来分析测试装置动态特性的，而是根据它对某些典型信号的响应来对该装置的动态特性做出评价。这是由于测量装置对典型输入的响应特性能较容易地用实验方法求得，并且装置对典型输入的响应与它对任意输入响应之间存在一定的关系。一般来说，知道前者就能计算出后者。通常情况下，假设测量装置是定常线性系统，通过施加典型激励信号，获取装置的动态响应。常用的典型激励信号有单位脉冲函数和单位阶跃函数。这两种信号由于其函数形式简单和工程上的易实现性而被广泛使用。

3.4.1　测试系统在脉冲激励下的响应

前面已经介绍过单位脉冲函数 $\delta(t)$，其傅里叶变换和拉普拉斯变换均等于 1，即

$$\Delta(\mathrm{j}\omega)=F[\delta(t)]=1,\quad \Delta(s)=L[\delta(t)]=1 \tag{3-41}$$

理想的单位脉冲信号 $\delta(t)$ 的频谱等强度地包含了从 0 到 ∞ 的全部频率成分。因此用它作为输入信号，根据测量装置对这种信号的响应来研究其动态特性是十分有效的。上述单位脉冲函数在实际中是不存在的，工程中常采取时间较短的脉冲信号来近似。例如，给系统以短暂的冲激输入，其冲激持续的时间若小于 $\tau/10$，则可以近似认为是一个单位脉冲输入。

传递函数为 $H(s)$ 的测试系统在输入激励信号为单位脉冲函数时的输出为

$$Y(s)=H(s)X(s)=H(s)\Delta(s)=H(s)$$

对其进行拉普拉斯变换即可得测试系统输出的时域表达式。

$$y(t)=L^{-1}[Y(s)]=L^{-1}[H(s)]=h(t)$$

式中，$h(t)$ 称为测试系统的脉冲响应函数或权函数。

1. 一阶测试系统的脉冲响应函数

对于一阶系统的测试系统，则其脉冲响应函数为

$$h(t)=L^{-1}[H(s)]=L^{-1}\left[\frac{1}{\tau s+1}\right]=\frac{1}{\tau}\mathrm{e}^{-t/\tau} \tag{3-42}$$

式中，τ 为系统的时间常数。

一阶系统的脉冲响应如图 3-16 所示。

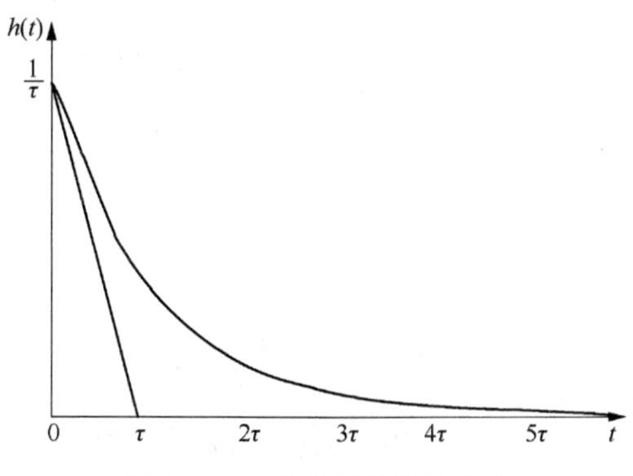

图 3-16　一阶系统的脉冲响应

2. 二阶测试系统的脉冲响应函数

同样，对于一个传递函数如式(3-31)所描述的二阶系统，其脉冲响应函数为

$$h(t)=L^{-1}[H(s)]=L^{-1}\left[\frac{\omega_n^2}{s^2+2\xi\omega_n s+\omega_n^2}\right] \tag{3-43}$$

（1）当 $\xi<1$ 时，为欠阻尼情况。其中

$$h(t)=\frac{\omega_n}{\sqrt{1-\xi^2}}\mathrm{e}^{-\xi\omega_n t}\sin(\sqrt{1-\xi^2}\,\omega_n t) \tag{3-44}$$

（2）当 $\xi=1$ 时，为临界阻尼情况。其中

$$h(t)=\omega_n^2 t\,\mathrm{e}^{-\omega_n t} \tag{3-45}$$

（3）当 $\xi>1$ 时，为过阻尼情况。其中

$$h(t)=\frac{\omega_n}{\sqrt{1-\xi^2}}\left[\mathrm{e}^{-(\xi-\sqrt{\xi^2-1})\omega_n t}-\mathrm{e}^{-(\xi+\sqrt{\xi^2-1})\omega_n t}\right] \tag{3-46}$$

二阶系统的脉冲响应函数如图 3-17 所示。

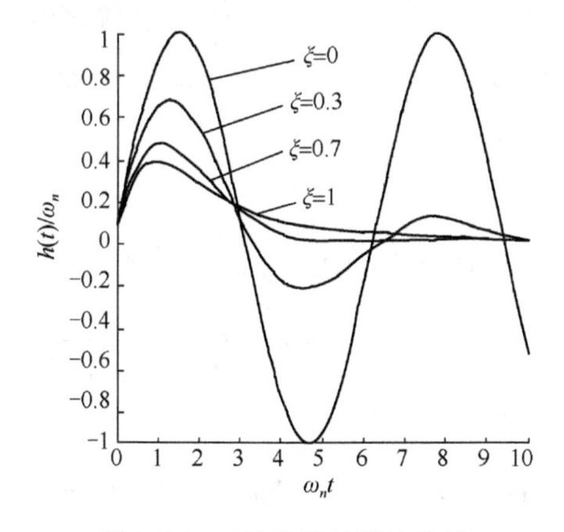

图 3-17　二阶系统的脉冲响应

3.4.2　测试系统在单位阶跃激励下的响应

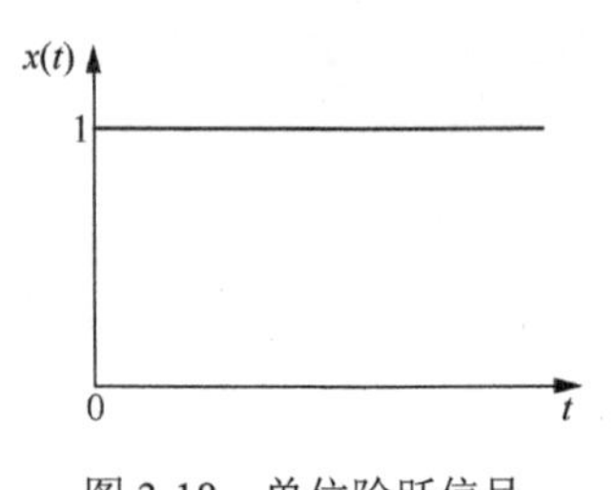

图 3-18　单位阶跃信号

单位阶跃信号如图 3-18 所示，其数学表达式为

$$x(t)=\begin{cases}1, & t\geqslant 0\\ 0, & t<0\end{cases}$$

单位阶跃函数和单位脉冲函数间的关系为

$$\delta(t)=\frac{\mathrm{d}x(t)}{\mathrm{d}t}$$

即

$$x(t)=\int_{-\infty}^{t}\delta(t)\mathrm{d}t$$

因此，系统在单位阶跃信号激励下的响应等于系统对单位脉冲响应的积分。

阶跃输入的方式比较简单，对系统突然施加载荷或去除载荷均属于阶跃输入。例如，将一根温度计突然插入一定温度的液体中，液体的温度就是一个阶跃输入。施加这种输入既简单易行，又能充分揭示测试系统的动态特性，因此在工程中也常常用阶跃响应来测量系统的动态特性。

1. 一阶测试系统的单位阶跃响应

图 3-19 为一阶惯性系统对单位阶跃响应，其响应函数为

$$y(t)=L^{-1}[H(s)X(s)]=L^{-1}\left[\frac{1}{s(\tau s+1)}\right]=1-\mathrm{e}^{-t/\tau}\tag{3-47}$$

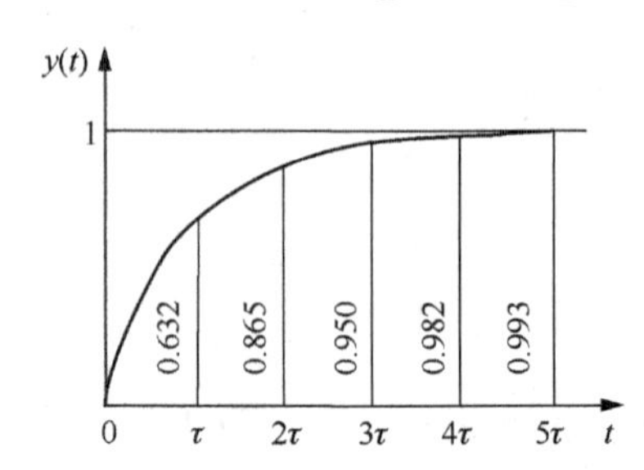

图 3-19　一阶系统的单位阶跃响应

由图 3-19 可见，当 $t=4\tau$ 时，$y(t)=0.982$。此时系统输出值与系统稳定时的响应值之间的差异不足 2%，所以可以近似认为系统已到达稳态。一般来说，一阶装置的时间常数 τ 越小越好。

2. 二阶测试系统的单位阶跃响应

对于一个传递函数如式(3-31)所描述的二阶系统，它对阶跃输入的响应函数为

$$y(t)=L^{-1}[H(s)X(s)]=L^{-1}\left[\frac{\omega_n^2}{s(s^2+2\xi\omega_n s+\omega_n^2)}\right]\tag{3-48}$$

（1）当 $\xi<1$ 时，为欠阻尼情况。其中

$$y(t)=1-\frac{\mathrm{e}^{-\xi\omega_n t}}{\sqrt{1-\xi^2}}\sin(\sqrt{1-\xi^2}\,\omega_n t+\varphi)\tag{3-49}$$

式中，$\varphi=\arctan\dfrac{\sqrt{1-\xi^2}}{\xi}$。

（2）当$\xi=1$时，为临界阻尼情况。其中

$$y(t)=1-(1-\omega_n t)\mathrm{e}^{-\xi\omega_n t} \tag{3-50}$$

（3）当$\xi<1$时，为过阻尼情况。其中

$$y(t)=1-\frac{\xi+\sqrt{\xi^2-1}}{2\sqrt{\xi^2-1}}\mathrm{e}^{-(\xi-\sqrt{\xi^2-1})\omega_n t}+\frac{\xi-\sqrt{\xi^2-1}}{2\sqrt{\xi^2-1}}\mathrm{e}^{-(\xi+\sqrt{\xi^2-1})\omega_n t} \tag{3-51}$$

二阶测试系统的单位阶跃响应如图 3-20 所示。

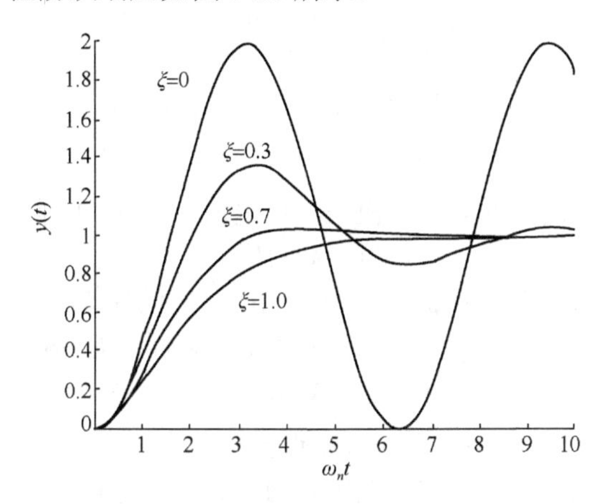

图 3-20　二阶系统的单位阶跃响应

上述方程式为测量误差的分析提供依据。本章这些方程式都是在归一化之后求得的，因此输入量值便成为输出量的理论值。这样输入与输出之差便是测量系统的动态误差。过渡过程结束时，二阶系统阶跃响应中的瞬态成分衰减趋近于零。因此，二阶系统在单位阶跃激励下的稳态输出误差为零。但是阻尼比ξ和固有频率ω_n在很大程度上影响着系统传递特性，系统固有频率由系统的主要结构参数所决定。ω_n越高，系统的响应越快，阻尼比ξ直接影响系统超调量和振荡次数。如图 3-20 所示，当$\xi=0$时，系统超调量为 100%，系统持续振荡，达不到稳态。$\xi>1$时，系统退化为两个一阶环节串联，此时系统虽无超调（不发生振荡），但仍需较长时间才能达到稳态。对于欠阻尼情况，即$\xi<1$时，若选择ξ为 0.6～0.8，则最大超调量为 2.5%～10%。对于 5%～2%的允许误差，认为达到稳态所需的调整时间最短，为$(3\sim4)/\xi\omega_n$。这也是很多实际的测量装置的阻尼比取在这区间内的理由之一。

3.4.3　测试系统在任意激励下的响应

以上分析了测试系统对一些典型激励信号的响应，现在来讨论测试系统对图 3-21 所示的一个任意输入信号的响应情况。考虑用一系列等间距$\Delta\tau$划分的N个矩形条来逼近此任意输入信号$x(t)$。

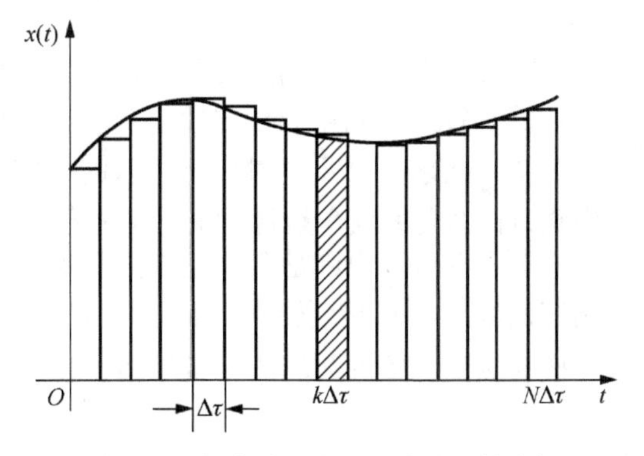

图 3-21　任意输入信号的脉冲函数分解

在 $k\Delta\tau$ 时刻的矩形条面积为 $x(k\Delta\tau)\Delta\tau$。若 $\Delta\tau$ 充分小，则可近似地将该矩形条看作幅度为 $x(k\Delta\tau)\Delta\tau$ 的脉冲对系统的输入。系统在该时刻的响应则为 $[x(k\Delta\tau)\Delta\tau]h(t-k\Delta\tau)$。这样，在上述一系列窄矩形脉冲的作用下，系统的零状态响应根据线性时不变系统的线性叠加特性为

$$y(t)\approx\sum_{k=0}^{N}x(k\Delta\tau)h(t-k\Delta\tau)\Delta\tau \tag{3-52}$$

当 $\Delta\tau\to 0$（$N\to\infty$）时，对式(3-52)取极限，即得系统 $h(t)$ 对任意输入信号 $x(t)$ 的响应为

$$\begin{aligned}y(t)&=\lim_{\Delta\tau\to 0}\sum_{k=0}^{\infty}x(k\Delta\tau)h(t-k\Delta\tau)\Delta\tau\\&=\int_{0}^{\infty}x(\tau)h(t-\tau)\,\mathrm{d}\tau=x(t)*h(t)\end{aligned} \tag{3-53}$$

此即两函数 $x(t)$ 与 $h(t)$ 的卷积积分。式(3-53)表明，系统对任意激励信号的响应是该输入激励信号与系统的脉冲响应函数的卷积。根据卷积定理，式(3-53)的复频域表达式为

$$Y(s)=X(s)H(s) \tag{3-54}$$

对于一个稳定的系统，在传递函数 $H(s)$ 中用 $\mathrm{j}\omega$ 来代替式(3-54)中的 s 便可得到系统的频率响应函数 $H(\mathrm{j}\omega)$，若输入 $x(t)$ 也符合傅里叶变换条件，即存在 $X(\mathrm{j}\omega)$，则有

$$Y(\mathrm{j}\omega)=X(\mathrm{j})H(\mathrm{j}\omega) \tag{3-55}$$

式(3-55)中也蕴含着线性时不变系统频率保持性的意义，即系统输出中的频率成分与输入频率成分一致。实际式(3-53)也可直接由傅里叶变换公式求得。由式(3-55)经傅里叶逆变换可求得输出为

$$y(t)=\frac{1}{2\pi}\int_{-\infty}^{+\infty}H(\omega)X(\omega)\mathrm{e}^{\mathrm{j}\omega t}\,\mathrm{d}\omega \tag{3-56}$$

再将 $x(t)$ 的傅里叶变换 $X(\omega)$ 的计算公式代入式(3-56)得

$$\begin{aligned}y(t)&=\frac{1}{2\pi}\int_{-\infty}^{+\infty}\int_{-\infty}^{+\infty}x(\tau)H(\omega)\mathrm{e}^{\mathrm{j}\omega t}\,\mathrm{e}^{-\mathrm{j}\omega\tau}\,\mathrm{d}\tau\mathrm{d}\omega\\&=\frac{1}{2\pi}\int_{-\infty}^{+\infty}\int_{-\infty}^{+\infty}x(\tau)H(\omega)\mathrm{e}^{\mathrm{j}\omega(t-\tau)}\,\mathrm{d}\tau\mathrm{d}\omega\\&=\int_{-\infty}^{+\infty}x(\tau)\left[\frac{1}{2\pi}\int_{-\infty}^{+\infty}H(\omega)\mathrm{e}^{\mathrm{j}\omega(t-\tau)}\,\mathrm{d}\omega\right]\mathrm{d}\tau\\&=\int_{-\infty}^{+\infty}x(\tau)h(t-\tau)\mathrm{d}\tau=x(t)*h(t)\end{aligned}$$

在时域中求系统的响应时要进行卷积积分的运算。一般采用计算机进行离散卷积计算的计算量较大。利用卷积定理将其转化为频域的乘积处理相对比较简单。从以上的推导过程可知，要求一个系统对任意输入的响应，重要的是要知道系统的脉冲响应函数，然后利用输入函数与系统单位脉冲响应的卷积便可求出系统的总响应输出。而时域中的这种输入、输出关系在频域中则是通过拉普拉斯变换或傅里叶变换来实现的。脉冲响应函数 $h(t)$、频率响应函数 $H(\omega)$ 以及传递函数 $H(s)$ 分别在时间域、频率域以及复频域描述系统。各种系统函数与输入、输出之间的关系如图 3-22 所示。

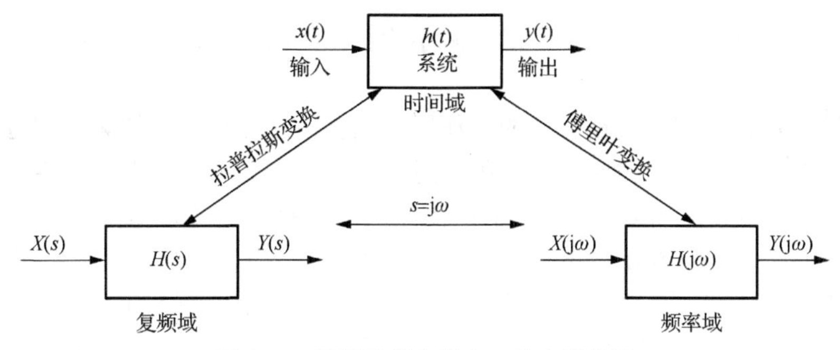

图 3-22　系统函数与输入、输出的关系

3.5　测试系统实现不失真测量的条件

3.5.1　实现不失真测试的时域和频域条件

工程测试的任务是用测试系统来精确地复现被测的特征量或参数。因此对于一个完整的测试系统，必须能够精确地或者不失真地复制被测信号的波形。如果在频域描述这种不失真测量的输入、输出关系，系统的频率响应函数应满足

$$H(\mathrm{j}\omega)=A_0\angle 0°$$

上式表示测试系统的放大倍数为常数 A_0，而相位滞后为零。这是理论上的或者理想化的条件。工程实际中，大多数测试系统通过选择合适的参数能够满足放大倍数（或幅值比）为常数的条件，然而零相位滞后却是难以实现的。这是因为任何测试系统都伴有时间上的滞后。因此对于实际的测试系统来说，上述条件可修改为如下形式。

$$H(\mathrm{j}\omega)=A_0\angle -\omega t_0 \tag{3-57}$$

于是，在频域和时域系统的响应分别为

$$Y(\mathrm{j}\omega)=A_0X(\mathrm{j}\omega)\mathrm{e}^{-\omega t_0} \tag{3-58}$$

$$y(t)=A_0x(t-t_0) \tag{3-59}$$

式中，A_0 和 t_0 都是常数。式（3-59）表明测试系统输出与被测信号的波形，幅值放大了 A_0 倍，在时间上延迟了 t_0。可见，若要求测试系统的输出波形不失真，则其幅频特性和相频特性应分别满足如下条件。

$$A(\omega)=A_0=\text{常数} \tag{3-60}$$

$$\varphi(\omega)=-t_0\omega \tag{3-61}$$

如果一个测试系统在一定的工作频带内，满足上述时域或频域的传递特性，即它的幅频特性为一常数，相频特性与频率呈线性关系，那么便认为用该测试系统实现的测试是精确的或不失真的。通常把 $A(\omega)$ 不等于常数时所引起的失真称为幅值失真，$\varphi(\omega)$ 与 ω 之间的非线性关系所引起的失真称为相位失真。

应当指出，满足上述不失真测试条件的系统，其输出比输入仍然滞后时间 t_0。如果测量的目的只是精确地测量输入波形，那么上述条件完全满足不失真测量的要求。对于大多数工程应用来说，如果测试的目的仅要求测量结果能精确地复现输入信号的波形，时间滞后不是关键问题，此时可以认为上述条件已经满足了不失真测试的要求。然而，对于以测试结果作为反馈控制信号时的情形，测试系统的较大的相位滞后可能会带来严重问题。如果将测试系统置入一个控制系统的反馈通道，那么该测量装置较大的时间滞后可能破坏整

个控制系统的稳定性。这种情形下，尽量减小测试系统的相位滞后或时间滞后便成为至关重要的问题。

如前所述，测试系统只有在一定的工作频率范围内才能保持它的频率响应符合精度测试的条件。图 3-23 所示为包含各种不同频率成分的输入信号 $x(t)$ 通过一个具有 $H(\omega)=A(\omega)\mathrm{e}^{\mathrm{j}\varphi(\omega)}$ 传递特性的测试系统后产生输出信号的情形。输入信号可分解为一个直流分量和三个正弦信号，假设在某参考时刻 $t=0$，初始相位角均为零。图 3-23 中形象地显示出输出信号相对于输入信号在不同的频率点处有不同的幅值增益和相位滞后。对于频率 $\omega<\omega_n$ 的输入信号成分，其对应的输出没有失真；对于 $\omega=\omega_n$ 的谐振情形和 $\omega>\omega_n$ 的衰减情形，对应的输出不仅有严重的幅值失真也有相位失真。

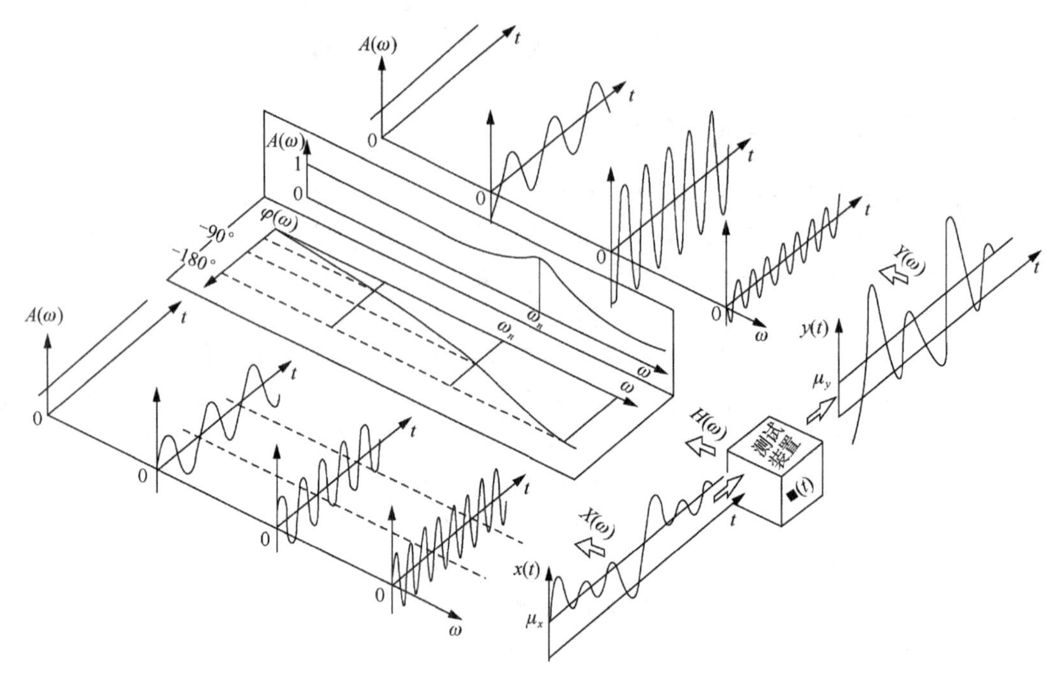

图 3-23　输入信号通过测试系统后不同频率成分的输出响应

理想的精确测试系统实际上是不可能实现的。即使在某一工作频率范围内，由于系统内、外干扰的影响以及输入信号本身的质量问题，往往也只能使输出波形的失真控制在一定的误差范围之内。实际的测量系统不可能在非常宽广的频率范围内都满足不失真测试的条件，所以需要对输入信号进行必要的预处理。通常采用滤波方法去除输入信号中的高频噪声，避免高频噪声被带入测试系统的谐振区域而使输出信号产生失真，使测试系统的信噪比变坏。

测试系统的特性选择对测试任务的顺利实施至关重要。有时一个测试系统要在其工作频段上同时满足幅频特性和相频特性的线性关系是非常困难的。以二阶系统为例，对于不同的阻尼比，系统的相频特性曲线可能变化很大。另外，幅频特性与相频特性之间彼此也有一定的内在联系。在幅频特性发生较大变化的频率区段，如接近固有频率的区域，相频特性也会剧烈变化。在具体测试中，没有必要一定要选择幅频特性和相频特性均满足精确测试条件的测试系统。因为在某些测试中，仅仅要求幅频成相频的一方满足线性关系。如在振动测试中，有时只要求知道振动信号的频率成分和振幅的大小，对信号的相位没有要求。此时便可着眼于测试系统幅频特性的选择，而忽略相频特性的影响。但在某些测量中，则要求精确地知道输出响应对输入信号的延迟时间，此时便要求了解测试系统的相频特性，从而也要严格地选择装置的相频特性，以减少相位失真引起的误差。

3.5.2　各阶系统实现不失真测试的条件

对于一个二阶系统，在 $\omega/\omega_n < 0.3$ 的范围内，系统的幅频特性接近一条直线，其幅值变化不超过 10%。从相频曲线上看，曲线随阻尼比的不同剧烈变化。其中，当 ξ 为 0.6～0.8 时，相频特性曲线可近似认为是一条起自坐标原点的斜线。在 ξ 若取值很小时，系统易产生超调和振荡现象，不利于测量，因此许多测量装置都选择取 ξ 为 0.6～0.9，此时能够得到较好的相位线性特性。

通常的二阶系统，当 $\omega/\omega_n > 3$ 时，相频曲线对所有的 ω 都接近于 $-\pi$。因为在实际测量电路上可以简单地采用反相器或在数据处理时减去固定的 π 相位差来获得无相位差的结果，因此可以认为此时的相频特性能满足精确测试条件。对于一个具有低通特性的二阶系统，当 $\omega/\omega_n > 3$ 时，其幅频特性曲线尽管也趋近于一个常数，但该高频幅值量很小，不利于信号的输出与后续处理。但是，对于具有高通特性的二阶系统，例如，像惯性式传感器这样的质量-弹簧-阻尼系统，当 $\omega/\omega_n > 3$ 时，其在高频段的幅值趋近于常值 1，而相频特性则与二阶低通环节相同，此时便可方便地采用反相器来获取对高频振动的精确测量。

对于高阶系统，其分析原则与一阶、二阶系统相同。由于高阶系统可看作若干个一阶、二阶环节的并联或串联，因此任何一个环节产生的测试结果不精确均会导致整个装置的测量结果失真，所以应该努力做到系统的各环节的传递特性均满足精确测量的要求。

3.6　测试系统动态特性参数的测定

实际中的测试系统往往在一定工作频段内和测量误差允许的范围内均被视为线性系统。这是由于一方面对线性系统能够做比较完善的数学处理；另一方面在动态测试中做非线性校正也比较困难。在动态测试中要测量迅速变化的物理量，因此研究测试系统的传递特性及其准确测量快速变化的物理量的能力是非常重要的。对于复杂的测试系统很难准确地列出其微分方程。在实践中使用测试系统动态特性的理论分析方法往往是不现实的。在工程实践中，经常是根据测试系统对某些典型信号的响应，对测试系统做出评价，并获取测试系统的特性参数，进而辨识出反映测试系统动态特性的传递函数。常用的方法为频率响应法和阶跃响应法。

3.6.1　频率响应法

以正弦信号作为系统的输入，研究系统对这种输入的稳态响应的方法称为频率响应法。频率响应法是一种应用最广泛的动态分析方法。频率响应函数用来描述一个测试系统或系统对正弦激励信号的稳态响应。频率响应函数能直观地反映系统对不同频率输入信号的响应特性。具体地，对测试系统施加正弦激励，即输入信号 $x(t) = X_0 \sin\omega t$，在输出达到稳态后测量输出和输入的幅值比 $A(\omega)$ 和相位差 $\varphi(\omega)$，即可获得测试系统的传递特性。

1. 一阶系统

一阶系统的静态灵敏度 S 可通过静态标定获取，在此假定 $S=1$。因此，一阶系统的动态参数仅剩下一个时间常数τ。通过稳态正弦激励试验可以测得反映一阶测试系统动态特性的时间常数τ。测试时，对测试系统施加峰-峰值为其量程20%的正弦输入信号，其频率自接近零频的足够低的频率开始，以增量方式逐点增加到较高的频率时停止，即可得到幅频和相频特性曲线$A(\omega)$和$\varphi(\omega)$，如图3-24所示。

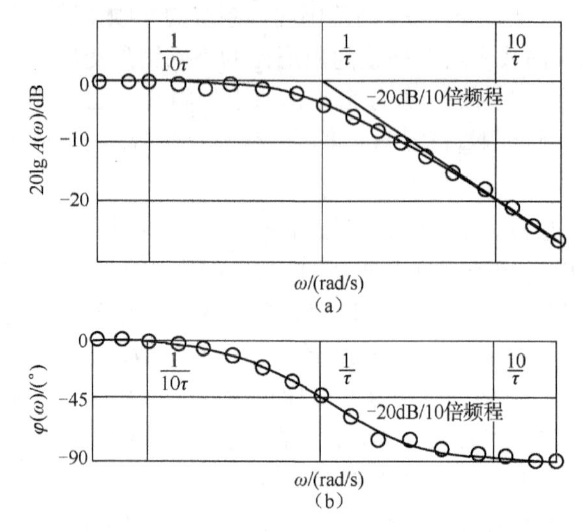

图3-24 一阶系统的频率响应实验

由图3-24可见，在低频段所得幅频特性和相频特性曲线近似为一水平线（斜率为零）；在高频段幅频特性曲线斜率为-20dB/10倍频程，相频特性曲线渐近地接近$-90°$。在幅频特性曲线渐近线的转折频率点处，可求得时间常数$\tau=1/\omega_{\text{break}}$。值得注意的是，可以从测得的数据点所拟合的曲线形状偏离理想曲线的程度，来判断系统是否为一阶系统。

2. 二阶系统

可以通过稳态正弦激励实验求得测试系统的动态特性参数。测试时，对测试系统施加峰-峰值为其量程20%的正弦输入信号，其频率自接近零频的足够低的频率开始，以增量方式逐点增加到较高的频率，直到输出量减少到输入幅值的一半时停止，即可得到幅频特性曲线$A(\omega)$和相频特性曲线$\varphi(\omega)$。

采用相频特性曲线可以直接估计反映测试系统动态特性的两个参数，即阻尼比ξ和固有频率ω_n。在$\omega=\omega_n$处，输出对输入的相位滞后为90°，该点斜率直接反映阻尼比的大小。但是一般而言，相频特性曲线的测量比较困难。

通常，通过幅频特性曲线估计阻尼比ξ有如下两种方法。

1）半功率点法

对于阻尼比$\xi<1$的欠阻尼系统，幅频特性曲线的峰值在稍微偏离ω_n的ω_r处，且有$\omega_r=\omega_n\sqrt{1-2\xi^2}$的关系。当$\xi<<1$时，峰值频率$\omega_r\approx\omega_n$，$A(\omega_n)$非常接近峰值$A(\omega_r)$。由式(3-33)可知

$$A(\omega_r)\approx A(\omega_n)=\frac{1}{2\xi} \tag{3-62}$$

在幅频特性曲线上峰值的$1/\sqrt{2}$处，作一条水平线和幅频特性曲线分别相交于a、b两点，它们对应的频率将分别是ω_1和ω_2，如图3-25所示。

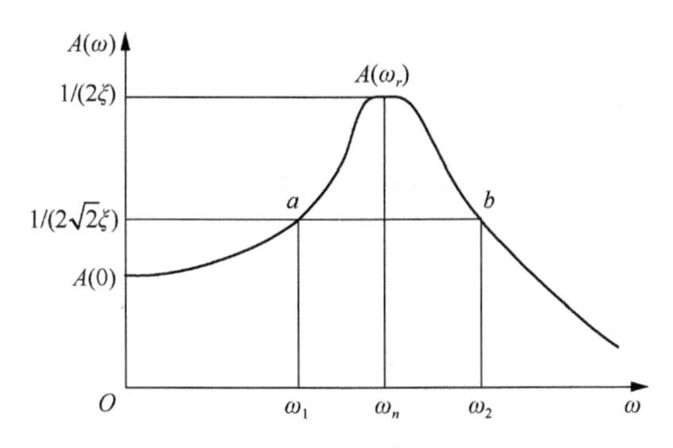

图 3-25　二阶系统阻尼比的估计

于是，阻尼比的估计值可取为

$$\xi = \frac{\omega_2 - \omega_1}{\omega_n} \tag{3-63}$$

2）幅值比较法

幅频特性峰值 $A(\omega_r)$ 和零频幅值 $A(0)$ 由实验获得（图 3-25）。利用式(3-63)求得阻尼比 ξ 为

$$\frac{A(\omega_r)}{A(0)} = \frac{1}{2\xi\sqrt{1-\xi^2}} \tag{3-64}$$

同样，根据实验曲线（包括幅频特性和相频特性曲线），可以验证所测试的系统是否与标准二阶系统的模型（式（3-32））相符合。

3.6.2　阶跃响应法

实践中无法获得理想的单位脉冲输入，因而无法获得测试系统的脉冲响应函数；但实践中却能获得足够精确地单位阶跃函数，因而可获得单位阶跃响应。用阶跃响应法求测试系统的动态特性是一种简单易行的时域测试方法。

1. 一阶系统

对于一阶系统 $H(s)=1/(\tau s+1)$，单位阶跃响应为 $Y(s)=1/s(\tau s+1)$。进行拉普拉斯变换后，可得时域的单位阶跃响应函数如式(3-65)所示，其波形如图 3-26 所示。

$$y(t) = 1 - \mathrm{e}^{-t/\tau} \tag{3-65}$$

对式(3-65)进行微分，则有

$$\left.\frac{\mathrm{d}y}{\mathrm{d}t}\right|_{t=0} = \frac{1}{\tau} \tag{3-66}$$

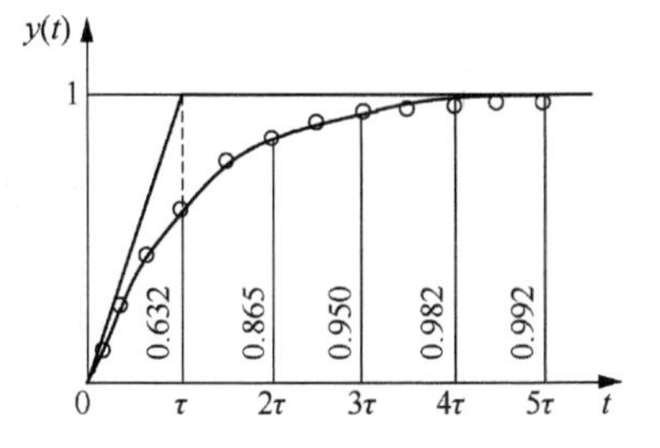

图 3-26　一阶系统的动态特性参数

式(3-66)表明，一阶系统单位阶跃响应函数在原点处的切线斜率为 $1/\tau$，据此可确定时间常数 τ。也可以根据测得的一阶系统的阶跃响应，取该输出值达到最终稳态值的 63%所经过的时间作为时间常数 τ。但这样求得的 τ 值仅取决于某些个别的瞬时值，并不涉及响应的全过程。测量结果的可靠性较差。

实际中，常将式(3-65)改写为

$$1-y(t)=\mathrm{e}^{-t/\tau} \tag{3-67}$$

定义

$$Z=\ln[1-y(t)]=-\frac{t}{\tau} \tag{3-68}$$

对式(3-68)进行微分，则有

$$\frac{\mathrm{d}Z}{\mathrm{d}t}=-\frac{1}{\tau} \tag{3-69}$$

式(3-68)表明，Z 与时间 t 呈线性关系，使用测试数据可作斜率如式(3-69)所示的直线，即可确定时间常数 τ，如图 3-27 所示。

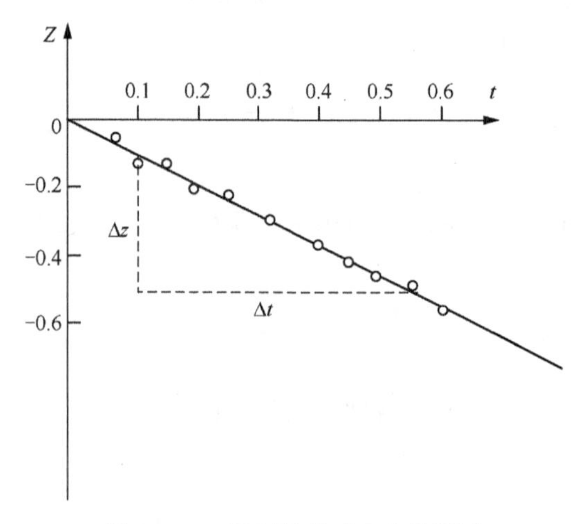

图 3-27　一阶系统的动态参数测试

显然，这种方法运用了全部测量数据，即考虑了瞬态响应的全过程，且测量结果具有较高的精确度。

2. 二阶系统

对于二阶系统，其静态灵敏度同样采用静态标定来确定。采用阶跃响应法测定欠阻尼比 ξ 和固有频率 ω_n，如图 3-28 所示。

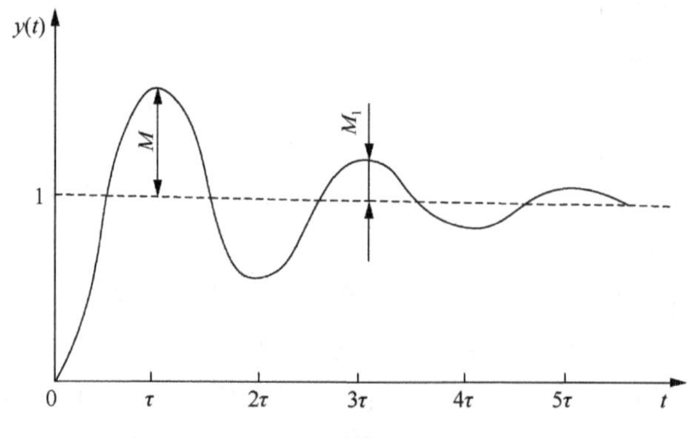

图 3-28　欠阻尼二阶测试系统的阶跃响应

二阶系统欠阻尼情况下的阶跃响应为

$$y(t)=1-\frac{\mathrm{e}^{-\xi\omega_n t}}{\sqrt{1-\xi^2}}\sin(\omega_d t+\varphi) \tag{3-70}$$

式中，$\varphi=\arctan(\sqrt{1-\xi^2}/\xi)$，其瞬态响应是以 $\omega_d=\omega_n\sqrt{1-\xi^2}$ 做衰减振荡的，该圆周率称为系统的有阻尼固有频率。

对上述函数求极值，可得曲线中各振荡峰值所对应的时间 $t_p=0,\tau,2\tau,\cdots$，其中 $\tau=\pi/\omega_d$。将 t 代入式(3-70)，可求得此时系统的最大超调量为

$$M=\mathrm{e}^{-\left(\frac{\xi\pi}{\sqrt{1-\xi^2}}\right)} \tag{3-71}$$

从而可得

$$\xi=\sqrt{\frac{1}{\left(\frac{\pi}{\ln M}\right)+1}} \tag{3-72}$$

因此，在测得 M 之后，便可按式(3-72)求取阻尼比 ξ。系统的固有频率 ω_n 可按式(3-73)求得。

$$\omega_n=\frac{\pi}{\tau\sqrt{1-\xi^2}} \tag{3-73}$$

如果测得的响应为较长的瞬变过程，可利用任意两个超调量 M_i 和 M_{i+n} 来求取其阻尼比 ξ，其中 n 为该两峰位相隔的整周期数。设 M_i 和 M_{i+n} 所对应的时间分别为 t_i 和 t_{i+n}，显然有

$$t_{i+n}=t_i+2n\tau=t_i+\frac{2n\pi}{\omega_n\sqrt{1-\xi^2}} \tag{3-74}$$

将其代入式(3-70)，经整理后可得

$$\xi=\sqrt{\frac{\delta_n^2}{\delta_n^2+4\pi^2n^2}} \tag{3-75}$$

式中

$$\delta_n=\ln\frac{M_i}{M_{i+n}} \tag{3-76}$$

根据式(3-75)和式(3-76)，即可按实测得到的 M_i 和 M_{i+n}，经 δ_n 求 ξ。当系统阻尼较小时，如 $\xi<0.3$，用 1 代替 $\sqrt{1-\xi^2}$ 进行近似计算不会产生过大的误差，则式(3-75)可简化为

$$\xi\approx\frac{\ln\left(\frac{M_i}{M_{i+n}}\right)}{2\pi n} \tag{3-77}$$

如果系统是严格线性的和二阶的，那么数值 n 则无关紧要。该情况下对任意数量的周期所得的 ξ 值是相同的。如果对不同的 n 值，如 $n=1,2,4,\cdots$，求得的 ξ 值差别较大，则只能说明此系统并不是精确的二阶系统。

3.7　测试系统的负载效应

在实际测量工作中，测量系统和被测对象之间、测量系统内部各环节之间互相连接必

然产生相互作用。接入的测量装置构成被测对象的负载；后接环节总是成为前面环节的负载，并对前面环节的工作状况产生影响。两者总是存在着能量交换和相互影响，以致系统的传递函数不再是各组成环节传递函数的叠加（并联时）或连乘（串联时）。

3.7.1 负载效应

前文曾假设在相联接环节之间没有能量交换，因而在环节互连前后各环节仍保持原有的传递函数的基础上导出了环节串、并联后所形成的系统的传递函数表达式(3-36)和式(3-37)。然而这种只有信息传递而没有能量交换的连接，在实际系统中很少遇到。只有用不接触的辐射源信息探测器，如可见光和红外探测器或其他射线探测器，才可算是这类连接。

当一个装置连接到另一个装置上，并发生能量交换时，就会发生两种现象：①前装置的连接处甚至整个装置的状态和输出都将发生变化；②两个装置共同形成一个新的整体，该整体虽然保留其两组成装置的某些主要特征，但其传递函数已不能用式(3-36)和式(3-37)来表达。某装置由于后接另一装置而产生的种种现象，称为负载效应。

负载效应产生的后果，有的可以忽略，有的却是很严重的，不能对其掉以轻心。下面举一些例子来说明负载效应的严重后果。

集成电路芯片温度虽高但功耗很小，只有几十毫瓦，相当于一个小功率的热源。若用一个带探针的温度计去测其节点的工作温度，显然温度计会从芯片吸收可观的热量而成为芯片的散热元件，这样不仅不能测出正确的节点工作温度，而且整个电路的工作温度都会下降。又如，在一个单自由度振动系统的质量块m上连接一个质量为m_f的传感器，致使参与振动的质量成为$m+m_f$，从而导致系统固有频率的下降。

现以简单的直流电路（图 3-29）为例来分析负载效应的影响。不难算出电阻器R_2电压降$U_0=\frac{R_2}{R_2+R_1}E$。为了测量该量，可在R_2两端并联一个内阻为R_m的电压表。这时由于R_m的接入，R_2和R_m两端的电压降U变为

$$U=\frac{R_L}{R_1+R_L}E=\frac{R_mR_2}{R_1(R_m+R_2)+R_mR_2}E$$

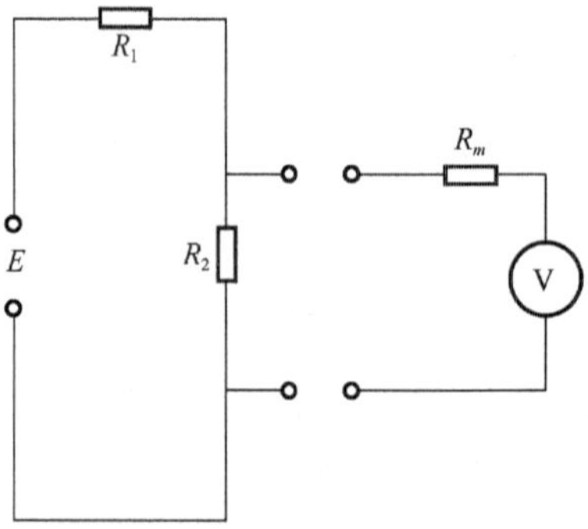

图 3-29　直流电路中的负载效应

由于$\frac{1}{R_L}=\frac{1}{R_2}+\frac{1}{R_m}$，则有$R_L=\frac{R_2R_m}{R_2+R_m}$。

显然，由于接入测量电表，被测系统（原电路）状态及被测量（R_2电压降）都发生了变化。原来的电压降为U_0，接入电表后，变为U，且$U\neq U_0$，两者的差值随R_m的增大而

减小。为了说明这种负载效应的影响程度，令 $R_1 = 100\text{k}\Omega$，$R_2 = R_m = 150\text{k}\Omega$，$E = 150\text{V}$，可以得到 $U_0 = 90\text{V}$，而 $U = 64.3\text{V}$，误差竟然达到了 28.6%。若 R_m 改为 $1\text{M}\Omega$，其余不变，则 $U = 84.9\text{V}$，误差为 5.7%。此例充分说明了负载效应对测量结果的影响有时是很大的。

3.7.2 减轻负载效应的措施

减轻负载效应所造成的影响，需要根据具体的环节、装置来具体分析而后采取措施。对于电压输出的环节，减轻负载效应的办法如下。

（1）提高后续环节（负载）的输入阻抗。

（2）在原来两个相连接的环节之中，插入高输入阻抗、低输出阻抗的放大器，以便减小从前面环节吸取能量，又可在承受后一环节（负载）后减小电压输出的变化，从而减轻总的负载效应。

（3）使用反馈或零点测量原理使后面环节几乎不从前面环节吸取能量。如用电位差计测量电压等。

如果将电阻抗的概念推广为广义阻抗，那么就可以比较简捷地研究各种物理环节之间的负载效应。

总之，在测试工作中，应当建立系统整体的概念，充分考虑各种装置、环节连接时可能产生的影响。测量装置的接入就成为被测对象的负载，将会引起测量误差。两环节的连接，后环节将成为前环节的负载，产生相应的负载效应。在选择成品传感器时，必须仔细考虑传感器对被测对象的负载效应。在组成测试系统时，要考虑各组成环节之间连接时的负载效应，尽可能减小负载效应的影响。

3.8 测试系统的抗干扰

在测试过程中，除了待测信号以外，各种不可见的、随机的信号可能出现在测量系统中。这些信号与有用信号叠加在一起，严重影响测量结果。轻则测量结果偏离正常值，重则淹没了有用信号，无法获得测量结果。测量系统中的无用信号就是干扰。显然，一个测试系统抗干扰能力的强弱在很大程度上决定了该系统的可靠性，是测量系统的重要特性之一。因此，重视抗干扰设计是测试工作中不可忽视的问题。

3.8.1 测量装置的干扰源

测量装置的干扰来自多方面。机械振动或冲击会对测量装置（尤其传感器）产生严重的干扰；光线对测量装置中的半导体器件会产生干扰；温度的变化会导致电路参数的变动，产生干扰；电磁的干扰，等等。

干扰窜入测量装置有三条主要途径，如图 3-30 所示。

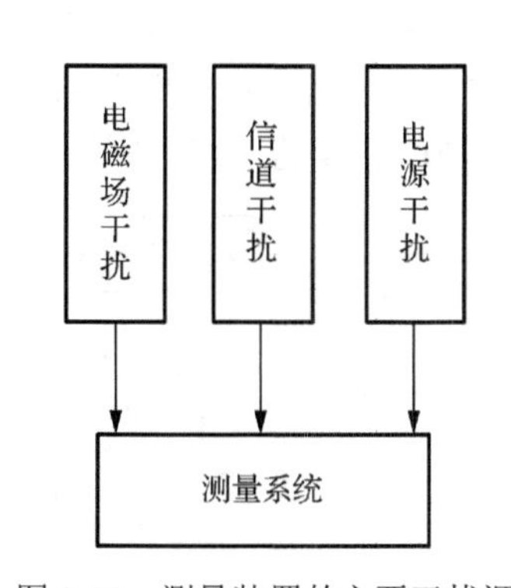

图 3-30 测量装置的主要干扰源

（1）电磁场干扰：干扰以电磁波辐射的方式经空间窜入测量装置。

（2）信道干扰：信号在传输过程中，通道中各元器件产生的噪声或非线性畸变所造成的干扰。

（3）电源干扰：由电源波动、市电电网干扰信号的窜入及装置供电电源电路内阻引起各单元电路相互耦合造成的干扰。

一般来说，良好的屏蔽及正确的接地可除去大部分的电磁波干扰。绝大部分测量装置都需要供电，所以外部电网对装置的干扰及装置内部通过电源内阻相互耦合造成的干扰对装置的影响最大。因此，应重点注意如何克服通过电源造成的干扰。

3.8.2 供电系统干扰及其抗干扰

由于供电电网面对各种用户，电网上并联着各种各样的用电器。用电器（特别是感应性用电器，如大功率电动机）在开、关机时都会给电网带来强度不一的电压跳变。这种跳变的持续时间很短，人们将其称为尖峰电压。在有大功率耗电设备的电网中，经常可以检测到在供电的 50Hz 正弦波上叠加着有害的 1kV 以上的尖峰电压。它会影响测量装置的正常工作。

1. 电网电源噪声

把供电电压跳变的持续时间 $\Delta t > 1\mathrm{s}$ 的噪声称为过压和欠压噪声。供电电网内阻过大或网内用电器过多会造成欠压噪声。三相供电零线开路可能造成某相过电压。

把供电电压跳变的持续时间为 $1\mathrm{ms} < \Delta t < 1\mathrm{s}$ 的噪声，称为浪涌和下陷噪声。它主要产生于感性用电器（如大功率电动机）在开、关机时产生的感应电动势。

把供电电压跳变的持续时间为 $\Delta t < 1\mathrm{ms}$ 的噪声，称为尖峰噪声。这类噪声产生的原因较复杂，用电器间断的通断产生的高频分量、汽车点火器所产生的高频干扰耦合到电网都可能产生尖峰噪声。

2. 供电系统的抗干扰

供电系统常采用下列几种抗干扰措施。

（1）交流稳压器：它可消除过压、欠压造成的影响，保证供电的稳定。

（2）隔离稳压器：由于浪涌和尖峰噪声主要成分是高频分量，它们不通过变压器线圈之间互感耦合，而是通过线圈间寄生电容耦合的。隔离稳压器一次、二次侧间用屏蔽层隔离，减少线间耦合电容，从而减少高频噪声的窜入。

（3）低通滤波器：它可滤去大于 50Hz 市电基波的高频干扰。对于 50Hz 市电基波，则通过整流滤波后也可完全滤除。

（4）独立功能块单独供电电路设计时，有意识地把各种功能的电路（如前置、放大、A/D 等电路）单独设置供电系统电源。这样做可以基本消除各单元因共用电源而引起相互耦合所造成的干扰。图 3-31 是合理的供电系统的示例。

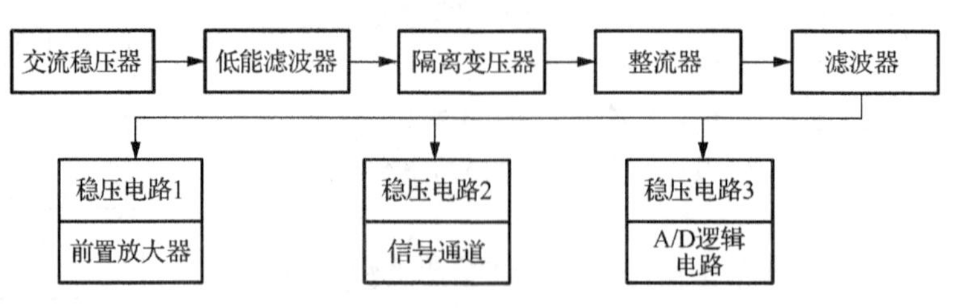

图 3-31　合理的供电系统

3.8.3　信道通道的干扰及其抗干扰

1. 信道干扰的种类

信道干扰有下列几种。

（1）信道通道元器件噪声干扰：它是由测量通道中各种电子元器件所产生的热噪声（如电阻器的热噪声、半导体元器件的散粒噪声等）造成的。

（2）信号通道中信号的窜扰：元器件排放位置和线路板信号走向不合理会造成这种干扰。

（3）长线传输干扰：对于高频信号来说，当传输距离与信号波长可比时，应该考虑这种干扰的影响。

2. 信道通道的抗干扰措施

信道通道通常采用下列一些抗干扰措施。

（1）合理选用元器件和设计方案，如尽量采用低噪声材料、放大器采用低噪声设计、根据测量信号频谱合理选择滤波器等。

（2）印制电路板设计时元器件排放要合理：小信号区与大信号区要明确分开，并尽可能地远离；输出线与输出线避免靠近或平行；有可能产生电磁辐射的元器件（如大电感元器件、变压器等）尽可能地远离输入端；合理的接地和屏蔽。

（3）在有一定传输长度的信号输出中，尤其是数字信号的传输可采用光耦合隔离技术、双绞线传输。双绞线可以最大可能地降低电磁干扰的影响。对于远距离的数据传送，可采用平衡输出驱动器和平衡输入的接收器。

3.8.4　接地设计

测量装置中的地线是所有电路公共的零电平参考点。理论上，地线上所有的位置的电平应该相同。然而，由于各个地点之间必须用有一定电阻的导线连接，且一旦有地电流流过，就有可能使各个地点的电位产生差异。同时，地极是所有信号的公共点，所有信号电流都要经过地线。这就可能产生公共地电阻的耦合干扰。地线的多点相连也会产生环路电流。环路电流会与其他电路产生耦合。所以，认真设计地线和接地点对于系统的稳定是十分重要的。

常用的接地方式有下列几种，可供选择。

1. 单点接地

各单元电路的地点接在一点上，称为单点接地（图 3-32）。其优点是不存在环形回路，因而不存在环路地电流。各单元电路地点电位只与本电路的地电流及接地电阻有关，相互干扰较小。

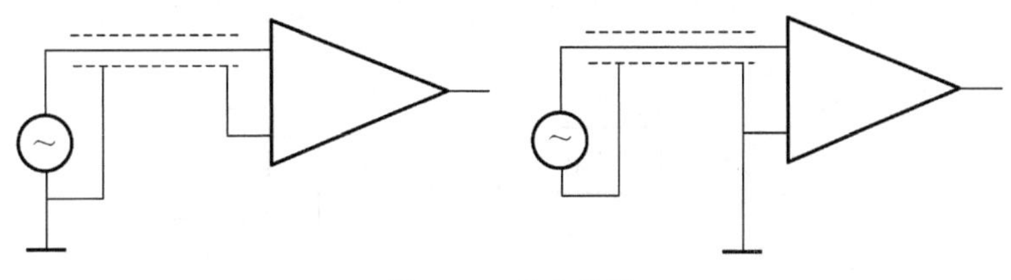

图 3-32　单点接地

2. 串联接地

各单元电路的地点顺序连接在一条公共的地线上（图 3-33），称为串联接地。显然，电路 1 与电路 2 之间的地线流着电路 1 的地电流，电路 2 与电路 3 之间流着电路 1 和电路 2 的地电流之和，依次类推。因此每个电路的地电位都受到其他电路的影响，干扰通过公共地线相互耦合。虽然接法不合理，但因接法简便，还是常被采用。采用时应注意以下两点。

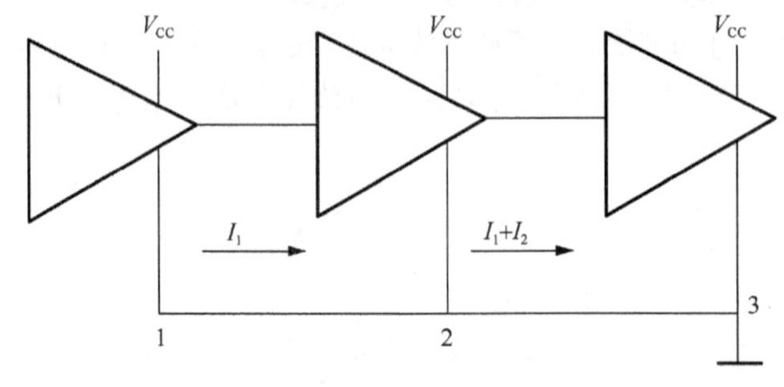

图 3-33　串联接地

（1）信号电路应尽可能靠近电源，即靠近真正的地点。

（2）所有地线应尽可能粗些，以降低地线电阻。

3. 多点接地

绘制电路板时把尽可能多的地方做成地，或者说，把地做成一片。这样就有尽可能宽的接地母线及尽可能低的接地电阻。各单元电路就近接到接地母线（图 3-34）。接地母线的一端接到供电电源的地线上，形成工作接地。

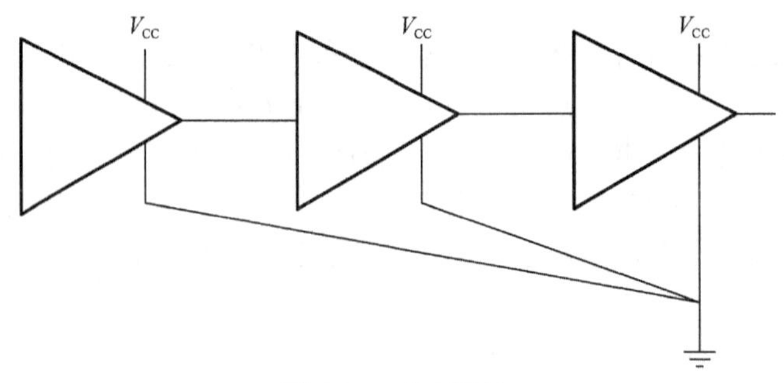

图 3-34　多点接地

4. 模拟地和数字地

现代测量系统都同时具有模拟电路和数字电路。由于数字电路在开关状态下工作，电流起伏波动大，很有可能通过地线干扰模拟电路。如有可能应采用两套整流电路分别供电给模拟电路和数字电路，它们之间采用光电耦合器耦合，如图 3-35 所示。

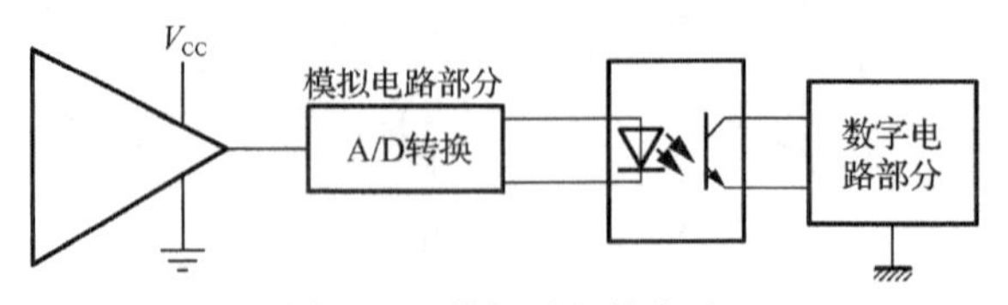

图 3-35　模拟地和数字地

第 4 章　常用的传感器

工程测量和科学研究中，仅靠人的五官获取外界信息是远远不够的。把直接作用于被测量，并能按照一定的方式将被测量转换成同种或别种量值输出的器件称为传感器。传感器是测试系统的一部分，其作用类似于人类的感觉器官。它把被测量，如温度、压力、成分含量、位移等物理量转换为易测信号或易传输信号，传送给测试系统的后续环节。因此，工程上也将其称为变换器或变送器。

可以把传感器理解为能将被测量转换为与之对应的、易检测、易传输或易处理信号的装置。直接受被测量作用的元件称为传感器的敏感元件。

传感器也可认为是人类感官的延伸，因为借助传感器可以去探测那些人们无法用或不便用感官直接感知的事物。例如，用热电偶可以测量高温铁水的温度；陀螺方向仪能给出飞行物体的转弯角度和航向指示；气敏元件可以测量周围空气介质中特定气态成分的含量。传感器是人们认识自然界事物的有力工具，是测量仪器与被测事物之间的接口。

在工程上也把提供与输入量有特定关系的输出量的器件，称为测量变换器。传感器就是输入量为被测量的测量变换器。传感器处于测试装置的输入端，是测试系统的第一个环节，其性能直接影响整个测试系统的工作质量和精度。因此，研究传感器类型、原理和应用，研制开发新型传感器，对于科学技术和生产工程中的自动控制和智能化发展，以及人类观测研究自然界事物的深度和广度都有重要的实际意义。

本章主要介绍传感器的类型，以及常用的电阻传感器、电容传感器、电感传感器、压电传感器、磁电传感器、热电传感器的工作原理和传感器的输入/输出特性。通过各种传感器的应用实例深入介绍传感器对信号的感应及变换的机制，以及各种不同工作原理的传感器的使用要求和场合。

4.1　概　　述

传感器是能感受被测对象的特定物理量变化，并按照一定规律转换成可用于输出信号的器件（部件）或装置。传感器技术是关于传感器设计、制造及应用的综合技术，是现代信息技术的重要基础之一，是获取信息的工具。

4.1.1　传感器的组成

测试系统中，传感器是测量装置与被测量之间的接口，处于测试系统的输入端，完成被测量的感知和能量转换，其性能直接影响着整个测试系统，对测量精确度起着主要的作用。

一般来说，传感器由转换机构和敏感元件两部分组成，前者将一种机械量转变为另一种机械量，后者则将机械量转换为电量，其核心部件是敏感元件。有些结构简单的传感器只有敏感元件部分。经传感器输出的电信号分为两类：一类是电压、电流或电荷；另一类是电阻、电感或电容等电参数。这些电信号通常比较微弱或者不适合直接分析处理，因此传感器往往与配套的前置放大器连接或者与其他电子元件组成专用的测量电路，最终输出幅值是便于分析处理的电压信号，这就决定了传感器和前置放大器或测量电路存在着不可分的特性。

传感器的典型组成如图 4-1 所示。

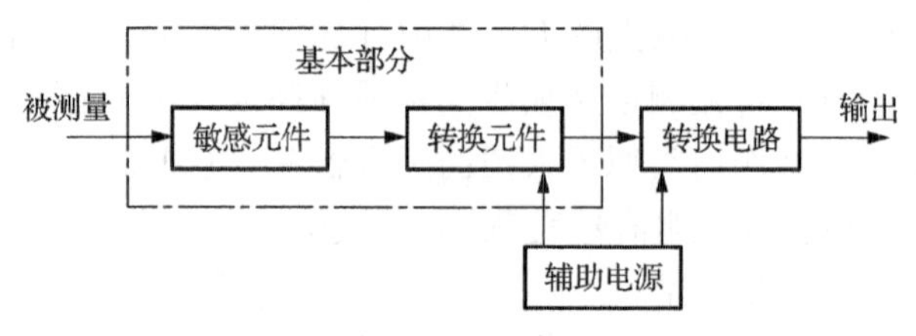

图 4-1　传感器的典型组成

（1）敏感元件。直接感受被测量，且输出与被测量呈确定关系的某一种测量元件。

（2）转换元件。敏感元件的输出量就是转换元件的输入量，转换元件把输入量转换成电参量。

（3）转换电路。将转换元件的输出电量转换成便于显示、记录、控制和处理的有用电信号的电路。

4.1.2　常用传感器的分类

由于被测机械量的种类繁多，加之同种物理量可以用多种不同转换原理的传感器来检测，同一转换原理也可以用于不同测量对象的传感器，如加速度计按其敏感元件不同，就有压电式、应变式和压阻式等多种；应变式传感器有应变式位移传感器、应变式加速度计和应变式拉压力传感器等。在这些传感器中，位移、加速度和拉压力等先由不同原理的转换机构转变为应变量，再被应变敏感元件——应变计转换为电信号。工程上常用的传感器的种类繁多，同一种物理量可用多种类型的传感器来测量，而同一种传感器也可用于多种物理量的测量。

根据不同的依据，传感器有多种分类方法。

（1）按传感器的所属学科分类可分为物理型、化学型和生物型。物理型是利用各种物理效应，把被测量转换成可处理的物理量参数；化学型是利用化学反应，把被测量转换成为可处理的物理量参数；生物型是利用生物效应及机体部分组织、微生物，把被测量转换为可处理的物理量参数。

（2）按传感器转换原理分类可分为电阻式、电感式、电容式、电磁式、光电式、热电式、压电式、霍尔式、微波式、激光式、超声式、光纤式及核辐射式等。

（3）按传感器的用途分类可分为温度、压力、流量、重量、位移、速度、加速度、力、电压、电流、功率等物性参数。

（4）按传感器转换过程中的物理现象分类可分为结构型和物性型。结构型传感器是依靠传感器结构变化来实现参数转换的。例如，电容式传感器领先极板间距离的变化引起电容量的变化；电感式传感器依靠衔铁位移引起自感或互感的变化。物性型传感器是利用传感器的敏感元件本身物理性质的变化实现参数转换的。例如，水银温度计是利用了水银的热胀冷缩性质；压力测力计利用的是石英晶体的压电效应等。

（5）按传感器转换过程中的能量关系分类可分为能量转换型和能量控制型。能量转换型传感器也称无源传感器，这种传感器直接将被测量的能量转换为输出量的能量。例如，热电偶温度计、弹性压力计等。特别需要注意的是，被测对象与传感器之间的能量交换，必然导致被测对象状态的变化和测量误差的产生。能量控制型传感器也称有源传感器，是由外部供给传感器能量，而由被测量来控制输出的能量。例如，电阻应变计中电阻接在电桥上，电桥工作能源由外部供给，而由被测量变化所引起电阻变化来控制电桥输出。电阻温度计、电容式测振仪等均属这种类型。

（6）按传感器输出量的形式分类可分为模拟式和数字式。模拟式传感器输出为模拟量；数字式传感器输出直接为数字量。

（7）按传感器的功能分类可分为传统型和智能型。传统型传感器一般是指只具有显示和输出功能的传感器。真正意义上的智能型传感器，应该具备学习、推理、感知、通信等功能，具有精度高、性价比高、使用方便等特点。智能型传感器发展迅速，目前可实现的功能概括起来有：①具有自校零、自标定、自校正功能；②具有自动补偿功能；③能够自动采集数据，并对数据进行预处理；④能够自动进行检验、自选量程、自动诊断故障；⑤具有数据存储、记忆与信息处理功能；⑥具有双向通信、标准化数字输出或者符号输出功能；⑦具有判断、决策处理功能。

（8）按传感器输出参数分类，可分为电阻型、电容型、电感型、互感型、电压（电势）型、电流型、电荷型及脉冲（数字）型等。

（9）按传感器输出阻抗大小分类，可分为低输出阻抗型和高输出阻抗型。低输出阻抗型传感器种类很多，因它的输出阻抗较低，与后接电路便于匹配实现。高输出阻抗型传感器，一般输出信号很弱（电荷或μA 级电流）、输出阻抗又很高（$10^8\,\Omega$ 以上），这样对后接电路要求很高，需要采用特殊的放大器（如电荷放大器）来匹配。

机械工程领域常用的传感器的基本类型如表 4-1 所示。它汇总了机械工程常用的传感器的基本类型。

表4-1　机械工程常用的传感器的基本类型

类型	传感器名称	变换原理	被测量
机械类	测力杆	力—位移	力、力矩
	测力环	力—位移	力
	纹波管	压力—位移	压力
	波登管	压力—位移	压力
	纹波膜片	压力—位移	压力
	双金属片	温度—位移	温度
	微型开关	力—位移	物体尺寸、位置
	液柱	压力—位移	压力
	热电偶	热—电位	温度
电阻类	电位计	位移—电阻	位移
	电阻应变片	变形—电阻	力、位移、应变、加速度
	热敏电阻	温度—电阻	温度
	气敏电阻	气体浓度、电阻	可燃气体浓度
	光敏电阻	光—电阻	开关量
电感类	可变磁阻电感	位移—自感	力、位移
	电涡流	位移—自感	厚度、位移
	差动变压器	位移—互感	力、位移

续表

类型	传感器名称	变换原理	被测量
电容类	变气隙、变面积型电容	位移—电容	位移、力、声
	变介电常数型电容	位移—电容	位移、力
压电类	压电元件	力—电荷、电压—位移	力、加速度
光电类	光电池	光—电压	光强等
	光敏晶体管	光—电流	转速、位移
	光敏电阻	光—电阻	开关量
磁电类	压磁元件	力—磁导率	力、扭矩
	动圈	速度—电压	速度、角速度
	动磁铁	速度—电压	速度
霍尔效应类	霍尔元件	位移—电热	位移、转速
辐射类	红外	热—电	温度、物体有无
	X 射线	散射、干涉	厚度、应力
	γ 射线	射线穿透	厚度、探伤
	β 射线	射线穿透	厚度、成分分析
	激光	光波干涉	长度、位移、角度
	超声	超声波反射、穿透	厚度、探伤
液体类	气动	尺寸、间隙—压力	尺寸、距离、物体大小
	流量	流量—压力差、转子位置	流量

4.1.3 传感器的发展趋势

近年来，由于材料科学的发展，尤其是半导体技术已进入了超大规模集成化阶段，各种制造工艺和材料性能的研究已达到相当高的水平。这为传感器的发展创造了极为有利的条件。从发展前景看，它具有以下几个发展趋势。

1. 传感器的固态化

物性型传感器也称固态传感器，目前发展很快。它包括半导体、电介质和强磁性体三类，其中半导体传感器的发展最引人注目。它不仅灵敏度高、响应速度快、小型轻量，而且便于实现传感器的集成化和多功能化。如目前的固态传感器，在一块芯片上可同时集成了差压、静压、温度三个传感器，使差压传感器具有温度和压力补偿功能。

2. 传感器的集成化和多功能化

随着传感器应用领域的不断扩大，借助半导体的蒸镀技术、扩散技术、光刻技术、精密细微加工及组装技术等，使传感器已经从单个元件、单一功能向集成化和多功能化方向发展。集成化就是将敏感元件、信息处理或转换单元以及电源等部分利用半导体技术制作在同一芯片上，或将众多同一类型的单个传感器集成为一维线型、二维阵列（面）型传感器，或将传感器与调理、补偿等电路集成一体化。前一种集成化使传感器的检测参数由点到线到面到体的扩展，甚至能加上时序，变单参数检测为多参数检测；后一种传感器由单一的信号变换功能，扩展为兼有放大、运算、误差补偿等多种功能，如集成压力传感器、集成温度传感器、集成磁敏传感器等。多功能化则意味着传感器具有多种参数的检测功能，如半导体温湿度传感器、多功能气体传感器等。

3. 传感器的智能化

“电五官”与“电脑”的相结合，就是传感器的智能化。智能化传感器不仅具有信号检测、转换功能，同时具有记忆、存储、分析、统计处理，以及自诊断、自校正、自适应等功能。如进一步将传感器与计算机的这些功能集成在一芯片上，就成为智能传感器。它的特点如下。

（1）自补偿功能。在信号检测过程中的非线性误差、温度变化及其导致的信号零点漂移和灵敏度漂移、响应时间延迟、噪声与交叉感应等效应的补偿功能。

（2）自诊断功能。接通电源时系统的自检；系统工作时实现运行的自检；系统发生故障时的自诊断，确定故障的位置与部件等。

（3）自校正功能。系统参数设置与检查；测试中的自动量程转换；被测参数的自动运算等。

（4）数据的自动存储、分析、处理与传输等。

（5）微处理器与微计算机和基本传感器之间具有双向通信功能。

4. 研究生物感官，开发仿生传感器

大自然是生物传感器的优秀设计师。它通过漫长的岁月，不仅造就了集多种感官于一身的人类本身，而且设计了许多功能奇特、性能高超的生物传感器。例如，狗的嗅觉（灵敏度为人类的 10 倍），鸟的视觉（视力为人类的 8～50 倍），蝙蝠、飞蛾、海豚的听觉（主动型生物雷达——超声波传感器），蛇的接近觉（分辨率达 0.001℃红外测温传感器）等。这些生物的感官功能，是当今传感器技术所望尘莫及的。研究它们的机理，开发仿生传感器，已经是引人注目的方向。

4.2　机械式传感器及仪器

机械式传感器应用非常广泛。在测试技术中，常常以弹性体作为传感器的敏感元件。它的输入量可以是力、压力、温度等物理量。而输出则为弹性元件本身的弹性变形（或应变）。这种变形可转变成其他形式的变量。例如，被测量可放大而成为仪表指针的偏转，借助刻度指示出被测量的大小。又如，用于测力或称重的环形测力计、弹簧秤等；用于测力或称重的环形测力计、弹簧秤等；用于测量流体压力的波纹膜片、波纹管等；用于温度测量的双金属片等。流体压力的波纹膜片、波纹管等；用于温度测量的双金属片等。图 4-2 便是这种传感器的典型应用实例。

机械式传感器做成的机械式指示仪表具有结构简单、可靠、使用方便、价格低廉、读数直观等优点。但弹性变形不宜大，以减小线性误差。此外，由于放大和指示环节多为机械传动，不仅受间隙影响，而且惯性大，固有频率低，只宜用于检测缓变或静态被测量。

为了提高测量的频率范围，可先用弹性元件将被测量转换成位移量，然后用其他形式的传感器（电阻式、电容式、电涡流式等）将位移转换成电信号输出。

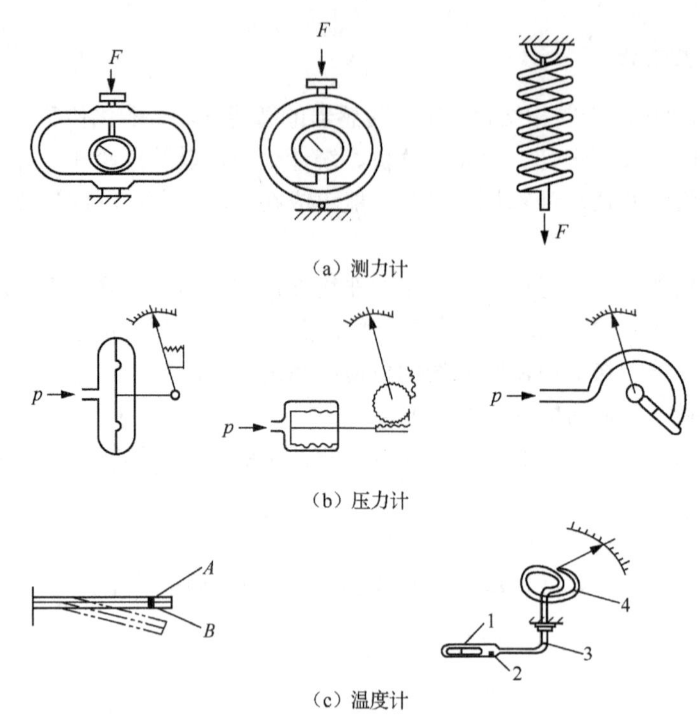

图 4-2　典型机械式传感器

1-酒精；2-感温筒；3-毛细管；4-波登管
A、B-双金属片

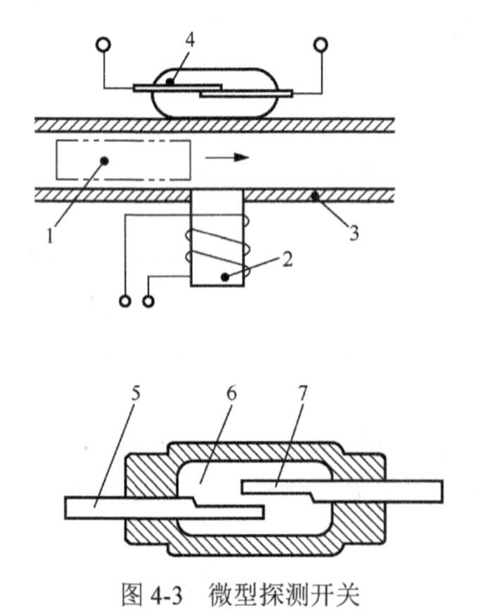

图 4-3　微型探测开关

1-工件；2-电磁铁；3-导槽；4-簧片开关；5-电极；6-惰性气体；7-簧片

弹性元件具有蠕变、弹性后效等现象。材料的蠕变与承续时间、载荷大小、环境温度等因素有关。而弹性后效则与材料应力松弛和内阻尼等因素有关。这些现象最终都会影响到输出与输入的线性关系。因此，应用弹性元件时，应从结构设计、材料选择和处理工艺等方面采取有效措施来改善上述诸现象产生的影响。

近年来，在自动检测、自动控制技术中广泛应用的微型探测开关也被看作机械式传感器。这种开关能把物体的运动、位置或尺寸变化，转换为接通、断开信号。图 4-3 表示这种开关中的一种。它由两个簧片组成，在常态下处于断开状态。当它与磁性块接近时，簧片被磁化而接合，成为接通状态。只有当钢制工件通过簧片和电磁铁之间时，簧片才会被磁化而接合，从而表达了有一件工件通过。这类开头，可用于探测物体有无、位置、尺寸、运动状态等。

4.3　电阻式、电容式与电感式传感器

能量控制型传感器又称为参量型可有源型传感器。这类传感器本身不能换能，其输出的电能量必须由外加电源供给，而不是由被测对象提供。由于能量控制型传感的输出能量是由外加电源供给的，传感器输出端的电能可能大于输入端的非电能量，所以这种传感器具有一定的能量放大作用。能量控制型传感器种类有许多，本节主要介绍电阻式、电容式和电感式传感器。

4.3.1　电阻式传感器

电阻式传感器的基本工作原理是将被测量的变化转化为传感器电阻值的变化，再经一定的测量电路实现对测量结果的输出。电阻式传感器应用广泛、种类繁多，如电位器式、应变式、热电阻和热敏电阻等。电位器式电阻传感器是一种把机械线位移或角位移输入量通过传感器电阻值的变化转换为电阻或电压输出的传感器；应变式电阻传感器是通过弹性元件的传递将被测量引起的形变转换为传感器敏感元件的电阻值变化。

1. 变阻器式电阻传感器

变阻器式传感器也称为电位计式传感器，它通过改变电位器触头位置，实现将位移转换为电阻 R 的变化。其表达式为

$$R=\rho\frac{l}{A} \tag{4-1}$$

式中，ρ 为电阻率；l 为电阻丝长度；A 为电阻丝截面积。如果电阻丝直径和材质一定，则电阻值随导线长度而变化。

常用变阻器式传感器有直线位移型、角位移型和非线性型等，如图 4-4 所示。图 4-4(a)为直线位移型传感器。触点 C 沿变阻器移动。若移动 x，则 C 点与 A 点之间的电阻值为

$$R=k_1x$$

式中，k_1 为单位长度的电阻值。当导线分布均匀时，k_1 为一常数。这时传感器的输出（电阻）R 与输入（位移）x 呈线性关系。

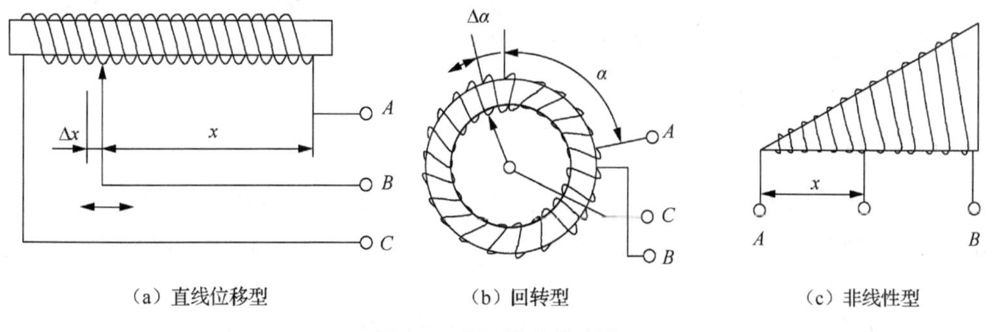

（a）直线位移型　（b）回转型　（c）非线性型

图 4-4　变阻器式传感器

图 4-4(b)为回转型变阻式传感器，其电阻值随电刷转角而变化。其灵敏度为

$$S=\frac{\mathrm{d}R}{\mathrm{d}\alpha}=k_\alpha \tag{4-2}$$

式中，α 为电刷转角（rad）；k_α 为单位弧度所对应的电阻值。

图 4-4(c)为一种非线性变阻器式传感器，或称为函数电位器，其骨架形状根据所要求的输出 $f(x)$ 来决定。例如，输出 $f(x)=kx^2$，其中 x 为输入位移，要使输出电阻值 $R(x)$ 与 $f(x)$ 呈线性关系，变阻器骨架应做成直角三角形。如果输出要求为 $f(x)=kx^3$，则应采用抛物线形骨架。

变阻器式传感器的后接电路，一般采用电阻分压电路，如图 4-5 所示。在直流激励电压 u_e 的作用下，传感器将位移变成输出电压的变化。当电刷移动 x 距离后，传感器的输出电压 u_o 可用式(4-3)计算。

$$u_o=\frac{u_e}{\frac{x_P}{x}+\left(\frac{R_P}{R_L}\right)\left(1-\frac{x}{x_P}\right)} \tag{4-3}$$

式中，R_P 为变阻器的总电阻；x_P 为变阻器的总长度；R_L 为后接电路的输入电阻。

式(4-3)表明，只有 R_P/R_L 趋于零，输出电压 u_o 与位移呈线性关系。计算表明，当 $R_P/R_L<0.1$ 时，非线性误差小于满刻度输出的 1.5%。

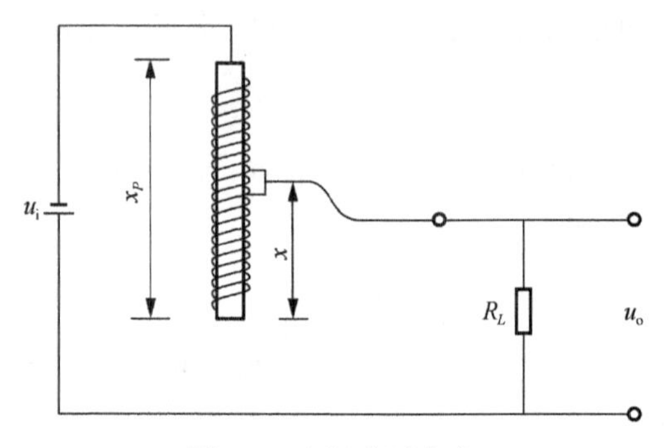

图 4-5　电阻分压电路

变阻器式传感器的优点是结构简单、性能稳定、使用方便。缺点是分辨率不高，因为受到电阻丝直径的限制。提高分辨率需使用更细的电阻丝，其绕制较困难。所以变阻器式传感器的分辨率很难小于 20μm 。

由于结构上的特点，这种传感器还有较大的噪声，电刷和电阻元件之间接触面变动和磨损、尘埃附着等，都会使电刷在滑动中的接触电阻发生不规则的变化，从而产生噪声。

变阻器式传感器被用于线位移、角位移测量，在测量仪器中用于伺服记录仪器或电子电位差计等。

2. 应变式电阻传感器

应变式电阻传感器可以用于测量应变、力、位移、加速度、扭矩等参数。具有体积小、动态响应快、测量精确度高、使用简便等优点。在航空、船舶、机械、建筑等行业里获得了广泛应用。

应变式电阻传感器可分为金属电阻应变片式与半导体应变片式两类。

1）金属电阻应变片式传感器

金属电阻应变片常用的金属电阻应变片有丝式、箔式两种。其工作原理是基于应变片发生机械变形时，其电阻值发生变化。

金属丝电阻应变片，又称电阻丝应变片。其典型结构如图 4-6 所示。把一根具有高电阻率的金属丝（康铜或镍铬合金，直径约 0.025mm）绕成栅形，粘贴在绝缘的基片和覆盖层之间，由引出线接于后续电路。

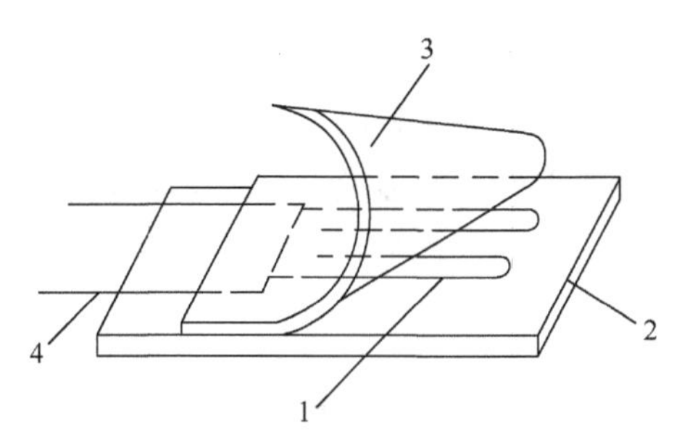

图 4-6　电阻丝应变片

1-电阻丝；2-基片；3-覆盖层；4-引出线

金属箔式应变片则是用栅状金属箔片代替栅状金属丝。金属箔栅系用光刻成形，适用于大批量生产。其线条均匀，尺寸准确，阻值一致性好。箔片厚度为 1～10 μm，具有散热好，黏接情况好，传递试件应变性能好等优点。因此目前使用的多为金属箔式应变片。金属箔式应变片还可以根据需要制造成多种不同形式。多栅组合片又称为应变花，图 4-7 所示为几种常用的箔式应变片。

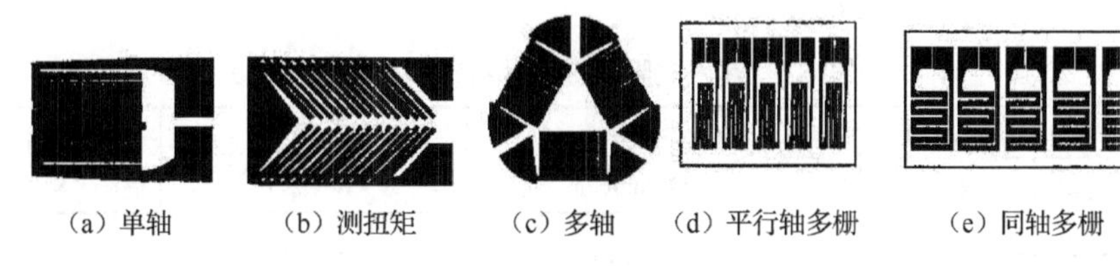

（a）单轴　（b）测扭矩　（c）多轴　（d）平行轴多栅　（e）同轴多栅

图 4-7　箔式应变片

把应变片用特制胶水粘固在弹性元件或需要测量变形的物体表面上。在外力作用下，电阻丝即随同物体一起变形，其电阻值发生相应变化，由此，将被测量的变化转换为电阻变化。由于电阻值 $R=\rho l/A$，其长度 l、截面积 A、电阻率 ρ 均将随电阻丝的变形而变化。而 ρ、A、l 的变化将导致电阻 R 的变化。当每一可变因素分别有一增量 $\mathrm{d}l$、$\mathrm{d}A$ 和 $\mathrm{d}\rho$ 时，所引起的电阻增量为

$$\mathrm{d}R=\frac{\partial R}{\partial l}\mathrm{d}l+\frac{\partial R}{\partial A}\mathrm{d}A+\frac{\partial R}{\partial \rho}\mathrm{d}\rho \tag{4-4}$$

式中，$A=\pi r^2$，r 为电阻丝半径。所以电阻的相对变化为

$$\frac{\mathrm{d}R}{R}=\frac{\mathrm{d}l}{l}-\frac{2\mathrm{d}r}{r}+\frac{\mathrm{d}\rho}{\rho} \tag{4-5}$$

式中，$\mathrm{d}l/l=\varepsilon$ 为电阻丝轴向相对变形，或称纵向应变；$\mathrm{d}\rho/\rho$ 为电阻丝电阻率的相对变化。与电阻丝轴向所受正应力 σ 有关。

$$\frac{\mathrm{d}\rho}{\rho}=\lambda\sigma=\lambda E\varepsilon \tag{4-6}$$

式中，E 为电阻丝材料的弹性模量；λ 为压阻系数，与材质有关；$\mathrm{d}r/r$ 为电阻丝径向相对变形，或称横向应变。

当电阻丝沿轴向伸长时，必沿径向缩小，两者之间的关系为

$$\frac{\mathrm{d}r}{r}=v\frac{\mathrm{d}l}{l} \tag{4-7}$$

式中，v 为电阻丝材料的泊松比。

将式(4-6)、式(4-7)代入式(4-5)，则有

$$\frac{\mathrm{d}R}{R}=\varepsilon+2v\varepsilon+\lambda E\varepsilon=(1+2v+\lambda E)\varepsilon \tag{4-8}$$

分析式(4-8)，$(1+2v)\varepsilon$ 项是由电阻丝几何尺寸改变所引起的，对于同一种材料，$(1+2v)\varepsilon$ 项是常数。$\lambda E\varepsilon$ 项则是由电阻丝的电阻率随应变的改变而引起的，对于金属丝来说，λE 是很小的，可忽略。这样式(4-8)可简化为

$$\frac{\mathrm{d}R}{R}\approx(1+2v)\varepsilon \tag{4-9}$$

式(4-9)表明了电阻相对变化率与应变成正比，一般用比值 S_g 表示，表征电阻应变片的应变或灵敏度。

$$S_g=\frac{\mathrm{d}R/R}{\mathrm{d}l/l}=1+2v=常数 \tag{4-10}$$

用于制造电阻应变片的电阻丝的灵敏度 S_g 多为 1.7～3.6。几种常用电阻丝材料物理性能见表 4-2。

表4-2　常用电阻丝应变片材料物理性能

材料名称	成分质量分数		灵敏度	电阻率ρ/	电阻温度系数/	线胀系数/
	元素	%	S_g	($\Omega\cdot mm^2\cdot m^{-1}$)	($\times10^{-6}\cdot ℃^{-1}$)	($\times10^{-6}\cdot ℃^{-1}$)
康铜	Cu	57	2.1～17	0.49	−20～20	14.9
	Ni	43				
镍铬合金	Ni	80	2.1～2.5	0.9～1.1	110～150	14.0
	Cr	20				
镍铬铝合金	Ni	73	2.4	1.33	−10～10	13.3
	Cr	20				
	Al	3～4				
	Fe	余量				

一般情况下市售的电阻应变片的标准值有 60Ω、120Ω、350Ω、600Ω 和 1000Ω 较为常用。其中以 120Ω 最为常用。应变片的尺寸可根据使用要求来选定。

2）半导体应变片式传感器

半导体应变片最简单的典型结构如图 4-8 所示。半导体应变片的使用方法与金属电阻应变片相同，即粘贴在被测物体上，随被测试件的应变其电阻发生相应变化。

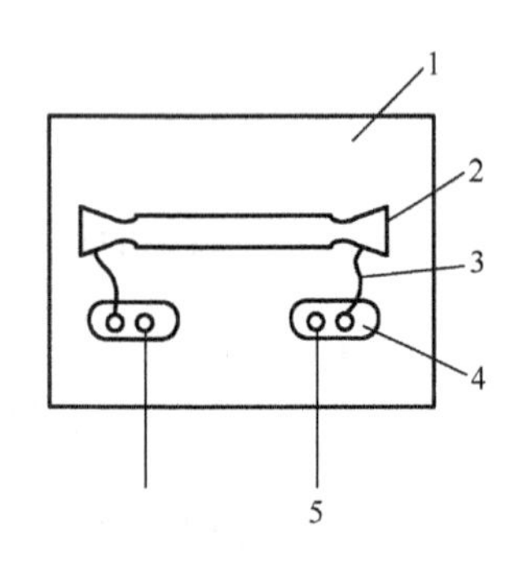

图 4-8　半导体应变片的典型结构

1-胶膜衬底；2-P-Si；3-内引线；4-焊接板；5-外引线

半导体应变片的工作原理是基于半导体材料的压阻效应。所谓压阻效应是指单晶半导体材料在沿某一轴向受到外力作用时，其电阻率 ρ 发生变化的现象。

由半导体物理性质可知，半导体在压力、温度及光辐射作用下，能使其电阻率 ρ 发生很大变化。分析表明，单晶半导体在外力作用下，原子点阵排列规律发生变化，导致载流子迁移率及载流子浓度的变化，从而引起电阻率的变化。

根据式(4-8)，$(1+2v)\varepsilon$ 项是由几何尺寸变化引起的，$\lambda E\varepsilon$ 是由电阻率变化引起的。对半导体而言，$\lambda E\varepsilon$ 项大于 $(1+2v)\varepsilon$ 项，它是半导体应变片的主要部分，故式(4-8)可简化为

$$\frac{dR}{R} \approx \lambda E \varepsilon \tag{4-11}$$

这样，半导体应变片灵敏度为

$$S_g = \frac{dR/R}{\varepsilon} \approx \lambda E \tag{4-12}$$

这一数值比金属丝电阻应变片大 50～70 倍。

以上分析表明，金属丝电阻应变片与半导体应变片的主要区别在于：前者利用导体形变引起电阻的变化，后者利用半导体电阻率变化引起电阻的变化。

几种常用半导体材料特性见表 4-3。从表 4-3 可以看出，材料不同，载荷施加方向不同，从而压阻效应不同，灵敏度也不同。

表4-3　几种常用半导体材料特性

材料	电阻率 $\rho/[\times 10^2(\Omega \cdot m)]$	$E/[\times 10^7(N \cdot cm^{-2})]$	灵敏度	晶向
P 型硅	7.8	1.87	175	[111]
N 型硅	11.7	1.23	−132	[100]
P 型锗	15.0	1.55	102	[111]
N 型锗	16.6	1.55	−157	[111]
N 型锗	1.5	1.55	−147	[111]
P 型锑化铟	0.54	—	−45	[100]
P 型锑化铟	0.01	0.745	30	[111]
P 型锑化铟	0.013	—	−74.5	[100]

半导体应变片最突出的优点是灵敏度高，这为它的应用提供了有利条件。另外，由于机械滞后小、横向效应小及它本身体积小等特点，扩大了半导体应变片的使用范围。其最大缺点是温度稳定性能差、灵敏度离散度大（由于晶向、杂质等因素的影响）以及在较大应变作用下，非线性误差大等，这些缺点也给使用带来一定困难。

目前国产的半导体应变片大都采用 P 型硅单晶制作。随着集成电路技术和薄膜技术的发展，出现了扩散型、外延型、薄膜型半导体应变片。它们在实现小型化、集成化及改善应变片的特性等方面有积极的促进作用。

近年，已研制出在同一硅片上制作扩散型应变片和集成电路放大器等，即集成应变组件，这对于在自动控制与检测中采用微处理技术将会有一定的推动作用。

3）应变式电阻传感器的应用

应变式电阻传感器直接用来测定结构的应变或应力。例如，为了研究机械结构、桥梁、建筑等的某些构件在工作状态下的受力、变形情况，可利用不同形状的应变片，粘贴在构件的预定部位，可以测得构件的拉、压应力、扭矩及弯矩等，为结构设计、应力校核或构件破坏的预测等提供可靠的测试数据。几种实用例子如图 4-9 所示。图 4-9(a)为齿轮轮齿弯矩测量；图 4-9(b)为飞机机身应力测量；图 4-10(c)为液压立柱应力测量；图 4-9(d)为桥梁构件应力测量。

将应变片贴于弹性元件上，作为测量力、位移、压力、加速度等物理参数的传感器。在这种情况下，弹性元件得到与被测量成正比的应变，再由应变片转换为电阻的变化。其中，加速度传感器由悬臂梁、质量块、基座组成。测量时，基座固定在振动体上。悬臂梁与基座的位移成正比。在后续内容中将介绍在一定的频率范围内，其应变与振动体加速度成正比。贴在梁上的应变片把应变转换为电阻的变化，再通过电桥转换为电压输出。

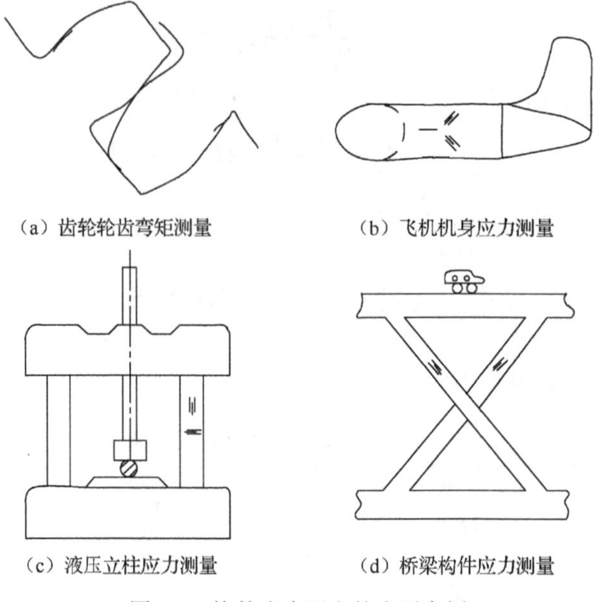

（a）齿轮轮齿弯矩测量　（b）飞机机身应力测量

（c）液压立柱应力测量　（d）桥梁构件应力测量

图 4-9　构件应力测定的应用实例

必须指出，电阻应变片测出的是构件或弹性元件上某处的应变，而不是该处的应力、力或位移。只有通过换算或标定，才能得到相应的应力、力或位移量。有关应力-应变换算关系可参考相关文献。

电阻应变片必须粘贴在试件或弹性元件上才能工作。黏合剂和黏合技术对测量结果有着直接影响。因此，黏合剂的选择、黏合前试件表面加工与清理、黏合的方法和黏合后的固化处理、防潮处理都必须认真做好。

电阻应变片用于动态测量时，应当考虑应变片本身的动态响应特性。其中，限制应变片上限测量频率的是所使用的电桥激励电源的频率和应变片的基长。一般上限测量频率应为电桥激励电源频率的 1/5。基长越短，上限测量频率就越高。一般基长为 10mm 时，上限测量频率可达 25kHz。

应当注意到，温度的变化会引起电阻值的变化，从而造成应变测量结果的误差。由温度变化所引起的电阻变化与由应变引起的电阻变化往往具有同等数量级，绝对不能掉以轻心。因此，通常要采取相应的温度补偿措施，以消除温度变化所造成的误差。

应变式电阻传感器已是一种使用方便、适应性强、比较完备的器件。近年来半导体应变片技术日臻完善，使应变片电测技术更具广阔的应用前景。

3. 固态压阻式传感器

固态压阻式传感器的工作原理与前述半导体应变片相同，都是利用半导体材料的电阻效应。区别在于，半导体应变片是由单晶半导体材料构成，是利用半导体电阻做成的粘贴式敏感元件。固态压阻式传感器中的敏感元件则是在半导体材料的基片上用集成电路工艺制成的扩散电阻，所以也可称为扩散型半导体应变片。这种元件是以单晶硅为基底材料，按一定晶向将 P 型杂质扩散到 N 型硅底层上，形成一层极薄的导电 P 型层。该 P 型层就相当于半导体应变片中的电阻条，连接引线后就构成了扩散型半导体应变片。由于基底（硅片）与敏感元件（导电层）互相渗透，结合紧密，所以基本上为一体。在生产时可以根据传感器结构形成制成各种形状，如圆形杯或长方形梁等。这时基底就是弹性元件，导电层就是敏感元件。当有机械力作用时，硅片产生应变，使导电层发生电阻变化。一般这种元件做成按一定晶向扩散、四个电阻组成的全桥形式，在外力作用下，电桥产生相应的不平衡输出。

固态压阻式传感器主要用于测量压力与加速度。

由于固态压阻式传感器是用集成电路工艺制成的，测量压力时，有效面积可做得很小，可达零点几毫米，因此这种传感器频响高，可用来测量几万赫兹的脉动压力。测量加速度的压阻式传感器，如恰当地选择尺寸与阻尼系数，可用来测量低频加速度与直线加速度。由于半导体材料的温度敏感性，因此，压阻式传感器的温度误差较大，使用时应有温度补偿措施。

4. 典型动态电阻应变仪

图 4-10 所示为动态电阻应变仪框图。电阻应变片贴于试件上并接入电桥，在外力 $x(t)$ 的作用下产生响应的电阻变化。振荡器产生高频正弦信号 $z(t)$，为电桥的工作电压。根据电桥的工作原理可知，它相当于一个乘法器，其输出应是信号 $x(t)$ 与载波信号 $z(t)$ 的乘积，所以电桥的输出即为调制信号 $x_m(t)$。经过交流放大以后，为了得到力信号的原来波形，需要相敏检波，即同步解调。此时由振荡器攻击相敏检波器的电压信号 $z(t)$ 与电桥工作电压同频、同相位。经过相敏检波和低通滤波以后，可以得到与原来极性相同，但经过放大处理的信号 $x(t)$。该信号可以推动仪表或接入后续仪器。

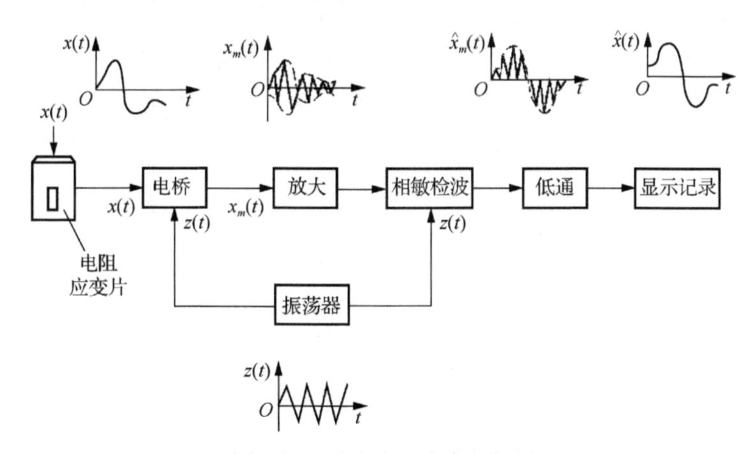

图 4-10　动态电阻应变仪框图

4.3.2　电容式传感器

电容式传感器是将被测非电量的变化转换成电容量变化的一种传感器。它结构简单、体积小、分辨率高、动态响应好、温度稳定性好，可进行非接触式测量，并能在高温、强辐射和强烈振动等恶劣条件下工作，广泛用于压力、差压、液位、位移、加速度、成分含量等多方面的测量。电容式传感器在非电量测量和自动检测等机械测试系统中得到了广泛的应用。

1. 变换原理

电容式传感器是将被测物理量转换为电容量变化的装置，它实质上是一个具有可变参数的电容器。

由物理学知识可知，由两个平行极板组成的电容器其电容量C(F)为

$$C=\frac{\varepsilon_0\varepsilon A}{\delta} \tag{4-13}$$

式中，ε为极板间介质的相对介电常数，在空气中$\varepsilon=1$；ε_0为真空中介电常数，$\varepsilon_0=8.85\times10^{-12}\text{F/m}$；$\delta$为极板间距离（m）；$A$为极板面积（$\text{m}^2$）。

式(4-13)表明，当被测量使δ、A或ε发生变化时，都会引起电容C的变化。如果保持其中的两个参数不变，而仅改变另一个参数，就可把该参数的变化变换成电容量的变化。根据电容器变化的参数，电容器可分为极距变化型、面积变化型和介质变化型三类。在实际应用中，极距变化型和面积变化型的应用较为广泛。

1）极距变化型

极距变化型根据式(4-13)，如果电容器的两极板相互覆盖面积A及极间介质ε不变，则电容量C与极距δ呈非线性关系，如图 4-11 所示。当极距有一微小变量$\mathrm{d}\delta$时，引起电容的变化量$\mathrm{d}C$为

$$\mathrm{d}C=-\varepsilon\varepsilon_0 A\frac{1}{\delta^2}\mathrm{d}\delta$$

由此可以得到传感器的灵敏度为

$$S=\frac{\mathrm{d}C}{\mathrm{d}\delta}=-\varepsilon\varepsilon_0 A\frac{1}{\delta^2} \tag{4-14}$$

可以看出，灵敏度S与极距平方成反比，极距越小，灵敏度越高。显然，由于灵敏度随极距而变化，这将引起非线性误差。为了减小此误差，通常规定在较小的间隙变化范围内工作，以便获得近似线性关系。一般取极距变化范围为$\Delta\delta/\delta_0\approx0.1$。

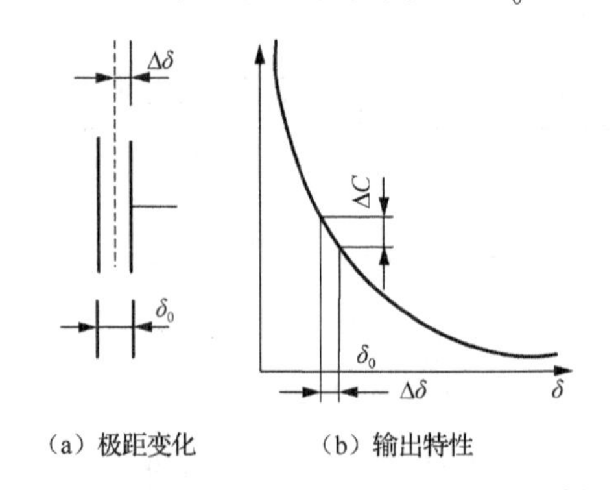

图 4-11　极距变化型电容式传感器及输出特性

在实际应用中，为了提高传感器的灵敏度、线性度及克服某些外界条件（电源电压、环境温度等）的变化对测量精确度的影响，常常采用差动式。

极距变化型电容式传感器的优点是可进行动态非接触式测量，对被测系统的影响小；灵敏度高，适用于较小位移（0.01μm 至数百微米）的测量。但这种传感器有非线性特性，传感器的杂散电容也对灵敏度和测量精确度有影响。与传感器配合使用的电子线路也比较复杂，由于这些缺点，其使用范围受到一定限制。

2）面积变化型

面积变化型在变换极板面积的电容传感器中。一般常用的有角位移型与线位移型两种。

图 4-12(a)为角位移型电容式传感器。当动板有一转角时，与定板之间相互覆盖面积就发生变化，因而导致电容量变化。由于覆盖面积为

$$A = \frac{\alpha r^2}{2}$$

式中，α 为覆盖面积对应的中心角；r 为极板半径。

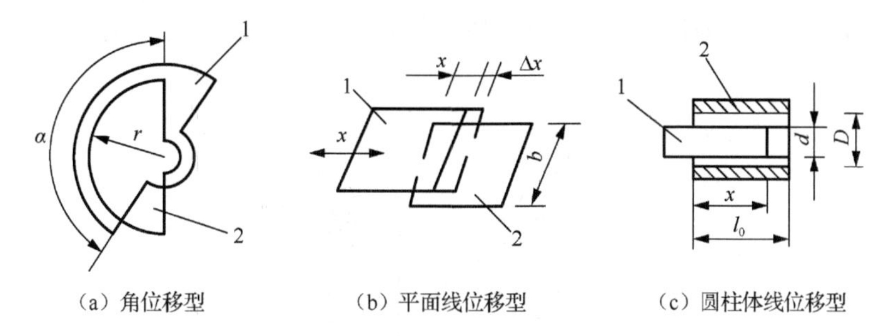

图 4-12　面积变化型电容式传感器

1-动板；2-定极

所以电容量为

$$C = \frac{\varepsilon\varepsilon_0 \alpha r^2}{2\delta} \tag{4-15}$$

灵敏度为

$$S = \frac{\mathrm{d}C}{\mathrm{d}\alpha} = \frac{\varepsilon\varepsilon_0 \alpha r^2}{2\delta} = 常数 \tag{4-16}$$

这种传感器的输出与输入呈线性关系。

图 4-12(b)为平面线位移型电容式传感器。当动板沿 x 方向移动时，覆盖面积变化，电容量也随之变化。其电容量为

$$C = \frac{\varepsilon\varepsilon_0 b x}{\delta} \tag{4-17}$$

式中，b 为极板宽度。

灵敏度为

$$S = \frac{\mathrm{d}C}{\mathrm{d}x} = \frac{\varepsilon_0 \varepsilon b}{\delta} = 常数 \tag{4-18}$$

图 4-12(c)为圆柱体线位移型电容式传感器，动板（圆柱）与定板（圆筒）相互覆盖，其电容量为

$$C = \frac{2\pi\varepsilon\varepsilon_0 x}{\ln(D/d)} \tag{4-19}$$

式中，D 为圆筒孔径；d 为圆柱外径。

当覆盖长度 x 变化时，电容量 C 发生变化，其灵敏度为

$$S = \frac{\mathrm{d}C}{\mathrm{d}x} = \frac{2\pi\varepsilon\varepsilon_0 x}{\ln(D/d)} = 常数 \tag{4-20}$$

面积变化型电容式传感器的优点是输出与输入呈线性关系，但与极距变化型相比，灵敏度较低，适用于较大直线位移及角位移测量。

3）介质变化型

介质变化型是利用介质介电常数变化将被测量转换为电量的一种传感器，可用来测量电介质的液位或某些材料的温度、湿度和厚度等。图 4-13 是这种传感器的典型应用实例。图 4-13(a)是在两固定极板间有一个介质层（如纸张、电影胶片等）通过。当介质层的厚度、温度或湿度发生变化时，其介电常数发生变化，引起电极之间的电容量变化。图 4-13(b)是一种电容式液位计，当被测液面位置发生变化时，两电极浸入高度也发生变化，引起电容量的变化。

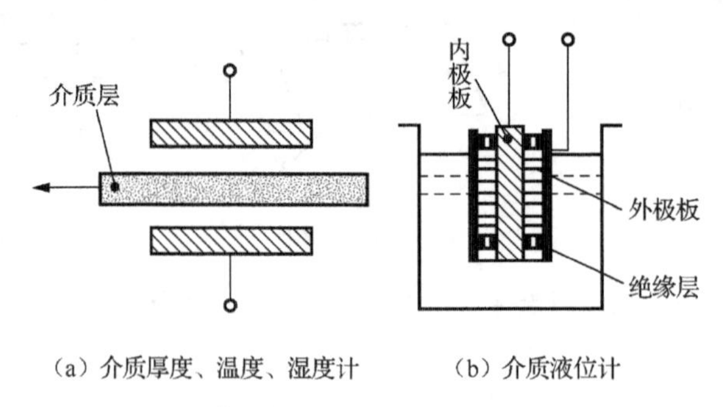

（a）介质厚度、温度、湿度计　　（b）介质液位计

图 4-13　介质变化型电容式传感器应用实例

2. 测量电路

电容式传感器将被测物理量转换为电容量的变化以后，由后续电路转换为电压、电流或频率信号。常用的电路有下列几种。

1）电桥型电路

电桥型电路将电容式传感器作为桥路的一部分，由电容变化转换为电桥的电压输出，通常采用电阻、电容或电感、电容组成的交流电桥。图 4-14 是一种电感、电容组成的桥路，电桥的输出为一调幅波，经放大、相敏解调、滤波后获得输出，再推动显示仪表。

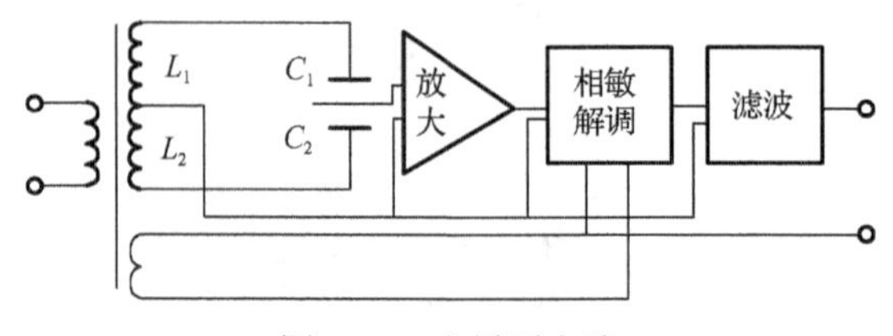

图 4-14　电桥型电路

2）直流极化电路

直流极化电路，此电路又称为静压电容式传感器电路，多用于电容传声器或压力传感器。如图 4-15 所示，弹性膜片在外力（气压、液压等）作用下发生位移，使电容量发生变化。电容器接于具有直流极化电压 E_0 的电路中，电容的变化由高阻值电阻 R 转换为电压变化。可知，电压输出为

$$u_g = RE_0 \frac{\mathrm{d}C}{\mathrm{d}t} = -RE_0 \frac{\varepsilon_0 \varepsilon A \mathrm{d}\delta}{\delta^2 \mathrm{d}t} \tag{4-21}$$

显然，输出电压与膜片位移速度成正比，因此这种传感器可以测量气流（或液流）的振动速度，进而得到压力。

3）谐振电路

图 4-16 为谐振电路原理及其工作特性。电容式传感器的电容 C_x 作为谐振电路（L_2、C_2/C_x 或 C_2+C_x）调谐电容的一部分。此谐振回路通过电压耦合，从稳定的高频振荡器获得振荡电压。当传感器电容 C_x 发生变化时，谐振回路的阻抗发生相应变化，并被转换成电压或电流输出，经放大、检波，即可得到输出。为了获得较好的线性，一般工作点应选择在谐振曲线一边的线性区域内。这种电路比较灵敏，但缺点是工作点不易选择，变化范围也较窄，传感器连接电缆的分布电容影响也较大。

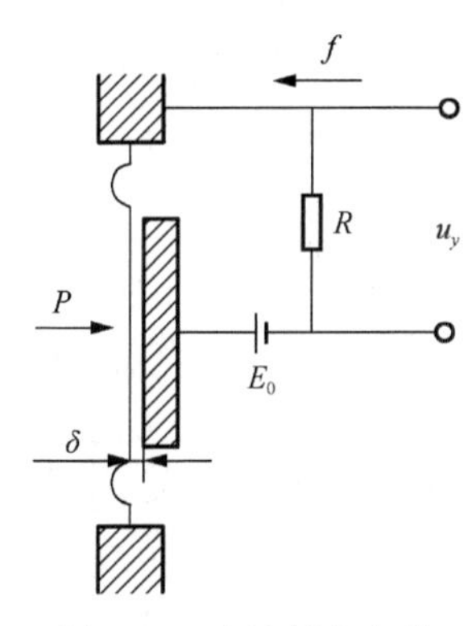

图 4-15　直流极化电路

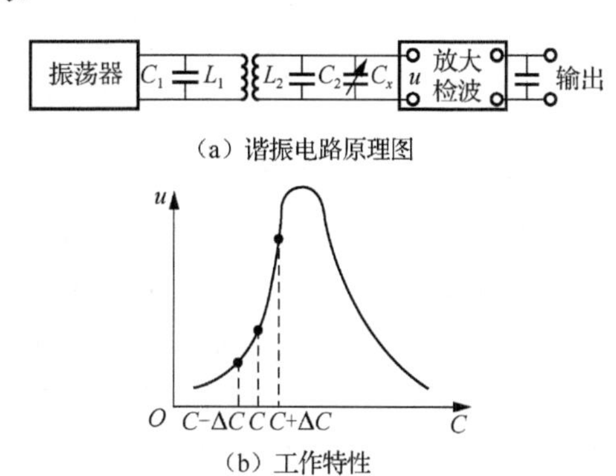

图 4-16　谐振电路原理及其工作特性

4）调频电路

调频电路如图 4-17 所示，传感器电容是振荡器谐振回路的一部分，当输入量使传感器电容量发生变化时，振荡器的振荡频率发生变化，频率的变化经过鉴频器变为电压变化，再经过放大后由记录器或显示仪表指示。这种电路具有抗干扰性强、灵敏度高等优点，可测量 0.01μm 的位移变化量。但缺点是电缆分布电容的影响较大，使用中有一些麻烦。

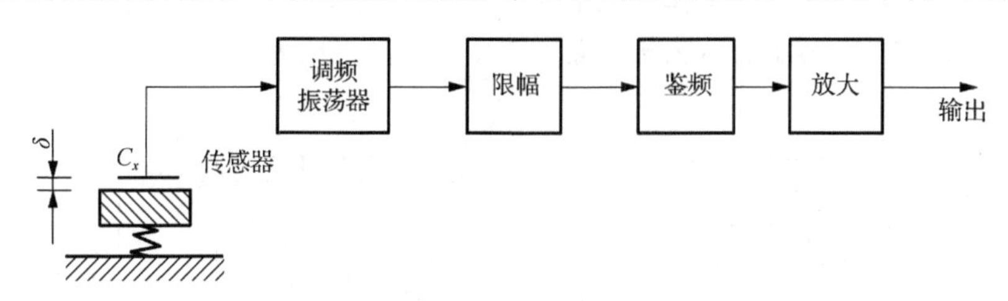

图 4-17　调频电路工作原理

由前述已知，极距变化型电容式传感器的极距变化与电容变化量呈非线性关系，这一缺点使电容式传感器的应用受到一定限制。为此采用运算放大器电路可以得到输出电压 u_g 与位移量的线性关系，如图 4-18 所示。输入阻抗采用固定电容 C_0，反馈阻抗采用电容传感器 C_x，根据运算放大器的运算关系，当激励电压为 u_0 时，有

$$u_g=-u_0\frac{C_0}{C_x} \tag{4-22}$$

$$u_g=-u_0\frac{C_0\delta}{\varepsilon_0\varepsilon A}$$

式中，u_0 为激励电压。

由式(4-22)可知，输出电压u_g与电容传感器间隙δ呈线性关系。这种电路用于位移测量传感器。

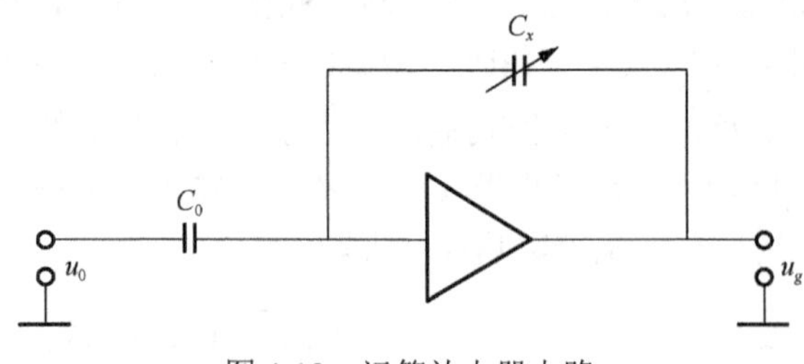

图 4-18　运算放大器电路

3. 电容集成压力传感器

运用集成电路工艺可以把电容敏感元件与测量电路制作在一起，构成电容集成压力传感器，它的核心部件是一个对压力敏感的电容器，如图 4-19(a)所示。电容器的两个铝电极，一个处在玻璃上，另一个在硅片的薄膜上。硅薄膜是由腐蚀硅片的正面（几微米）和反面（约 200 μm ）形成的，在硅片和玻璃键合在一起之后，就形成了具有一定间隙的电容器。当硅膜的两侧有压力差存在时，硅膜就发生形变使电容器两极的间距发生变化，因而引起电容量的变化。这一工作方式与机械的压力敏感电容没有差别，但是集成工艺可以把间距和尺寸做得很小。例如，间隙可达数微米，硅膜片半径可达数百微米，把这种微小电容与电路集成在一起，工艺上是很复杂的，现在已能采用硅腐蚀技术，硅和玻璃的静电键合以及常规的集成电路工艺技术，制造出这种压力传感器。图 4-19(b)是一个检出电容变化并把它转换成为电压输出的集成压力传感器的电路原理图。C_x为压力敏感电容，C_0为一个参考电容，交流激励电压U_e通过耦合电容C_0进入由$VD_1 \sim VD_4$构成的二极管桥路。在无压力的初始状态下，使$C_x = C_0$，电路平衡；在工作状态下，C_x与C_0不等，其输出端将有一个表达压力变化的电压信号E_P，这种电容集成压力传感器的灵敏度很高，约为$1\mu V/Pa$。

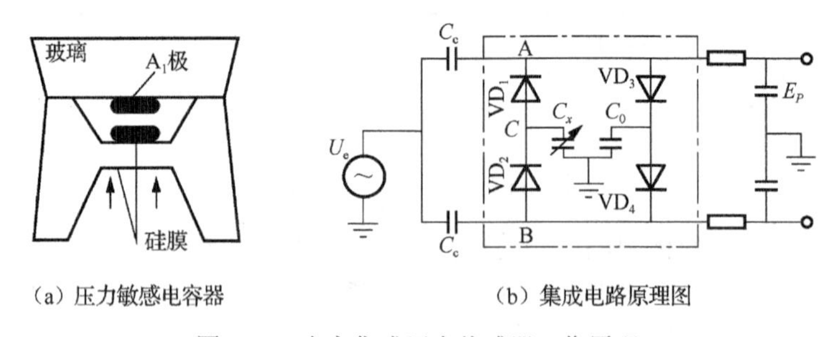

（a）压力敏感电容器　　（b）集成电路原理图

图 4-19　电容集成压力传感器工作原理

4.3.3　电感式传感器

电感式传感器是利用线圈自感和互感的变化实现非电量电测的一种装置，可以用来测量位移、振动、压力、应变、流量、密度等参数。电感式传感器的种类很多，根据转换原理不同，可分为自感型（包括可变磁阻式和涡流式）和互感型（差动变压器式）；根据结构形式不同，可分为气隙型、面积型和螺管型。

1. 自感型

1）可变磁阻式

可变磁阻式电感传感器结构原理如图 4-20 所示。它由线圈、铁心和衔铁组成，在铁心与衔铁之间有空气隙 δ。由电工学知识得知，线圈自感量 L 为

$$L=\frac{N^2}{R_m} \tag{4-23}$$

式中，N 为线圈匝数；R_m 为磁路总磁阻（H^{-1}）。

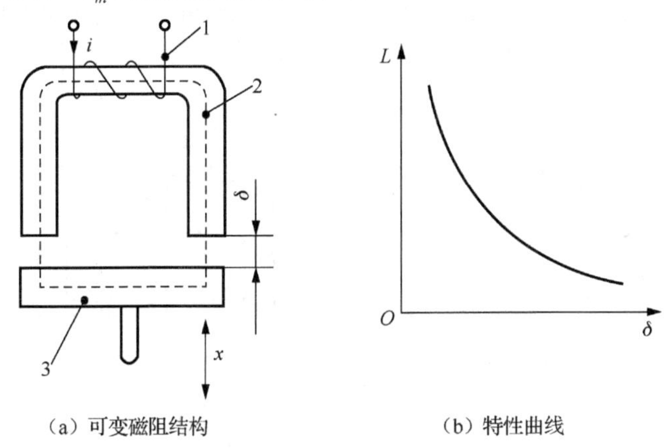

图 4-20　可变磁阻式电感式传感器

1-线圈；2-铁心；3-衔铁

如果空气气隙 δ 较小，而且不考虑磁路的铁损，则总磁阻为

$$R_m=\frac{l}{\mu A}+\frac{2\delta}{\mu_0 A_0} \tag{4-24}$$

式中，l 为铁心导磁长度；μ 为铁心磁导率；A 为铁心磁导截面积；δ 为气隙长度；μ_0 为空气磁导率，$\mu_0=4\pi\times10^{-7}\,\text{H/m}$；$A_0$ 为空气气隙导磁截面积（m^2）。

因为铁心磁阻与空气气隙的磁阻相比很小，计算时可以忽略，故

$$R_m\approx\frac{2\delta}{\mu_0 A_0} \tag{4-25}$$

将式(4-25)代入式(4-23)，有

$$L=\frac{N_2\mu_0 A_0}{2\delta} \tag{4-26}$$

式(4-26)表明，自感 L 与气隙 δ 成反比，而与气隙磁导截面积 A_0 成正比。当固定 A_0，变化 δ 时，L 与 δ 呈非线性关系（图 4-21），此时传感器的灵敏度为

$$S=\frac{N_2\mu_0 A_0}{2\delta^2} \tag{4-27}$$

灵敏度 S 与气隙长度的平方成反比，δ 越小，灵敏度越高。由于 S 不是常数，故会出现非线性误差。为了减少这一误差，通常规定在较小间隙变化范围内工作。设间隙变化范围为（$\delta_0,\delta_0+\Delta\delta$）。一般实际应用中，取 $\Delta\delta/\delta_0\leqslant0.1$。这种传感器适用于较小位移的测量，一般为 0.001～lmm。

图 4-21 列出了几种常用可变磁阻式电感式传感器的典型结构。图 4-21(a)是可变导磁面积型，其自感 L 与 A_0 呈线性关系，这种传感器灵敏度较低。图 4-21(b)是差动型，衔铁位移时，可以使两个线圈的间隙分别按 $\delta_0+\Delta\delta$、$\delta_0-\Delta\delta$ 变化，一个线圈的自感增加，另一个线圈的自感减小。当两线圈接于电桥的相邻桥臂时，其输出的灵敏度可提高一倍，并改善了线性特性。图 4-21(c)是单螺管线圈型。当铁心在线圈中运动时，将改变磁阻，使线圈自感发生变化，这种传感器结构简单、制造容易，但灵敏度低，适用于较大位移（数毫米）测量。图 4-21(d)是双螺管线圈差动型，较之单螺管线圈型有较高灵敏度及线性，被用于电感微计上，常用测量范围为 0～300μm，最小分辨率为 0.5μm。这种传感器的线圈接于电桥上(图 4-22(a))，构成两个桥臂，线圈电感 L_1、L_2 随铁心位移而变化，其输出特性如图 4-22(b)所示。

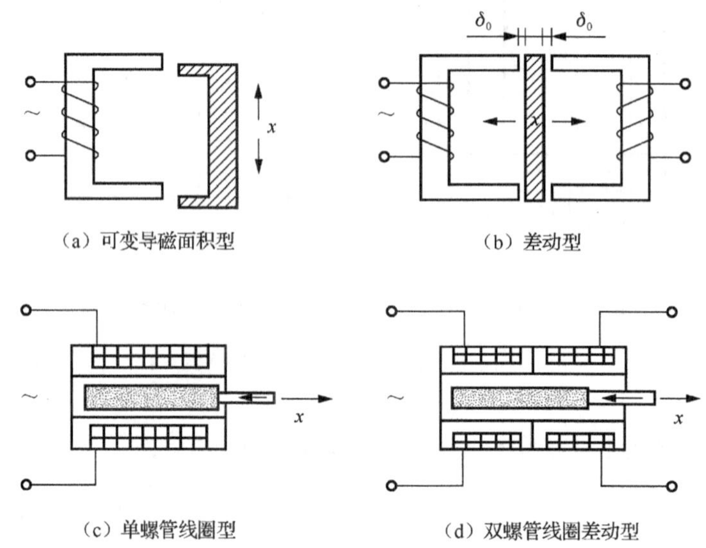

（a）可变导磁面积型　　（b）差动型

（c）单螺管线圈型　　（d）双螺管线圈差动型

图 4-21　可变磁阻式电感式传感器典型结构

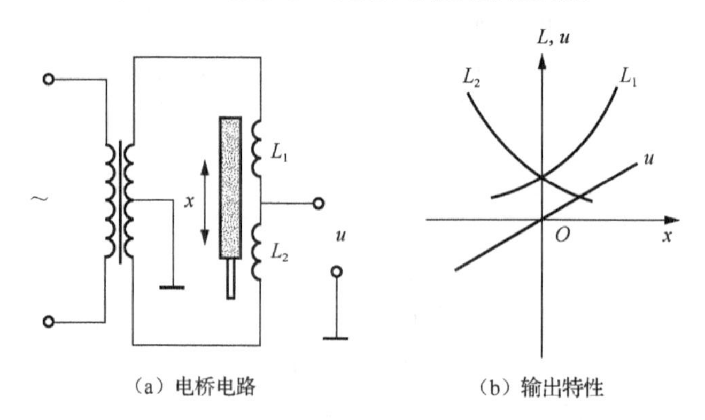

（a）电桥电路　　（b）输出特性

图 4-22　双螺管线圈差动型电桥电路及输出特性

2）涡流式

涡流式传感器的变换原理是利用金属导体在交流磁场中的涡电流效应，图 4-23 所示的线圈是一个高频反射式涡电流传感器的工作原理。

金属板置于一只线圈的附近，相互间距为 δ。当线圈中有高频电流 i 通过时，便产生磁通 Φ。此交变磁通通过邻近的金属板，金属板表层上便产生感应电流 i_1。这种电流在金属体内是闭合的，称为涡电流或涡流。这种涡电流也将产生磁通 Φ_1，根据楞次定律，涡电流的交变磁场与线圈的磁场变化方向相反，Φ_1 总是抵抗 Φ 的变化。涡流磁场对导磁材料的作用以及气隙对磁路的影响，使原线圈的等效阻抗 Z 发生变化，变化程度与距离 δ 有关。

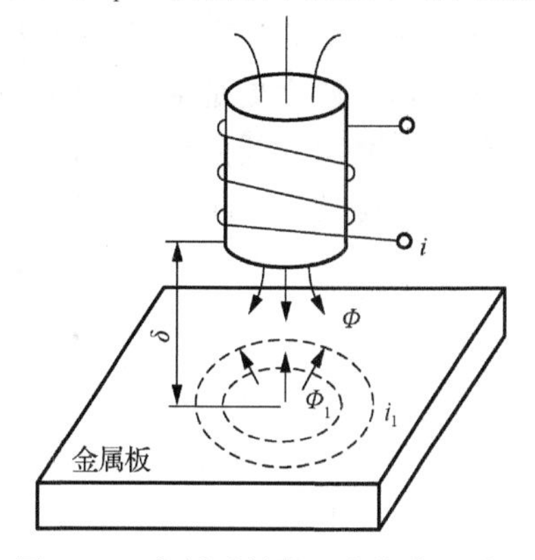

图 4-23　高频反射式涡流传感器原理

分析表明，影响高频线圈阻抗 Z 的因素，除了线圈与金属板间距离 δ 以外，还有金属板的电阻率 ρ，磁导率 μ 以及线圈激磁圆频率 ω 等。当改变其中某一因素时，即可达到不同的变换目的。例如，变化 δ 可用于位移、振动测量；变化 ρ 或 μ 值，可用于材质鉴别或探伤等。

涡流式传感器的测量电路一般有阻抗分压式调幅电路及调频电路。图 4-24 是用于涡流测振仪上的分压式调幅电路原理，图 4-25 是其谐振曲线及输出特性。传感器线圈 L 和电容 C 组成并联谐振回路，其谐振频率为

$$f=\frac{1}{2\pi\sqrt{LC}} \tag{4-28}$$

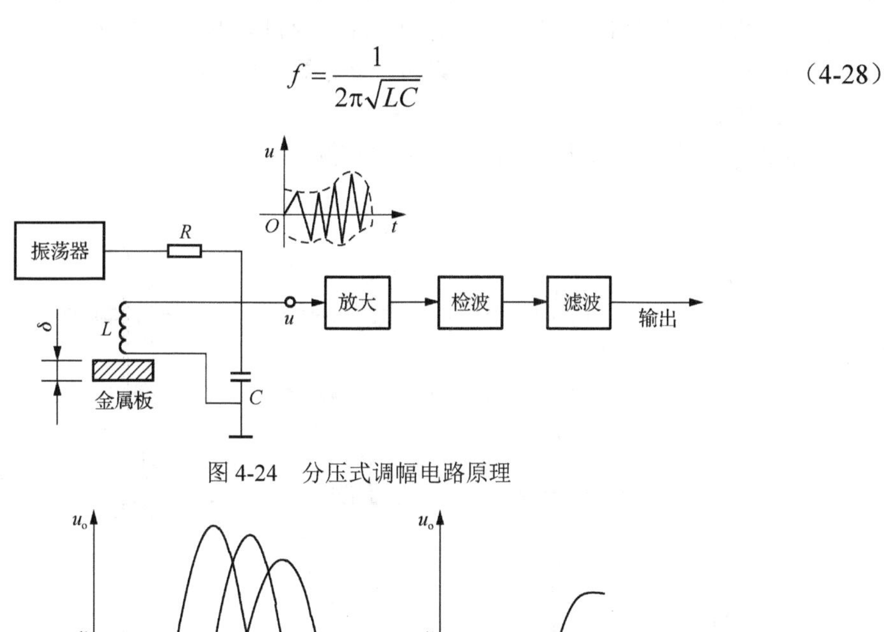

图 4-24　分压式调幅电路原理

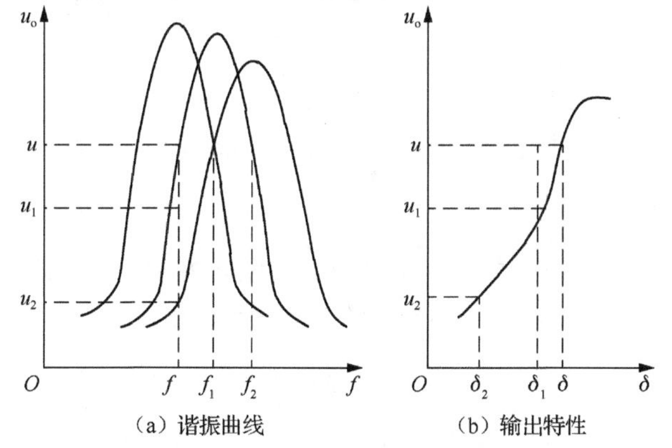

图 4-25　分压式调幅电路的谐振曲线及输出特性

电路中由振荡器提供稳定的高频信号电源。当谐振频率与该电源频率相同时，输出电压 u_o 最大。测量时，传感器线圈阻抗随间隙 δ 而改变，LC 回路失谐，输出信号 $u_o(t)$ 频率虽然仍为振荡器的工作频率 f，但幅值随 δ 而变化(图 4-25(b))，它相当于一个被 δ 调制的调

幅波，再经放大、检波、滤波后，即可以得到间隙δ的动态变化信息。

调频电路的工作原理如图 4-26 所示。这种方法也是把传感器线圈接入LC振荡回路，与调幅法不同之处是取回路的谐振频率作为输出量。当金属板至传感器之间的距离δ发生变化时，将引起线圈电感变化，从而使振荡器的振荡频率f发生变化，再通过鉴频器进行频率—电压转换，即可得到与δ成比例的输出电压。

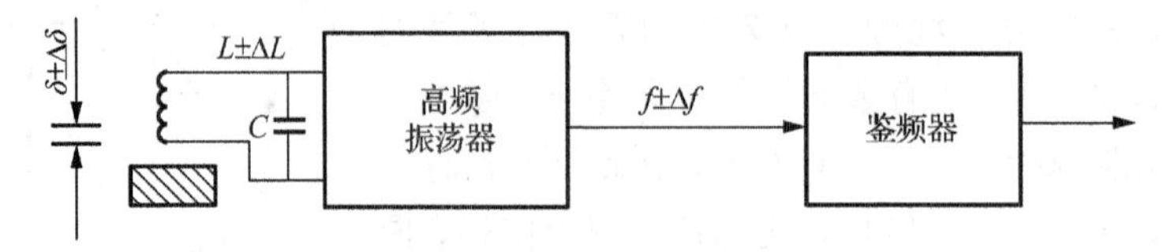

图 4-26　调频电路工作原理

涡流式传感器可用于动态非接触测量，测量范围视传感器结构尺寸、线圈匝数和励磁频率而定，一般为±(1～10)mm 不等，最高分辨率可达 0.1μm 。此外，这种传感器具有结构简单、使用方便、不受油污等介质的影响等优点。因此，近年来涡流式位移和振动测量仪、测量仪和无损检测探伤仪等在机械、冶金等部门中日益得到广泛应用。实际上，这种传感器在径向振摆、回转轴误差运动、转速和厚度测量，以及在零件计数、表面裂纹和缺陷测量中都有应用。

图 4-27 所示为涡流式传感器的工程应用实例。

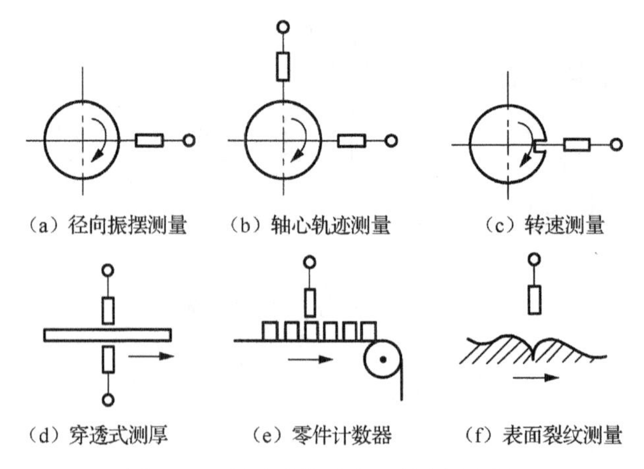

图 4-27　涡流式传感器工程应用实例

2. 互感型

这种传感器利用了电磁感应中的互感现象。如图 4-28 所示，当线圈W_1输入交流电流i_1时，线圈W_2产生感应电势e_{12}，其大小与电流i_1变化率成正比，即

$$e_{12} = -M\frac{\mathrm{d}i_1}{\mathrm{d}t} \tag{4-29}$$

式中，M为比例系数，称为互感（H），其大小与两线圈相对位置及周围介质的导磁能力等因素有关，它表明两线圈之间的耦合程度。

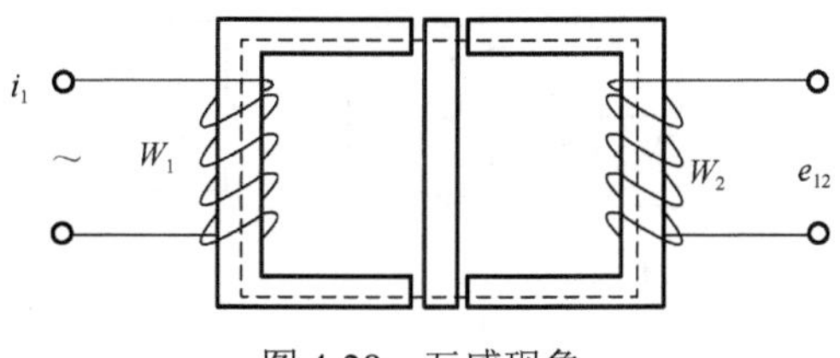

图 4-28　互感现象

互感型传感器就是利用这一原理，将被测位移量转换成线圈互感的变化。这种传感器实质上就是一个变压器，其一次侧线圈接入稳定交流电源，二次侧线圈感应产生输出电压。当被测参数使互感 M 变化时，二次侧线圈输出电压也产生相应变化。由于常常采用两个二次侧线圈组成差动式，故又称为差动变压器式传感器。实际应用较多的是螺管形差动变压器，其工作原理如图 4-29(a)、(b)所示。变压器由一次侧线圈 W 和两个参数完全相同的二次侧线圈 W_1、W_2 组成，线圈中心插入圆柱形铁心，二次侧线圈 W_1 及 W_2 反极性串联，当一次侧线圈 W 加上交流电压时，二次侧线 W_1 及 W_2 分别产生感应电势 e_1 和 e_2，其大小与铁心位置有关，当铁心在中心位置时，$e_1=e_2$，抽出电压 $e_0=0$；当铁心向上运动时，$e_1>e_2$；当铁心向下运动时，$e_1<e_2$，随着铁心偏离中心位置，e_0 逐渐增大，其输出特性如图 4-29(c)所示。

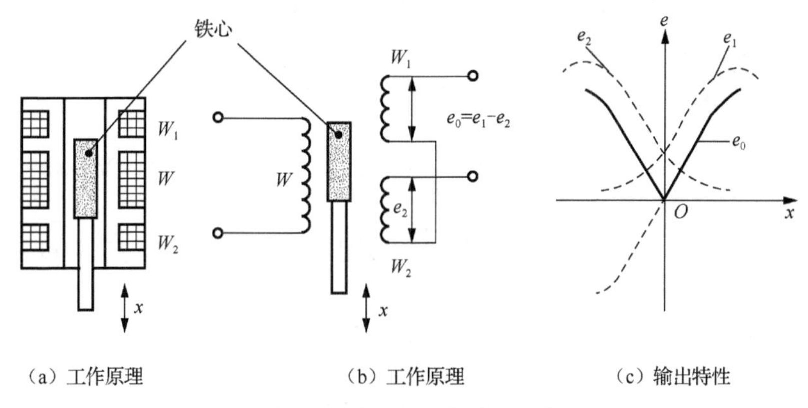

（a）工作原理　　（b）工作原理　　（c）输出特性

图 4-29　差动变压器式传感器工作原理

差动变压器的输出电压是交流量，其幅值与铁心位移成正比，其输出电压如用交流电压表指示，输出值只能反映铁心位移的大小，不能反映移动的方向性。另外，交流电压输出存在一定的零点残余电压。零点残余电压是由于两个二次侧线圈结构不对称，以及一次侧线圈铜损电阻、铁磁质材料不均匀、线圈间分布电容等原因形成。所以，即使铁心处于中间位置，输出也不为零。为此，差动变压器式传感器的后接电路形式，需要采用既能反映铁心位移方向性，又能补偿零点残余电压的差动直流输出电路。

图 4-30 是一种用于小位移测量的差动相敏检波电路工作原理图。在没有输入信号时，铁心处于中间位置，调节电阻 R，使零点残余电压减小；当有输入信号时，铁心移上或移下，其输出电压经交流放大、相敏检波、滤波后得到直流输出，由表头指示输入位移量大小和方向。

差动变压器式电感式传感器具有精确度高（最高分辨率可达 $0.1\mu m$）、线性范围大（可扩展到 $\pm 100mm$）、稳定性好和使用方便的特点，被广泛用于直线位移测定。但其实际测量频率上限受到传感器机械结构的限制。

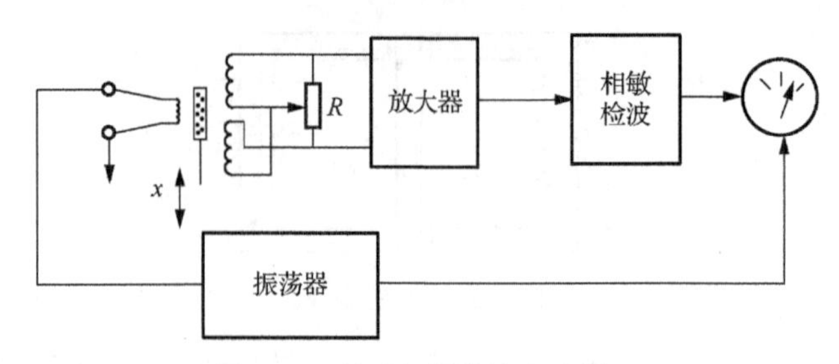

图 4-30　差动相敏检波电路原理

借助于弹性元件可以将压力、重量等物理量转换为位移的变化，故也将这类传感器用于压力、重量等物理量的测量。

4.4　磁电式、压电式与热电式传感器

能量转换型传感器又称为发电型或无源型传感器，其输出端的能量是由被测对象取出的能量转换而来的。这种传感器不需要外加电源就能将被测的非电能量转换成电能量输出。能量转换型传感器没有能量放大作用，要求从被测对象获取的能量越大越好。能量转换型传感器种类同样也有很多，本节主要介绍磁电式、压电式和热电式传感器。

4.4.1　磁电式传感器

磁电式传感器是把被测物理量转换为感应电动势的一种传感器，又称电磁感应式或电动力式传感器。

由电工学知识已知，对于一个匝数为 N 的线圈，当穿过该线圈的磁通 Φ 发生变化时，其感应电动势为

$$e = -N\frac{\mathrm{d}\Phi}{\mathrm{d}t} \tag{4-30}$$

可见，线圈感应电动势的大小，取决于匝数和穿过线圈的磁通变化率。磁通变化率与磁场强度、磁路磁阻、线圈的运动速度有关，故若改变其中一个因素，都会改变线圈的感应电动势。按照结构不同，磁电式传感器可分为动圈式传感器与磁阻式传感器。

1. *动圈式传感器*

动圈式传感器又可分为线速度型传感器与角速度型传感器。图 4-31(a)所示为线速度型传感器工作原理。在永久磁铁产生的直流磁场内，放置一个可动线圈。当线圈在磁场中做直线运动时，它所产生的感应电动势为

$$e = NBlv\sin\theta \tag{4-31}$$

式中，B 为磁场的磁感应强度；l 为单匝线圈有效长度；N 为线圈匝数；v 为线圈与磁场的相对运动速度；θ 为线圈运动方向与磁场方向的夹角。

当 $\theta = 90^\circ$ 时，式(4-31)可写为

$$e = NBlv \tag{4-32}$$

式(4-32)表明，当 N、B、l 均为常数时，感应电动势大小与线圈运动的线速度成正比，这就是一般常见的惯性式速度计的工作原理。

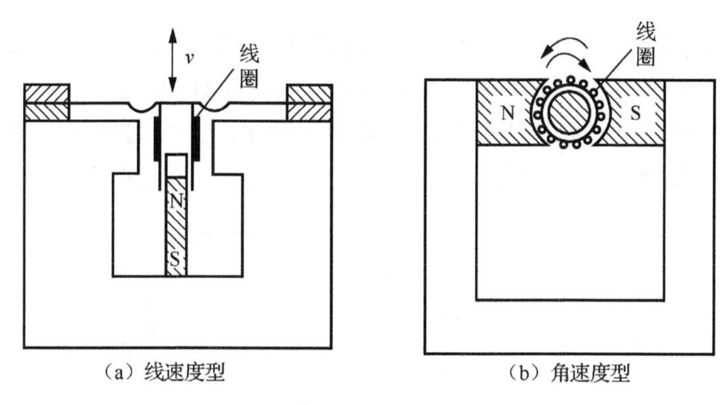

图 4-31　动圈式传感器工作原理

图 4-31(b)是角速度型传感器工作原理，线圈在磁场中转动时产生的感应电动势为

$$e = kNBA\omega \tag{4-33}$$

式中，ω 为角速度；A 为单匝线圈的截面积；k 为与结构有关的系数，$k<1$。

式(4-33)表明，当传感器结构一定时，N、B、A 均为常数，感应电动势 e 与线圈相对磁场的角速度成正比，这种传感器用于转速测量。

将传感器中线圈产生的感应电动势通过电缆与电压放大器连接时，其等效电路如图 4-32 所示。图中，e 是发电线圈的感应电势；Z_0 是线圈阻抗；R_L 是负载电阻（放大器输入电阻）；C_C 是电缆导线的分布电容；R_C 是电缆导线的电阻。R_C 很小可忽略，故等效电路中的输出电压为

$$u_L = e\frac{1}{1+\dfrac{Z_0}{R_L}+\mathrm{j}\omega C_C Z_0} \tag{4-34}$$

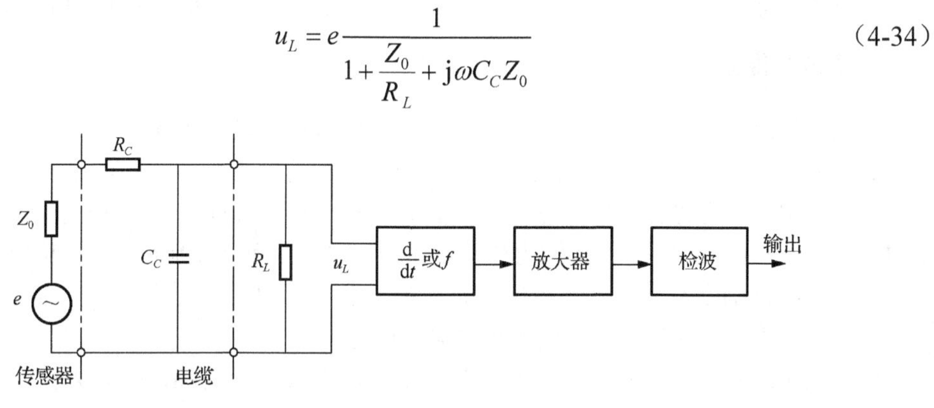

图 4-32　动圈式传感器等效电路

当不使用特别加长电缆时，C_C 可忽略，并且如果 R_L 远大于 Z_0，放大器输出电压感应电动势经放大、检波后即可推动指示仪表，显示速度值。经过微分或积分网络，可以得到加速度或位移。

必须注意，上面所讨论的速度（v 或 ω）指的是线圈与磁场（壳体）的相速度，而不是壳体本身的绝对速度。

磁电式传感器的工作原理也是可逆的。作为测振传感器，它工作于发电机状态。若在线圈上加以文变激励电压，则线圈就在班场中振动，成为一个激振器（电动机状态）。

2. 磁阻式传感器

磁阻式传感器的线圈与磁铁彼此不做相对运动，由运动着的物体（导磁材料）改变磁

路的磁阻，从而引起磁力线增强或减弱，使线圈产生感应电动势。其工作原理及应用实例如图 4-33 所示。这种传感器由永久磁铁及缠绕其上的线圈组成。图 4-33(a)可测旋转体频数，当齿轮旋转时，齿的凸凹引起磁阻变化，使磁通量变化，在线圈中感应出交流电动势，其频率等于齿轮的齿数和转速的乘积。

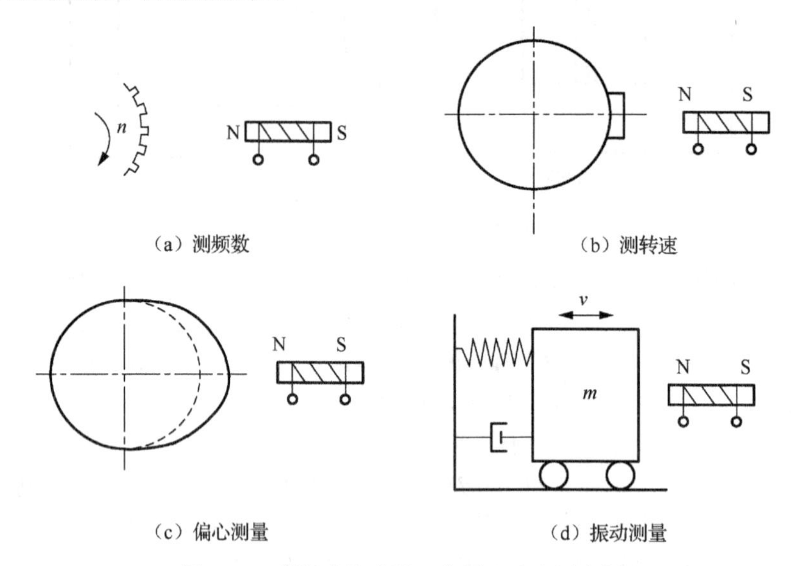

图 4-33　磁阻式传感器工作原理及应用实例

磁阻式传感器使用简便、结构简单，在不同场合下可用来测量转速、偏心量、振动等。

4.4.2　压电式传感器

压电式传感器是一种可逆型换能器，既可以将机械能转换为电能，又可以将电能转换为机械能。这种性能使它被广泛用于压力、应力、加速度测量，也被用于超声波发射与接收装置。用作加速度传感器时，可测频率范围为 0.1Hz～20kHz，可测振动加速度按其不同结构可达$10^{-2}\sim10^{5}\mathrm{m\cdot s^{-2}}$。用作测力传感器时，其灵敏度可达 10^{-3}N，这种传感器具有体积小、质量小、精确度及灵敏度高等优点。现在与其配套的后续仪器，如电荷放大器等的技术性能日益提高，使这种传感器的应用越来越广泛。

压电式传感器的工作原理是利用某些物质的压电效应为基础，在外力作用下，电介质表面产生电荷，从而实现非电量电测的目的。

1. 压电效应

某些物质，如石英、钛酸钡、锆钛酸铅（PZ 量）等晶体，当受到外力作用时，不仅几何尺寸发生变化，而且内部会发生极化，某些表面上出现电荷，形成电场。晶体的这一性质称为压电性，具有压电效应的晶体称为压电晶体。

压电效应是可逆的，即将压电晶体置于外电场中，其几何尺寸也会发生变化。这种效应称为逆压电效应。

许多天然晶体都具有压电性，如石英、电气石、闪锌矿等。由于天然晶体不易获得且价格昂贵，故研制了多种人造晶体，如酒石酸钾钠（罗谢耳盐）、磷酸二氢胺（ADP）、磷酸二氢钾（KDP）、酒石酸乙二胺（KD 量）、酒石酸乙二钾（DK 量）、硫酸锂等。这些人造晶体中除硫酸锂外，其他的都还具有铁电性。

所谓铁电性是指某些晶体存在自发极化特点，即晶胞正负电重心不重合，并且这种自发极化可以在为电场作用下转向。与铁磁物质相似，铁电晶体由许多几微米至几十微米的电畴组成，而每个电畴具有自发极化和自发应变。电畴的极化方向各不相同。在电场作用下，电畴的边界可以移动并能够转向。铁电晶体最典型的特征是它具有电滞回线特性。铁电性是 1921 年首先在罗谢耳盐上发现的。

下面以 α-石英（SiO_2）晶体为例，介绍其压电效应。

天然石英结晶形状为六角形晶柱，如图 4-34(a)所示，两端为一对称的棱锥，六棱柱是它的基本结构。z 轴与石英晶体的上、下顶连线重合，x 轴与石英晶体横截面的对角线重合，则 y 轴依据右手坐标系规则确定。

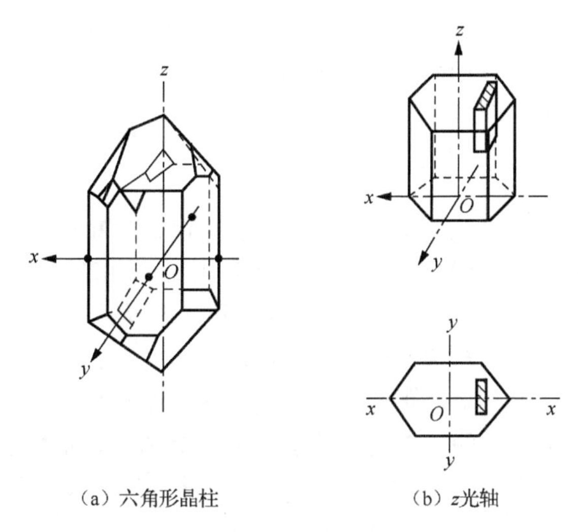

（a）六角形晶柱　（b）z光轴

图 4-34　石英晶体

y-机械轴；x-电轴

晶体中，在应力作用下，其两端能产生最强电荷的方向称为电轴。α-石英中的 x 轴为电轴。z 轴为光轴，当光沿 z 轴入射时不产生双折射。通常称 y 轴为机械轴，如图 4-34(b)所示。

如果从晶体上沿轴线切下一个平行六面体切片，使其晶面分别平行于 x、y、z 轴，这个晶片在正常状态下不呈现电性。切片在受到沿不同方向的作用力时会产生不同的极化作用，如图 4-35 所示。沿 x 轴方向加力产生纵向压电效应，沿 y 轴加力产生横向压电效应，沿相对两平面加力产生剪切压电效应。

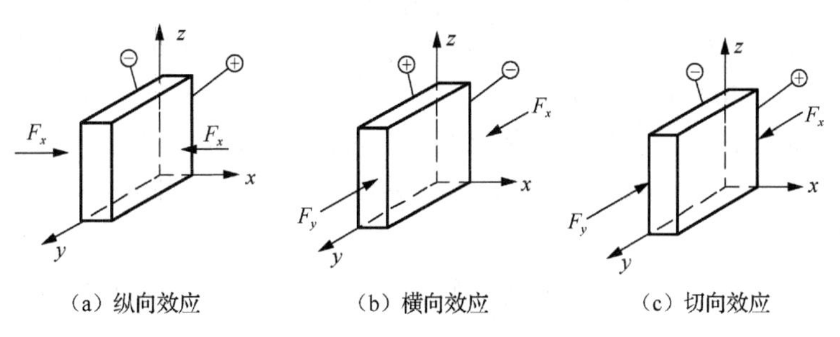

（a）纵向效应　（b）横向效应　（c）切向效应

图 4-35　压电效应模型

实验证明，压电效应和逆压电效应都是线性的。即晶体表面出现的电荷的多少和形变的大小成正比，当形变改变符号时，电荷也改变符号；在外电场作用下，晶体形变的大小与电场强度成正比，当电场反向时，形变改变符号。以石英晶体为例，当晶片在电轴 x 方向受到压应力 σ_{xx} 作用时，切片在厚度方向产生变形并极化，极化强度 P_{xx} 与应力 σ_{xx} 成正比。

$$P_{xx} = d_{11}\sigma_{xx} = d_{11}\frac{F_x}{l_y l_z} \tag{4-35}$$

式中，F_x 为沿晶轴 Ox 方向施加的压力；d_{11} 为石英晶体在 x 方向力作用下的压电常数，石英晶体的 $d_{11} = 2.3\times10^{-23}\,\text{C}\cdot\text{N}^{-1}$；$l_y$ 为切片的长；l_z 为切片的宽。

当石英晶体切片受 x 向压力时，所产生的电荷最 q_{xx} 与作用力 F_x 成正比，而与切片的几何尺寸无关。当沿着机械轴 y 方向施加压力时，产生的电荷量与切片的几何尺寸有关，且电荷的极性与沿电轴 x 方向施加压力时产生的电荷极性相反，如图 4-35(b)所示。

若压电体受到多方向的作用力，晶体内部将产生一个复杂的应力场，会同时出现纵向效应和横向效应。压电体各表面都会积聚电荷。

2. 压电材料

常用的压电材料大致可分为三类：压电单晶、压电陶瓷和有机压电薄膜。压电单晶为单晶体，常用的有 α-石英（SiO_2）、铌酸锂（$LiNbO_3$）、钽酸锂（$LiTaO_3$）等。压电陶瓷多为多晶体，常用的有钛酸钡（$BaTiO_3$）、锆钛酸铅（PZ 量）等。

石英是压电单晶中最具有代表性的压电材料，应用广泛。除天然石英外，人造石英也大量使用。石英的压电常数不高，但具有较好的机械强度和时间稳定性、强度稳定性。其他压电单晶的压电常数为石英的 2.5～3.5 倍，但价格较贵。水溶性压电晶体，如酒石酸钾钠（$NaKO_4H_4O_5\cdot4H_2O$）压电常数较高，但易受潮，机械强度低，电阻率低，性能不稳定。

现代声学技术和传感技术中最普遍应用的是压电陶瓷。压电陶瓷制作方便，成本低。

压电陶瓷由许多铁电体的微晶组成，微晶再细分为电畴，因而压电陶瓷是许多电畴形成的多畴晶体。当加上机械应力时，它的每一个电畴的自发极化会产生变化，但由于电畴的无规则排列，因而在总体上不显电性，没有压电效应。为了获得材料形变与电场呈线性关系的压电效应，在一定温度下对其进行极化处理，即利用强电场（1～4kV/mm）使其电畴规则排列，呈现压电性。去除极化电场后，电畴取向保持不变，在常温下可呈压电性。压电陶瓷的压电常数比单晶体高得多，一般比石英高数百倍。现在的压电元件大多数采用压电陶瓷。

钛酸钡是使用最早的压电陶瓷。其居里温度（材料温度达到该点电畴将被破坏，失去压电特性）低，约为 120℃，现在使用最多的是锆钛酸铅（PZ 量）系列压电陶瓷。PZ 量是一种材料系列，随配方和掺杂的变化可获得不同的材料性能。它具有较高的居里点（350℃）和很高的压电常数（70～590pC/N）。

高分子压电薄膜的压电特性并不是很好，但它易于大批量生产，且具有面积大、柔软不易破碎等优点，可用于微压测量和机器人的触觉。其中以聚偏二氟乙烯（PVDF）最为著名。

近年来压电半导体也开发成功。它具有压电和半导体两种特性，很容易发展成新型的集成传感器。

3. 压电式传感器及其等效电路

在压电晶片的两个工作面上进行金属蒸镀，形成金属膜，构成两个电极，如图 4-36 所示。当晶片受到外力作用时，在两个极板上将积聚数量相等、而极性相反的电荷，形成了电场。因此压电传感器可以看作一个电荷发生器或电容器，其电容量C为

$$C=\frac{\varepsilon\varepsilon_0 A}{\delta} \tag{4-36}$$

式中，ε为压电材料的相对介电常数，石英晶体$\varepsilon=1200\text{F/m}$；钛酸钡$\varepsilon=1200\text{F/m}$；$\delta$为极板间距，即晶片厚度；$A$为压电晶片工作面的面积。

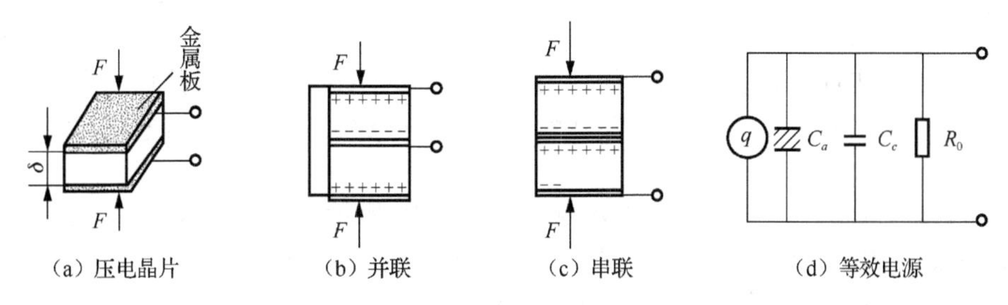

图 4-36　压电晶片及其等效电路

如果施加于晶片的外力不变，积聚在极板上的电荷无内部泄漏，外电路负载无穷大，那么在外力作用期间，电荷量将始终保持不变，直到外力的作用终止时，电荷才随之消失。如果负载不是无穷大，电路将会按指数规律放电，极板上的电荷无法保持不变，从而造成测量误差。因此，利用压电式传感器测量静态或准静态量时，必须采用极高阻抗的负载。在动态测量时，变化快、漏电相对比较小，故压电式传感器适宜作动态测量。

实际压电式传感器中，往往用两个和两个以上的传感器进行串联或并联。并联时(图 4-36(b))，两晶片负极集中在中间极板上，正电极在两侧的电极上。并联时电容量大、输出电荷量大、时间常数大，宜于测量缓变信号，适宜于以电荷量输出的场合。串联时(图 4-36(c))，正电荷集中在上极板，负电荷集中在下极板。串联法传感器本身电容小、输出电压大，适用于以电压作为输出信号。

压电式传感器是一个具有一定电容的电荷源。电容器上的开路电压u_o与电荷q、传感器电容C_a存在下列关系。

$$u_o=\frac{q}{C_a} \tag{4-37}$$

当压电式传感器接入测量电路时，连接电缆的寄生电容就形成传感器的并联寄生电容C_a，后续电路的输入阻抗和传感器中的漏电阻就形成泄漏电阻R_0，如图 4-36(d)所示。为了防止漏电造成电荷损失，通常要求$R_0>10^{11}\Omega$，因此传感器可近似视为开路。

电容上的电压值为

$$u=R_0 i=\frac{q_0}{C}\frac{1}{\sqrt{1+\left(\dfrac{1}{\omega CR_0}\right)^2}}\sin(\omega t+\varphi) \tag{4-38}$$

式(4-38)表明压电元件的电压输还受回路的时间常数CR_0的影响。在测试动态量时，为了建立一定的输电压并实现不失真测量，压电式传感器的测量电路必须有高输入阻抗并在

输入端并联一定的电容 C_i。以加大时间常数 CR_0。但并联电容过大也会使输出电压降低过多，降低了测量装置的灵敏度。

4. 测量电路

由于压电式传感器的输出电信号是很微弱的电荷，而且传感器本身有很大内阻，故输出能量甚微，这给后接电路带来一定的困难。为此，通常把传感器信号先输到高输入阻抗的前置放大器，经过阻抗变换以后，方可用一般的放大、检波电路将信号输给指示仪表或记录器。

前置放大器电路的主要用途有两点：一是将传感器的高阻抗输出变换为低阻抗输出；二是放大传感器输出的微弱电信号。

前置放大器电路有两种形式：一是用电阻反馈的电压放大器，其输出电压与输入电压（传感器的输出）成正比；二是带电容反馈的电荷放大器，其输出电压与输入电荷成正比。

使用电压放大器时，放大器的输入电压如式(4-38)所示。由于电容 C 包括了 C_a、C_i 和 C_c，其中电缆对地电容 C_c 比 C_a 和 C_i 都大，故整个测量系统对电缆对地电容 C_c 的变化非常敏感。连接电缆的长度和形态变化会引起 C_c 的变化，导致传感器输出电压 u 的变化，从而使仪器的灵敏度也发生变化。

电荷放大器是一个高增益带电容反馈的运算放大器，当略去传感器漏电阻及电荷放大器输入电阻时，它的等效电路如图 4-37 所示。由于忽略漏电阻，故

$$q \approx u_{\mathrm{i}}(C_a + C_c + C_i) + (u_{\mathrm{i}} - u_y)C_f = u_{\mathrm{i}}C + (u_{\mathrm{i}} - u_y)C_f$$

式中，u_{i} 为放大器输入端电压；u_y 为放大器输出电压，$u_y = -Au_i$；C_f 为电荷放大器反馈电容；A 为电荷放大器开环放大倍数。故有

$$u_y = \frac{-Aq}{(C + C_f) + AC_f}$$

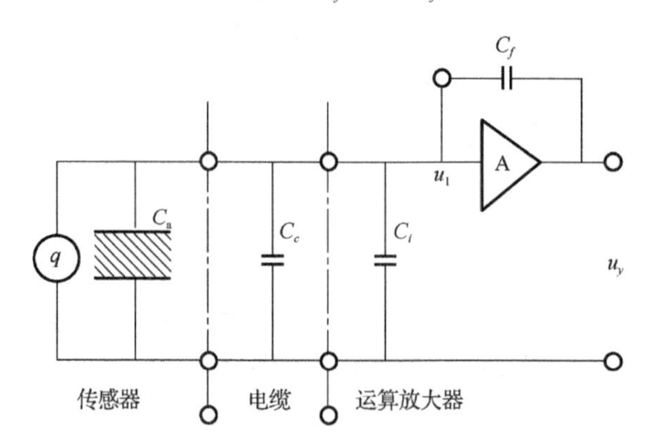

图 4-37　电荷放大器等效电路

如果放大器开环增益足够大，则 $AC_f >> (C + C_f)$，上式可简化为

$$u_y \approx \frac{-q}{C_f} \tag{4-39}$$

式(4-39)表明，在一定条件下，电荷放大器的输出电压与传感器的电荷量成正比，并且与电缆分布电容无关。因此，采用电荷放大器时，即使连接电缆长度达百米以上，其灵敏

度也无明显变化，这是电荷放大器突出的优点。但与电压放大器相比，其电路复杂，价格昂贵。

5. 压电式传感器的应用

压电式传感器常用来测量应力、压力、振动的加速度，也用于声、超声和声发射等测量。压电效应是一种力—电荷变换，可直接用作力的测量。现在已形成系列的压电式力传感器，测量范围从微小力值 10^{-3}N 到 10^4kN，动态范围一般为 60dB；测量方向有单方向的，也有多方向的。

压电式力传感器有两种形式：一种是利用膜片式弹性元件，通过膜片承压面积将压力转换为力。膜片中间有凸台，凸台背面放置压电片。力通过凸台作用于压电片上，使之产生相应的电荷量。另一种是利用活塞的承压面承受压力，并使活塞所受的力通过在活塞另一端的顶杆作用在压电片上。测得此作用力便可推算出活塞所受的压力。

现在广泛采用压电式传感器来测量加速度。此种传感器的压电片处于其壳体和一质量块之间，用强弹簧（或预紧螺栓）将质量块、压电片紧压在壳体上。运动时，传感器壳体推动压电片和质量块一起运动。在加速时，压电片承受由质量块加速而产生的惯性力。

压电式传感器按不同需要做成不同灵敏度、不同量程和不同大小，形成系列产品。大型高灵敏度加速度计灵敏度可达 $10^{-6}g_n$（g_n——标准重力加速度，作为一个加速度单位，其值为 $1g_n=9.80665\text{m/s}^2$），但其测量上限也很小，只能测量微弱振动。而小型的加速度计仅重 0.14g，灵敏度虽低，但可测量上千克的强振动。

压电式传感器的工作频率范围广，理论上其低端从直流开始，高端截止频率取决于结构的连接刚度，一般为数十赫兹到兆赫兹的量级，这使它广泛用于各领域的测量。压电式传感器内阻很高，产生的电荷且很小，易受传输电缆分布电容的影响，必须采用前面已谈到的阻抗变换器或电荷放大器。已有将阻抗变换器和传感器集成在一起的集成传感器，其输出阻抗很低。

由于电荷的泄漏，压电式传感器实际上低端工作频率无法达到直流，难以精确测量常值力。在低频振动时，压电式加速度计振动圆频率小，受灵敏度限制，其输出信号很弱，信噪比差。尤其在需要通过积分网络来获取振动的速度和加速度值的情况下，网络中运算放大器的漂移及低频噪声的影响，使得难以在小于 1Hz 的低频段中应用压电式加速度计。

压电式传感器一般用来测量沿其轴向的作用力，该力对压电片产生纵向效应并产生相应的电荷，形成传感器通常的输出。然而，垂直于轴向的作用力，也会使压电片产生横向效应和相应的输出，称为横向输出。与此相应的灵敏度，称为横向灵敏度。对于传感器而言，横向输出是一种干扰和产生测量误差的原因。使用时，应该选用横向灵敏度小的传感器。一个压电式传感器各方向的横向灵敏度是不同的。为了减少横向输出的影响，在安装使用时，应力求使最小横向灵敏度方向与最大横向干扰力方向重合。显然，关于横向干扰的讨论，同样适用于压电式加速度计。

环境温度、湿度的变化和压电材料本身的时效，都会引起压电常数的变化，导致传感器灵敏度的变化。因此，经常校准压电式传感器是十分必要的。

压电式传感器的工作原理是可逆的，施加电压于压电晶片，压电片便产生伸缩。所以压电片可以反过来作为“驱动器”。例如，对压电晶片施加交变电压，则压电片可作为振动源，宜用于高频振动台、超声发生器、扬声器以及精密的微动装置。

4.4.3 热电式传感器

热电式传感器是把被测量（主要是温度）转换为电量变化的一种装置，其变换基于金属的热电效应。按照变换方式的不同，可分为热电偶与热电阻传感器。

1. 热电偶

将温度转换为电势的热电式传感器称为热电偶。热电偶是温度测量仪表中常用的测温元件，它直接测量温度，并把温度信号转换成热电动势信号，通过二次仪表转换成被测介质的温度。各种热电偶的外形常因需要而极不相同，但是它们的基本结构大致相同，通常由热电极、绝缘套保护管和接线盒等主要部分组成，通常和显示仪表、记录仪表及电子调节器配套使用。

1）热电偶工作原理

热电偶属于 A 型结构传感器，由于它有许多优点，这种古老的传感器至今仍在测量领域里得到广泛应用。

把两种不同的导体或半导体连接成图 4-38 所示的闭合回路，如果将它们的两个接点分别置于温度为 T 及 T_0（假定 $T>T_0$）的热源中，则在该回路内就会产生热电动势，这种现象称为热电效应。

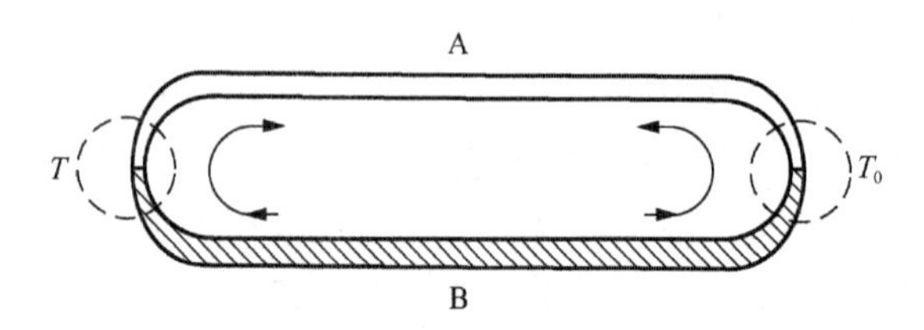

图 4-38 热电偶回路

在图 4-38 所示的热电偶回路中，所产生的热电动势由接触电动势和温差电动势两部分组成。

温差电动势是在同一导体的两端因其温度不同而产生的一种热电动势。由于高温端（T）的电子能量比低温端的电子能量大，故由高温端运动到低温端的电子数较由低温端运动到高温端的电子增多，使得高温端带正电，而低温端带负电，从而在导体两端形成一个电势差，即温差电动势。

所以，当热电偶材料一定时，热电偶的总热电动势 $E_{AB}(T,T_0)$成为温度 T 和 T_0 的函数差。即

$$E_{AB}(T,T_0)=f(T)-f(T_0) \tag{4-40}$$

如果使冷端温度 T_0 固定，则对一定材料的热电偶，其总热电动势就只与温度 T 呈单值函数关系。

$$E_{AB}(T,T_0)=f(T)-C=\varphi(T) \tag{4-41}$$

式中，C 为由固定温度 T_0 决定的常数。这一关系式可通过实验方法获得，它在实际测温中很有用处。

关于热电偶回路有以下特点。

（1）若组成热电偶的回路的两种导体相同，则无论两接点温度如何，热电偶回路中的总热电动势为零。

（2）若热电偶两接点温度相同，尽管导体 A、B 的材料不同，热电偶回路中的总热电动势也为零。

（3）热电偶 AB 的热电动势与导体材料 A、B 的中间温度无关，而只与接点温度有关。

（4）热电偶 AB 在接点温度 T_2、T_3 时的热电动势，等于热电偶在接点温度为 T_1、T_2 和 T_2、T_3 时的热电动势总和。

（5）在热电偶回路中接入第三种材料的导线，只要第三种导线的两端温度相同，第三种导线的引入不会影响热电偶的热电动势，这一性质称为中间导体定律。

从实用观点来看，中间导体定律很重要。利用这个性质，才可以在回路中引入各种仪表、连接导线等，而不必担心会对热电动势有影响，而且也允许任意的焊接方法来焊制热电偶。同时应用这一性质还可以采用开路热电偶对液态金属和金属壁面进行温度测量(图 4-39)，只要保证两热电极 A、B 接入处温度一致，则不会影响整个回路的总热电动势。

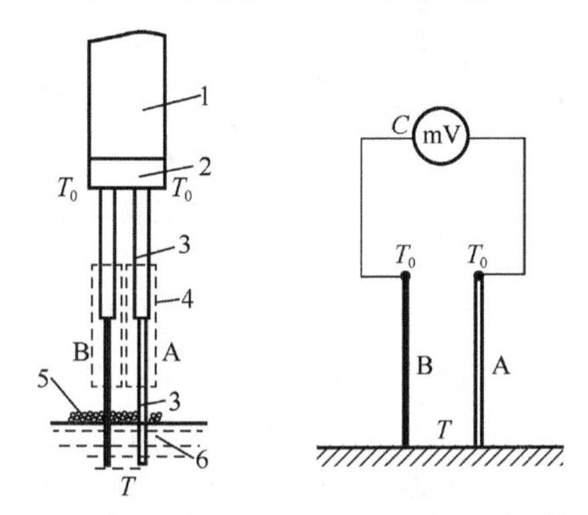

（a）液态金属温度测量　　（b）金属壁面温度测量

图 4-39　开路热电偶的使用

1-保护管；2-绝缘物；3-热电偶；4-连接管；5-渣；6-熔融金属

（6）当温度为 T_1、T_2 时，用导体 A、B 组成的热电偶的热电动势等于 AC 热电偶和 CB 热电偶的热电动势的和，即

$$E_{AB}(T_1,T_2)=E_{AC}(T_1,T_2)+E_{CB}(T_1,T_2) \tag{4-42}$$

导体 C 称为标准电极（一般由铂制成），故将这一性质称为标准电极定律。

2）热电偶分类

目前，我国广泛使用的热电偶有以下几种。

（1）铂–铂热电偶（WRLB）由 ϕ0.5mm 的纯铂丝和同直径的铂铑（铂质量分数为 90%。铑质量分数为 10%）制成，用符号 LB 表示。括号中符号 WR 指热电偶。在 LB 热电偶中，铂铑丝为正极，纯铂丝为负极。此种热电偶在 1300℃以下范围可长时间使用，在良好的使用环境下可短期测量 1600℃高温。由于容易得到高纯度的铂和铂铑，故 LB 热电偶的复制精度和测量精度较高，可用于精密温度测量和作为基准热电偶。LB 热电偶在氧化性或中性介质中具有较高的物理化学稳定性。其主要缺点是热电动势较弱；在高温时易受还原性气体所发出的蒸汽和金属蒸气的侵害而变质；铂铑丝中的铑分子在长期使用后因受高温作用而产生挥发现象，使铂丝受到污染而变质，从而引起热电偶特性变化，失去测量准确性；

LB 热电偶的材料系贵重金属，成本较高。

（2）镍铬–镍硅（镍铬–镍铝）热电偶（WREU）由镍铬与镍硅制成，用符号 EU 表示。热电偶丝直径为ϕ（1.2～2.5）mm。镍铬为正极，镍硅为负极。EU 热电偶化学稳定性较高，可在氧化性或中性介质中长时间地测量 900℃以下的温度，短期测量可达 1200℃；如果用于还原性介质中，则会很快受到腐蚀。在此情况下只能用于测量 500℃以下温度。EU 热电偶具有复制性好，产生热电动势大，线性好，价格便宜等优点。虽然测量精度偏低，但能满足大多数工业测量的要求，是工业温量中最常用的热电偶之一。

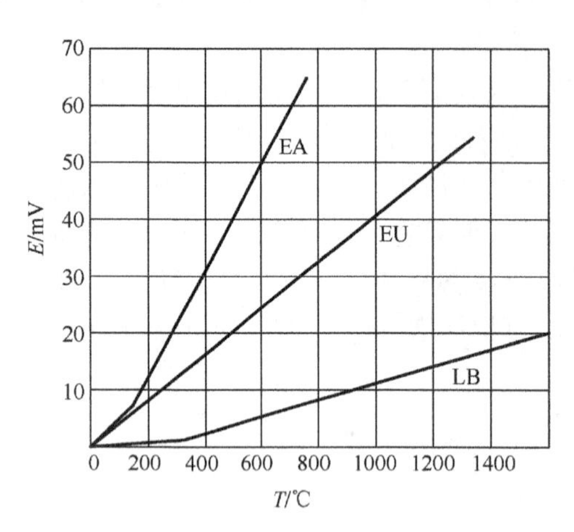

图 4-40　热电偶的热电动势 E 与温度 T 的关系曲线

（3）镍铬–考铜热电偶（WREA）由镍铬材料与镍、铜合金材料制成，用符号 EA 表示。热偶丝直径一般为ϕ（1.2～2.0）mm，镍铬为正极，考铜为负极。适宜于还原性或中性介质，长期使用温度在 600℃以下，短期测量可达 800℃，EA 热电偶的特点是热电灵敏度高、价格便宜，但测温范围低且窄，考铜合金易受氧化而变质。

以上几种热电偶的性能如图 4-40 所示。

（4）铂铑$_{30}$–铂铑$_{6}$（WRLL）热电偶。这种热电偶以铂铑$_{30}$丝（铂质量分数为 30%）为正极，铂铑$_{6}$丝（铂质量分数为 94%，铑质量分数为 6%）为负极。可长期测量 1600℃的高温，短期测量可达 1800℃。LL 热电偶性能稳定、精度高，适于在氧化性或中性介质中使用。但它产生的热电动势极小，因此冷端在 40℃以下时，对热电动势可不必修正。

还有一些用于特殊测量的超高温热电偶（测温可达 2000℃，精度为±1%）、低温热电偶（可在 2～273K 低温范围内使用，灵敏度为$10\mu V/℃$）、快速测量壁面温度的薄膜热电偶（测量厚度为 0.01～0.1mm）和非金属材料热电偶。利用石墨和难容化合物作为高温热电偶材料可以解决金属热电偶材料无法解决的问题。这些非金属材料熔点高，而且在 2000℃以上的高温下也很稳定。

综上所述，各种热电偶都具有不同的优缺点，因此在选用时应该根据测温范围、测温状态和介质情况综合考虑。

在测量时，为使热电偶与被测温度间呈单值函数关系，需要一些特定的处理手段或补偿使热电偶冷端的温度保持恒定。

2. 热电阻传感器

利用电阻随温度变化的特点制成的传感器称为热电阻传感器。它主要用于对温度和与温度有关的参数测定。按热电阻的性质来分，可分为金属热电阻和半导体热电阻两大类，前者通常简称为热电阻，后者称为热敏电阻（见 4.7 节）。

热电阻由电阻体、绝缘套管和接线盒等主要部件组成，其中，电阻体是热电阻的最主要部分。本节介绍以下几种热电阻。

1）铂电阻

铂电阻的特点是精度高、稳定性好、性能可靠。铂在氧化性介质中，特别是在高温下的物理、化学性质都非常稳定。但是，在还原性介质中，特别是在高温下很容易被从氧化物中还原出来的蒸汽所污染，会使铂丝变脆，并改变其电阻与温度间的关系。通常可用经验公式描述铂电阻的温度关系。

$$R_t = R_0(1 + At + Bt^2) \tag{4-43}$$

式中，R_t 为温度为 t（℃）时的电阻值；R_0 为温度为 0℃时的电阻值；A 为常数，$A = \alpha(1+\delta/100℃)$（$\delta = 1.496334℃$，$\alpha = 3.9259668 \times 10^{-8}℃^{-1}$）；$B$ 为常数，$B = -1\times10^{-4}\alpha\delta℃^{-2}$。

铂的纯度常以 R_{100}/R_0 来表示，其值不得小于 1.3925。一般工业上常用的铂电阻，我国的分度号为 BA_1 和 BA_2，其中 R_{100}/R_0 值为 1.391。

铂电阻体是用很细的铂丝绕在云母、石英或陶瓷支架上做成的。常用的 WZB 型铂电阻体是由直径为 0.03～0.07mm 的铂丝绕在云母片制成的平板型支架上（图 4-41），铂丝绕组的出线端与银丝引出线相焊，并穿上瓷套管加以绝缘和保护。

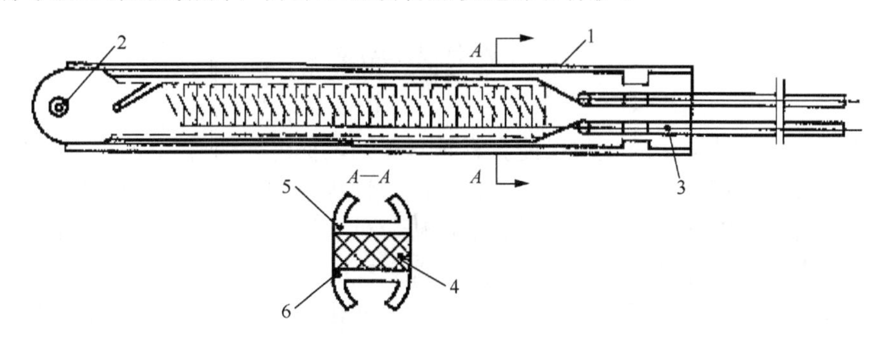

图 4-41　WZB 型铂电阻体

1-铂丝；2-铆钉；3-银导线；4-绝缘片；5-夹持件；6-骨架

2）铜电阻

铂是贵重金属，在一些测量精度要求不高且温度范围较低的场合，一般采用铜电阻，其测量范围为−50%～150%，铜电阻具有线性度好、电阻温度系数高以及价格便宜等优点。在其正常测量范围内，有

$$R_t = R_0(1 + \alpha t) \tag{4-44}$$

式中，α 为电阻温度系数，取值范围为（4.25～4.28）$\times 10^{-8}$℃。铂的电阻温度系数在 0～100℃的平均值为 $3.9\times10^{-8}℃^{-1}$。

铜热电阻的缺点是电阻率小 $\rho_{Cu} = 1.7\times10^{-8}\Omega\cdot m$（$\rho_{Pt} = 9.81\times10^{-8}\Omega\cdot m$），所以制成一定阻值的电阻时，与铂材料相比，铜电阻丝要细，导致机械强度不高；或者增加电阻丝的长度，使得电阻体积较大。另外，当温度超过 100℃时，铜容易氧化，因此它只能在低温和没有侵蚀性介质中工作。铜电阻体是一个铜丝绕组（包括锰铜补偿部分），它是由直径约为 0.1mm 的绝缘铜丝双绕在圆形塑料支架上，如图 4-42 所示。

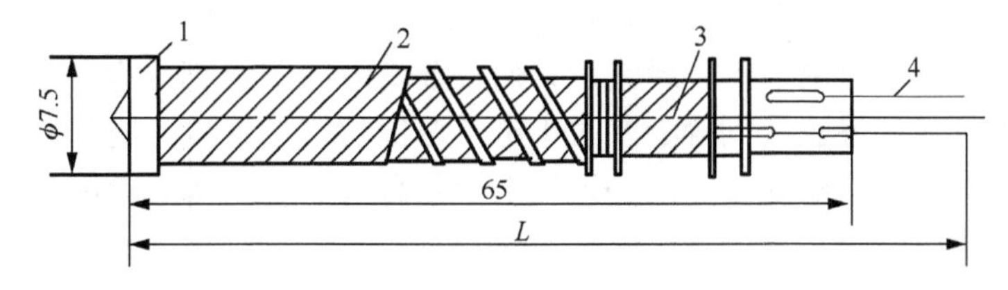

图 4-42　铜电阻体

1-线圈骨架；2-铜热电阻丝；3-补偿绕组；4-铜引出线

3）其他热电阻

近年来，伴随着低温技术的发展，一些新型热电阻得到应用。

（1）铟电阻。一种高精度低温热电阻。铟的熔点约为 429K，在 4.2～15K 温度范围内灵敏度比铂高 10 倍，故可用于铂电阻不能使用的低温范围。用 99.999%高纯度铟丝制成的热电阻，在 4.2K 到室温的整个范围内，测量精度可达 ± 0.001K。其缺点是材料很软，复制性很差。

（2）锰电阻。在 2～63K 的低温范围内，电阻随温度变化很大，灵敏度高，在 2～16K 的温度范围内电阻率随温度平方变化，掺以 α-锰，这个平方关系可以扩展到 21K；磁场对锰电阻影响不大，且有规律。锰电阻的缺点是脆性大，难以拉制成丝。

（3）碳电阻。在低温下灵敏度高、热容量小，适合作为液氮温阈的温度计。碳电阻对磁场不敏感、价格便宜、操作方便。其缺点是热稳定性较差。

4.5　光电式传感器

在工程上，某些被测量的变化可能会影响其对外表征的光信号的变化。光电式传感器是通过光电器件把光信号的变化转换成电信号的一种传感器。光电式传感器具有频谱宽、不易受电磁干扰的影响、非接触式测量、响应快、可靠性高等优点，被广泛用于各种自动检测系统中。光电式传感器一般由光源、光学通路、光电器件等几部分组成，如图 4-43 所示。被测量作用于光源或者光学通路，引起光量的变化，再经由光电器件和测量电路的转换及传输，最后输出测量结果。

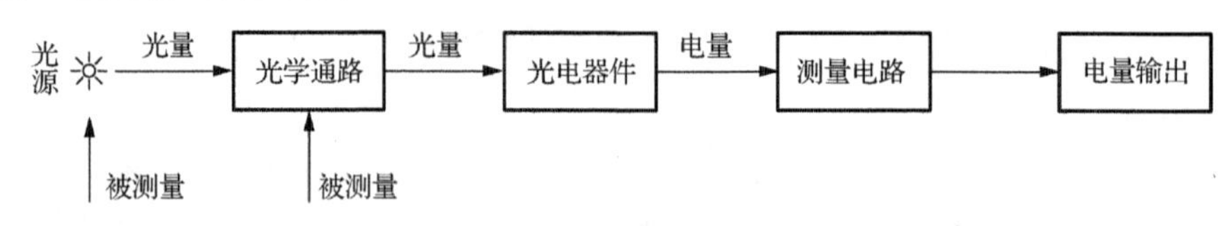

图 4-43　光电式传感器的原理框图

4.5.1　光电测量原理

光电式传感器的工作基础是光电效应。每个光子具有的能量为 $h\nu$。其中 ν 为光的频率；$h = 6.62620\times10^{-34}\,\mathrm{J\cdot s}$，为普朗克常量。用光照射某一物体，即为光子与物体的能量交换过程，这一过程中产生的电效应称为光电效应。光电效应按其作用原理又分为外光电效应、内光电效应和光生伏特效应。

1. 外光电效应

在光照作用下，物体内的电子从物体表面逸出的现象称为外光电效应，也称光电子发射效应。在这一过程中光子所携带的电磁能转换为光电子的动能。

金属中存在大量的自由电子，通常，它们在金属内部做无规则的热运动，不能离开金属表面。但当电子从外界获取到等于或大于电子逸出功的能量时，便可离开金属表面。为使电子在逸出时具有一定的速度，就必须使电子具有大于逸出功的能量。这一过程的定量分析如下。

一个光子具有的能量为

$$E = h\nu \tag{4-45}$$

当物体受到光辐射时，其中的电子吸收了一个光子的能量$h\nu$，该能量的一部分用于使电子由物体内部逸出所作的逸出功A，另一部分则为逸出电子的动能$\frac{1}{2}mv^2$，即

$$h\nu = \frac{1}{2}mv^2 + A \tag{4-46}$$

式中，m为电子质量；v为电子逸出速度：A为物体的逸出功。

式(4-46)称为爱因斯坦光电效应方程式，它阐明了光电效应的基本规律。由式(4-46)可得以下结论。

（1）光电子逸出表面的必要条件是$h\nu > A$。因此，对每一种光电阴极材料，均有一个确定的光频率阈值。当入射光频率低于该值时，无论入射光的强度多大，均不能引起光电子发射。反之，入射光频率高于阈值频率，即使光强极小，也会有光电子发射，且无时间延迟。对应于此阈值频率的波长λ_0，称为某种光电器件或光电阴极的“红限”，其值为

$$\lambda_0 = \frac{hc}{A} \tag{4-47}$$

式中，c为光速，$c = 3\times10^8\,\mathrm{m\cdot s^{-1}}$。

（2）当入射光频率成分不变时，单位时间内发射的光电子数与入射光光强成正比。光强越大，意味着入射光子数越多，逸出的光电子数也越多。

（3）对于外光电效应器件来说，只要光照射在器件阴极上，即使阴极电压为零，也会产生光电流，这是因为光电子逸出时具有初始动能。要使光电流为零，必须使光电子逸出物体表面时的初速度为零。为此要在阳极加一反向截止电压U_o，使外加电场对光电子所作的功等于光电子逸出时的动能，即

$$\frac{1}{2}mv^2 = e|U_o| \tag{4-48}$$

式中，e为电子的电荷，$e = 1.602\times10^{-19}\,\mathrm{C}$。

反向截止电压U_o仅与入射光频率成正比，与入射光光强无关。

外光电效应器件有光电管和光电倍增管等。

2. 内光电效应

当光照射在物体上，使物体的电阻率ρ发生变化，或产生光生电动势的现象称为内光电效应。内光电效应多发生于半导体内，内光电效应分为光电导效应和光生伏特效应两类。

在光线作用下，电子吸收光子的能量从键合状态过渡到自由状态，从而引起材料电导率变化的现象。基于这种效应的光电器件有光敏电阻。

当光照射到半导体材料上时，价带中的电子受到能量大于或等于禁带宽度的光子轰击，并使其由价带越过禁带跃入导带，使材料中导带内的电子和价带内的空穴浓度增加，从而使电导率变大。为了实现能级的跃迁，入射光子的能量必须大于或等于光电导材料的禁带宽度E_E，即

$$h\nu = \frac{hc}{\lambda} = \frac{1.24}{\lambda} \geqslant E_E \tag{4-49}$$

在光照作用下，物体的导电性能如电阻率发生改变的现象称内光电效应，又称光导效应。内光电效应与外光电效应不同，外光电效应产生于物体表面层，在光辐射作用下，物

体内部的自由电子逸出到物体外部。而内光电效应则不发生电子逸出现像。这时，物体内部的原子吸收光能量，获得能量的电子摆脱原子束缚成为物体内部的自由电子，从而使物体的导电性发生改变。

内光电效应器件主要为光敏电阻以及由光敏电阻制成的光导管。

3. 光生伏特效应

在光线作用下能够使物体产生一定方向的电动势的现象称为光生伏特效应。基于该效应的器件有光电池、光敏二极管和光敏三极管。

势垒效应（结光电效应）：接触的半导体和 PN 结中，当光线照射其接触区域时，便引起光电动势。

测向光电效应：当半导体光电器件受光照不均匀时，当光照部分吸收入射光子的能量产生电子-空穴对，光照部分载流子浓度比未受光照部分的载流子浓度高，就出现了载流子浓度梯度，因而载流子就要扩散。基于该效应的光电器件如半导体光电位置敏感器件(PSD)。

基于光生伏特效应的器件有光电池，可见光电池也是一种有源器件。它广泛用于把太阳能直接转换成电能，也称为太阳能电池光电池各类很多，有硅、硒、砷化镓、硫化镉、硫化铊光电池等。其中，硅光电池由于其转换效率高、寿命长、价格便宜而应用最为广泛。硅光电池较适于接收红外线。硒光电池适宜于接收可见光，但其转换效率低（仅有 0.02%）、寿命低。它的最大优点是制造工艺成熟、价格便宜。因此仍被用来制作照度计。砷化镓光电池的光电转换效率稍高于硅光电池，其光谱响应特性与太阳光谱接近，且其工作温度最高，耐受宇宙射线的辐射，因此可作为宇航电源。

常用的硅光电池结构如图 4-44 所示。在电阻率为 $0.1\sim1\Omega\cdot cm$ 的 N 型硅片上进行硼扩散以形成 P 型层，再用引线将 P 型和 N 型层引出形成正、负极，便形成了一个光电池。接收光辐射时，在两极间接上负载便会有电流通过。

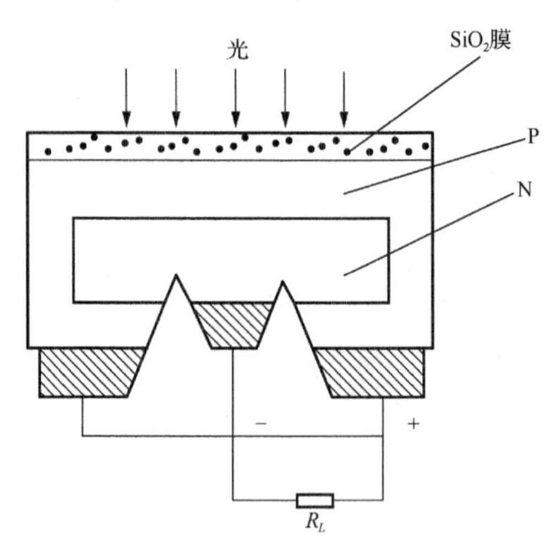

图 4-44　硅光电池的结构

光电池的作用原理：当光辐射至 PN 结的 P 型面上时，如果光子能量 $h\nu$ 大于半导体材料的禁带宽度，则在 P 型区每吸收一个光子便激发一个电子-空穴对。在 PN 结电场作用下，N 区的光生空穴将被拉向 P 区，P 区的光生电子被拉向 N 区。结果，在 N 区便会积聚负电荷，在 P 区则积聚正电荷。这样，在 P 区和 N 区之间形成电势差，若将 PN 结两端以导线连接起来，电路中就会有电流流过。

光电池的基本特性包括光照特性、频率响应、光谱特性和温度特性等。常用的硅光电池的光谱范围为$0.45\sim1.1\mu m$，在 800Å 左右有一个峰值；而硒光电池的光谱范围为$0.34\sim0.57\mu m$，比硅光电池的范围窄得多，它在 500Å 左右有一个峰值。此外，硅光电池的灵敏度为$6\sim8nAmm^{-2}lx^{-1}$，响应时间为数微秒至数十微秒。

4.5.2 光电元件

1. 真空光电管或光电管

光电管主要有两种结构形式。如图 4-45(a)所示，光电管的光电阴极 K 由半圆筒形金属片制成，在光照射下发射电子。阳极 A 为位于阴极轴心的一根金属丝，用于接收阴极发射电子。阴极和阳极被封装于一个抽真空的玻璃罩内。

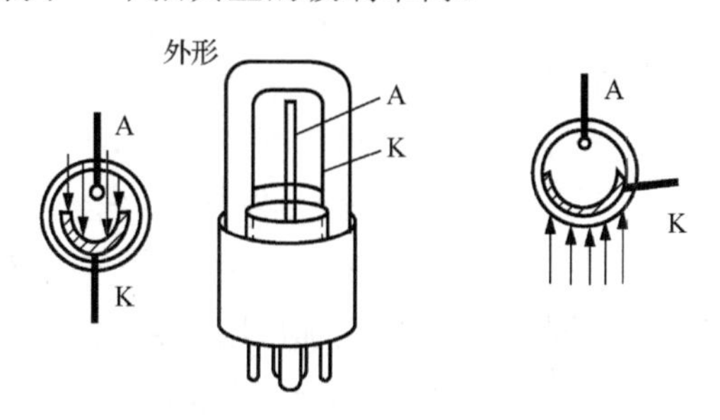

（a）金属底层光电阴极光电管 （b）光透明阴极光电管

图 4-45 光电管的结构形式

光电管的特性主要取决于光电阴极材料，不同的阴极材料对不同波长的光辐射有不同的灵敏度。表征光电阴极材料特性的主要参数是它的频谱灵敏度、红限和逸出功。如银氧铯（Ag-Cs_2O）阴极在整个可见光区城均有一定的灵敏度，其频谱灵敏度曲线在近紫外线区（4.5×10^3Å）和近红外线区（$7.5\times10^3\sim8\times10^3$Å）分别有两个峰值。因此常将其作为红外线传感器。它的红限约为7×10^3Å，逸出功为 0.74eV，是所有光电阴极材料中最低的。

真空光电管的光电特性是指在恒定工作电压和入射光频率成分条件下，光电管接收的入射光通量Φ与其输出光电流I_Φ之间的比例关系（图 4-46）。图 4-46(a)给出两种光电阴极的真空光电管的光电特性。其中氧铯光电阴极的光电管在很宽的入射光通最范围上都具有良好的线性度，因而氧铯光电管在光度测量中获得广泛的应用。

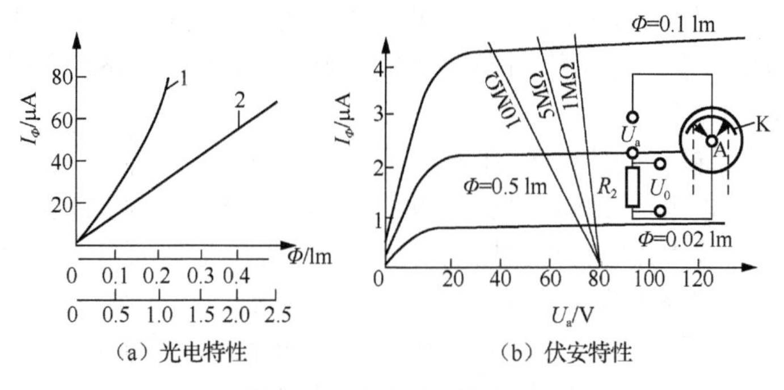

（a）光电特性 （b）伏安特性

图 4-46 真空光电管特性

1-锑铯光电阴极的光电管；2-氧铯光电阴极的光电管

光电管的伏安特性是光电管的另一个重要性能指标，指在恒定的入射光的频率成分和强度条件下，光电管的光电流I_{Φ}与阳极电压U_S之间的关系。由图 4-46(b)可见，光通量一定时，当阳极电压U_S增加时，管电流趋于饱和，光电管的工作点一般选在该区域中。

2. 光电倍增管

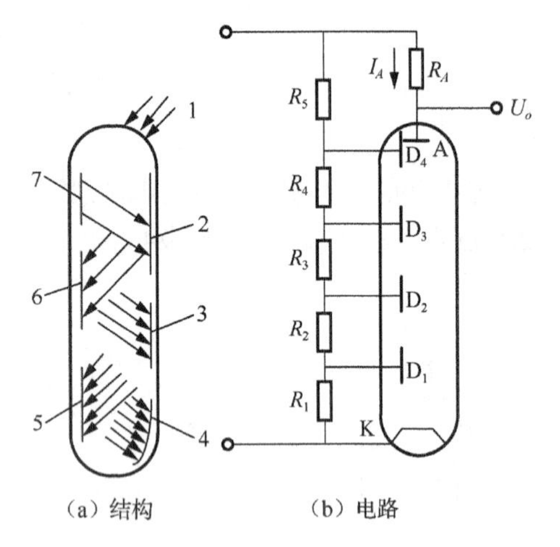

（a）结构　　（b）电路

图 4-47　光电倍增管的结构及电路

1-入射光；2-第一倍增极；3-第三倍增极；4-阳极 A；5-第四倍增极 6-第二倍增极；7-阴极 K

光电倍增管在光电阴极和阳极之间装了若干个倍增极，称为次阴极。倍增极上涂有在电子轰击下能反射更多电子的材料，倍增极的形状和位置设计成正好使前一级倍增极反射的电子继续轰击后一级倍增极。在每个倍增极间依次增大加速电压，如图 4-47(a)所示。设每极的倍增率为δ（一个电子能轰击产生出子个次级电子），若有 n 次阴极，则总的光电流倍增系数 $M=(C\delta)^n$（C 为各次阴极电子收集率），即光电倍增管阳极电流 I 与阴极电流 I_0 之间满足关系 $I=I_0M=I_0(C\delta)^n$，倍增系数与所加电压有关。常用的光电倍增管的基本电路如图 4-47(b)所示，各倍增极电压由电阻分压获得，流经负载电阻 R_A 的放大电流造成的压降，给出输出电压。一般阳极与阴极之间的电压为 1000～2000V。两个相邻倍增电极的电位差为 50～100V，电压越稳定越好，以减少由倍增系数的波动引起的测量误差。由于光电倍增管的灵敏度高，所以适合在微弱光下使用，但不能接受强光刺激，否则易于损坏。

3. 光敏电阻

某些半导体材料（硫化镉等）受到光照时，若光子能$h\nu$大于本征半导体材料的禁带宽度，价带中的电子吸收一个光子后便可跃迁到导带，从而激发出电子-空穴对，于是降低了材料的电阻率，增强了导电性能。阻值的大小随光照的增强而降低，且光照停止后，自由电子与空穴重新复合，电阻恢复原来的值。

光敏电阻的特点是灵敏度高、光谱响应范围宽，可从紫外一直到红外，且体积小、性能稳定，因此广泛用于测试技术。光敏电阻的材料种类很多，适用的波长范围也不同。例如，硫化镉（CdS）、硒化镉（CdSe）适用于可见光（$(0.4\sim0.75\mu m)$的范围；氧化锌（ZnO）、硫化锌（ZnS）适用于紫外线范围；而硫化铅（PbS）、硒化铅（PbSe）、碲化铅（PbTe）则适用于红外线范围。

光敏电阻的主要特征参数有以下几种。

（1）光电流、暗电阻、亮电阻光敏电阻在未受到光照条件下呈现的阻值称为暗电阻，此时通过的电流称为暗电流。光敏电阻在特定光照条件下呈现的阻值称为亮电阻，此时通过的电流称为亮电流。亮电流与暗电流之差称为光电流。光电流的大小表征了光敏电阻的灵敏度大小。一般希望暗电阻大，亮电阻小，这样暗电流小，亮电流大，相应的光电流大。光敏电阻的暗电阻大多很高，为兆欧量级，而亮电阻则在千欧以下。

（2）光照特性光敏电阻的光电流 I 与光通量 F 的关系曲线称为光敏电阻的光照特性。

一般说来光敏电阻的光照特性曲线呈非线性，且不同材料的光照特性不同。

（3）伏安特性在一定光照下，光敏电阻两端所施加的电压与光电流之间的关系称为光敏电阻的伏安特性。当给定偏压时，光照度越大，光电流也越大。而在一定的照度下，所加电压越大，光电流也就越大，且无饱和现象。但电压实际上受到光敏电阻额定功率、额定电流的限制，因此不可能无限制地增加。

（4）光谱特性对不同波长的入射光，光敏电阻的相对灵敏度是不一样的。光敏电阻的光谱与材料性质、制造工艺有关。如硫化镉光敏电阻随着掺铜浓度的增加其光谱峰值从500nm移至640nm；而硫化铅光敏电阻则随材料薄层的厚度减小其峰值也朝短波方向移动。因此在选用光敏电阻时，应当把元件与光源结合起来考虑，才能获得所希望的效果。

（5）响应时间特性光敏电阻的光电流对光照强度的变化有一定的响应时间，通常用时间常数来描述这种响应特性。光敏电阻自光照停止到光电流下降至原值的63%时所经过的时间称为光敏电阻的时间常数。不同的光敏电阻的时间常数不同，因而其响应时间特性也不相同。

（6）光谱温度特性与其他半导体材料相同，光敏电阻的光学与化学性质也受温度影响。温度升高时，暗电流和灵敏度下降。温度的变化也影响到光敏电阻的光谱特性。因此有时为提高光敏电阻对较长波长光照（如远红外线）的灵敏度，要采用降温措施。

4. 光敏晶体管

光敏晶体管分光敏二极管和光敏晶体管，其结构原理分别如图4-48、图4-49所示。光敏二极管的PN结安装在管子顶部，可直接接受光照，在电路中一般处于反向工作状态(图4-48(b))。在无光照时，暗电流很小。当有光照时，光子打在PN结附近，从而在PN结附件产生电子-空穴对。它们在内电场作用下作定向运动，形成光电流。光电流随光照度的增加而增加。因此在无光照时，光敏二极管处于截止状态，当有光照时，二极管导通。

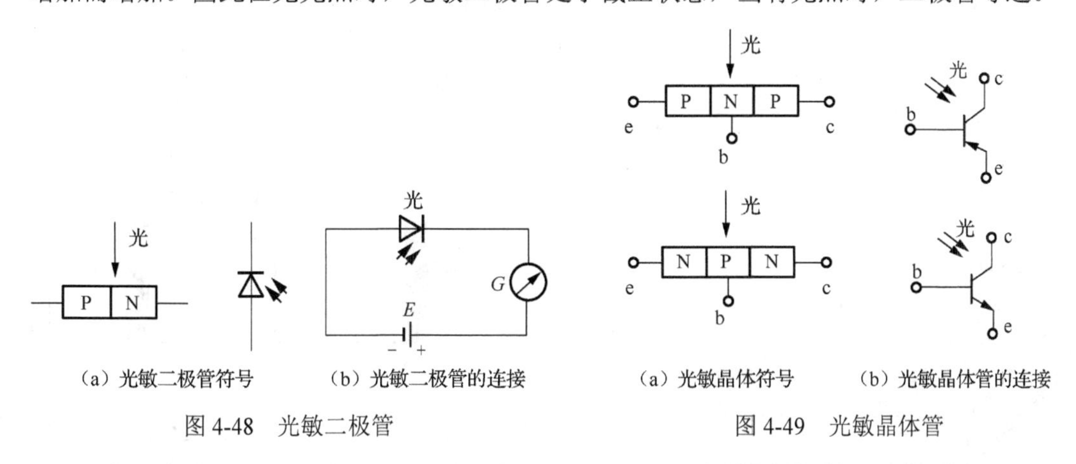

（a）光敏二极管符号　（b）光敏二极管的连接　（a）光敏晶体符号　（b）光敏晶体管的连接

图4-48　光敏二极管　　　　图4-49　光敏晶体管

光敏晶体管有NPN型和PNP型两种，结构与一般晶体三极管相似。由于光敏晶体管是由光致导通的，因此它的发射极通常做得很小，以扩大光的照射面积。当光照到三极管的PN结附近时，在PN结附件有电子-空穴对产生，它们在内电场作用下做定向运动，形成光电流。这样使PN结的反向电流显著增加。由于光照发射极所产生的光电流相对于晶体管的基极电流，因此集电极的电流为光电流的β倍，因此光敏晶体管的灵敏度比光敏二极管的灵敏度高。

光敏晶体管的基本特性如下。

（1）光照特性。光敏二极管特性曲线的线性度要好于光敏晶体管，这与三极管的放大特性有关。

（2）伏安特性。在不同照度下，光敏二极管和光敏晶体管的伏安特性曲线跟一般晶体管在不同基极电流时的输出特性一样。并且光敏晶体管的光电流比相同管型的二极管的光电流大数百倍。由于光敏二极管的光生伏打效应，光敏二极管即使在零偏压时仍有光电流输出。

（3）光谱特性。当入射波长增加时，光敏晶体管的相对灵敏度均下降，这是由于光子能量太小，不足以激发电子-空穴对。而当入射波长太短时，灵敏度也会下降，这是由于光子在半导体表面附近激发的电子-空穴对不能到达 PN 结的缘故。

（4）温度特性。光敏晶体管的暗电流受温度变化的影响较大，而输出电流受温度变化的影响较小。使用应考虑温度因素的影响，采取补偿措施。

（5）响应时间。光敏管的输出与光照之间有一定的响应时间，一般储管的响应时间为 2×10^{-4}s 左右，硅管为 1×10^{-5}s 左右。

5. 光电池

光电池是利用光生伏特效应把光直接转变成电能的光电器件。由于它可把太阳能直接转变成电能，因此又称为太阳能电池。它有较大面积的 PN 结，当光照射在 PN 结上时，在结的两端出现电动势，故光电池是有源元件。光电池有硒光电池、砷化镓光电池、硅光电池、硫化铊光电池、硫化镉光电池等。目前，应用最广、最有发展前途的是硅光电池和硒光电池。

1）光电池的结构和工作原理

硅光电池的结构如图 4-50 所示。当光照到 PN 结区时，如果光子能量足够大，将在结区附近激发出电子-空穴对，在 N 区聚积负电荷，P 区聚积正电荷，这样 N 区和 P 区之间出现电位差。若将 PN 结两端用导线连起来，电路中就有电流流过，电流的方向由 P 区流经外电路至 N 区，如图 4-51 所示。若将外电路断开，就可测出光生电动势。

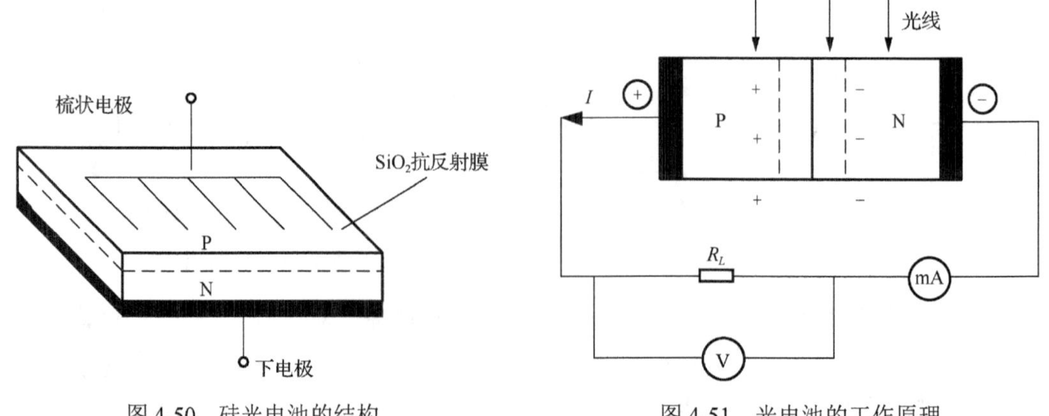

图 4-50　硅光电池的结构　　图 4-51　光电池的工作原理

2）基本特性

（1）光谱特性：光电池的光谱特性如图 4-52 所示。

硅光电池的光谱峰值在 800nm 附近，硒光电池的光谱峰值在 540nm 附近，故硒光电池适用于可见光。硒光电池常用于分析仪器、测量仪表。

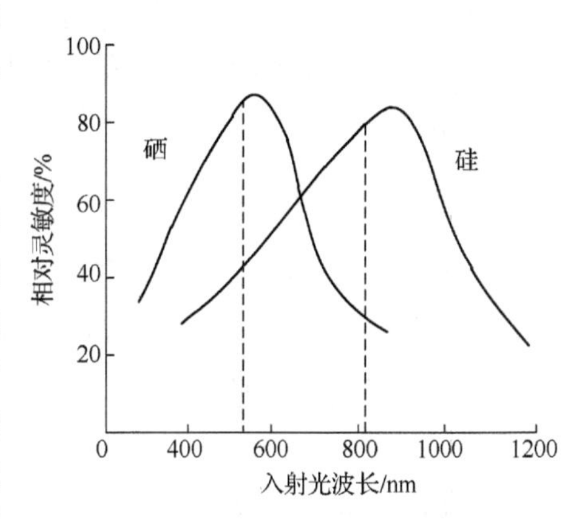

图 4-52　光电池的光谱特性

（2）光照特性：即光生电动势和光电流与照度之间的关系。硒光电池和硅光电池的光照特性如图 4-53 所示。开路（负载电阻 R_L 趋于无限大时）电压曲线是光生电动势与照度之间的特性曲线；短路电流曲线是光电流与照度之间的特性曲线。由图 4-53 可以看出，光电池的电动势即开路电压与照度为非线性关系，而光电池的短路电流与照度呈线性关系，而且受光面积越大，短路电流也越大。所以，光电池作为测量元件使用时，应当做电流源，不宜做电压源。

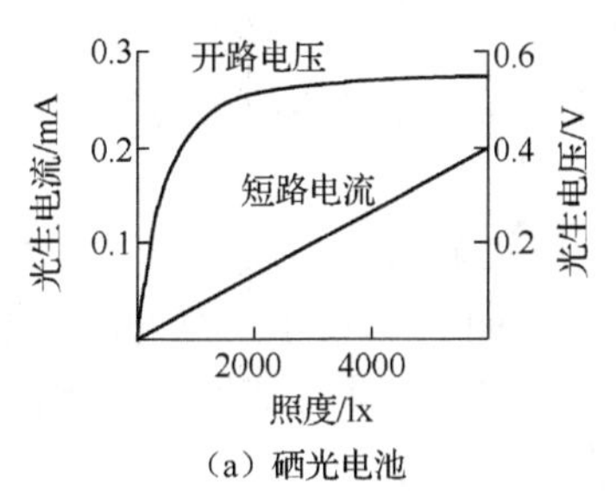

（a）硒光电池

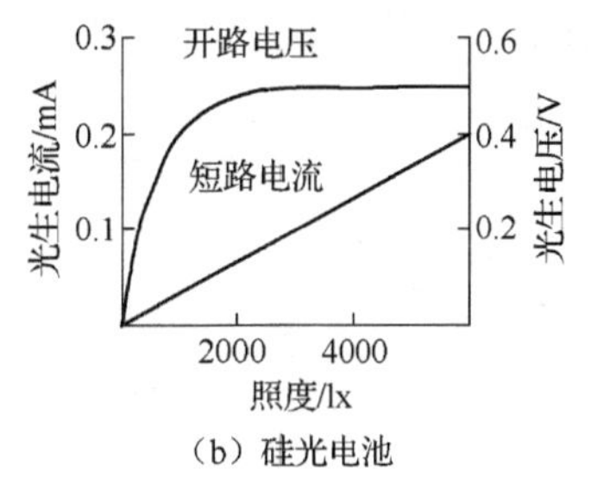

（b）硅光电池

图 4-53　硒光电池和硅光电池的光照特性

总之，硅光电池的价格便宜、转换效率高、寿命长，适于接收红外线。硒光电池的光电转换效率低、寿命短，适于接收可见光。

（3）频率特性：光电他作为测量、计数、接收元件时，常用调制光输入。光电池的频率特性就是指输出电流随调制光频率变化的关系。由图 4-54 可知，硅光电池具有较好的频率响应，而硒光电池的频率响应较差。因此，在一些高速计数和有声电影中，硅光电池得到了较广泛的应用。

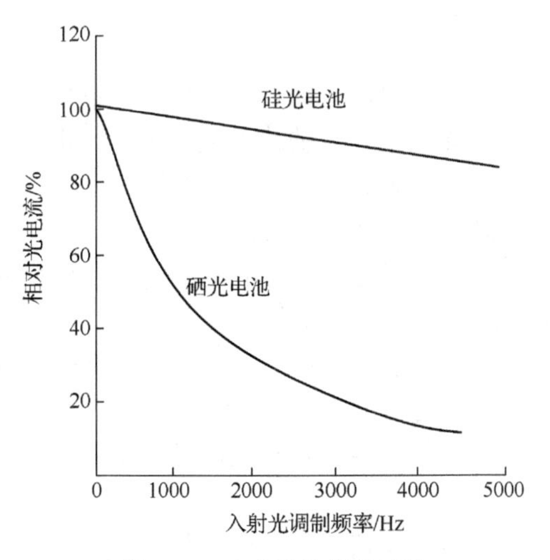

图 4-54　光电池的频率特性

（4）温度特性：是指开路电压和短路电流随温度变化的关系。温度特性是光电池的重要特性之一，在光电池作为测量元件时，为了保持温度恒定一般需要采取一些必要的温度补偿措施。

4.5.3　光电传感器的应用

光电传感器可应用于检测多种非电量。光通量对光电元件作用方式的不同所涉及的光学装置是多种多样的，按其输出性质可分为两类。

1. 模拟量光电传感器

把被测量转换成连续变化的光电流，它与被测量间呈单值对应关系。属于这一类的光电元件有以下几种形式。

（1）光源本身是被测物(图 4-55(a))，其能量辐射到光电元件上。这种形式的光电传感器可用于光电比色高温计中，它的光辐射的强度和光谱的强度分布都是被测温度的函数。

（2）恒光源所辐射的光穿过被测物，部分被吸收，而后到达光电元件上(图 4-55(b))。吸收量取决于被测物质的被测参数，如测液体、气体的透明度、混浊度的光电比色计、混浊度计的传感器等。

（3）恒光源所辐射的光照到被测物(图 4-55(c))，由被测物反射到达光电元件上。表面反射状态取决于该表面的性质，因此成为被测非电量的函数。如测量表面粗糙度等仪器的传感器。

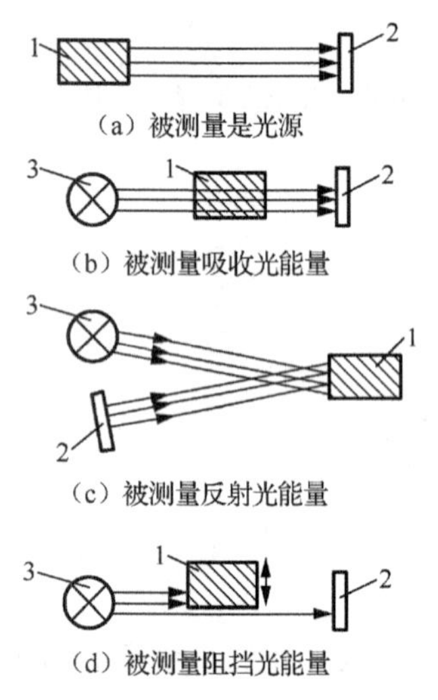

图 4-55　应用光电元件的几种形式
1-被测物；2-光电元件；3-恒光源

（4）恒光源所辐射的光遇到被测物，部分被遮挡，而后到达光电元件上(图 4-55(d))，由此改变了照射到光电元件上的光通量。在某些检测尺寸或振动的仪器中，常采用这类传感器。

2. 开关量光电传感器

把被测量转换成断续变化的光电流，而自动检测系统输出的为开关量或数字电信号。属于这一类的传感器大多用在光机电结合的检测装置中。如电子计算机的光电输入机、转速表的光电传感器与用于精确角度测量的光电式编码器。

这类传感器为数字传感器，具有以下优点。

（1）能借助于微电子技术，达到足够高的精度，避免了人为的读数误差。

（2）易于实现系统的快速、自动和数字化。

（3）测量系统量程大，长度可达数米甚至更长，可在 360° 范围内进行角度测量。

（4）测量系统安装方便、使用维护简单、工作性能可靠。

由于上述优点，已在机床业的数控、自动化以及计量业中得到广泛应用。本节着重介绍角度-数字编码器。

角度-数字编码器结构最为简单，广泛用于简易数控机械系统中。按工作原理加以区分，可分为脉冲盘式和码盘式两种。

1）脉冲盘式角度-数字编码器

脉冲盘式角度-数字编码器的结构如图4-56所示。在一个圆盘的边缘上开有相等角距的狭缝（分成透明及不透明的部分），在开缝圆盘的两边分别安装光源及光敏元件，使圆盘随工件轴一起转动。每转过一个缝隙及发生一次光线的明暗变化，经过光敏元件，就产生一次电信号的变化，再经过放大，可以得到一定幅值和功率的电脉冲输出信号。脉冲数等于转过的缝隙数。若将得到的脉冲信号送到计数器中，则计数码即可反映圆盘转过的角度。

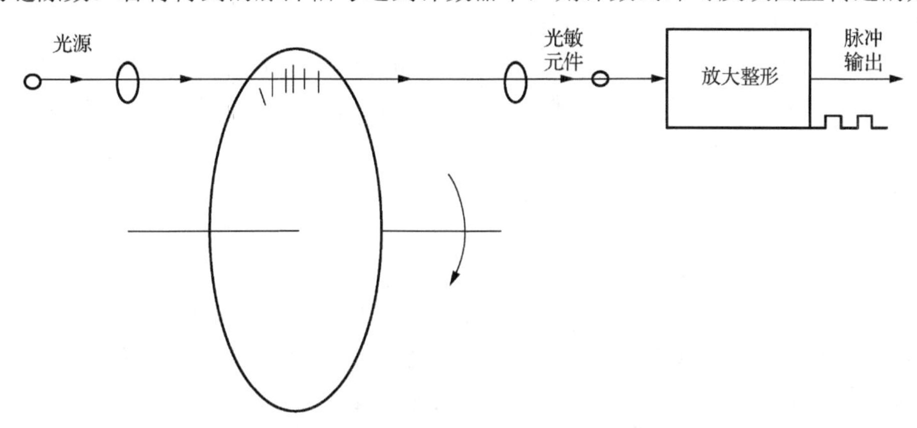

图4-56　脉冲盘式角度-数字编码器结构示意图

若采用两套光电转化装置，使其相对位置有一定的关系。以保证它们产生的信号在相位差1/4周期，这样可以判断轴的旋转方向，如图4-57所示。

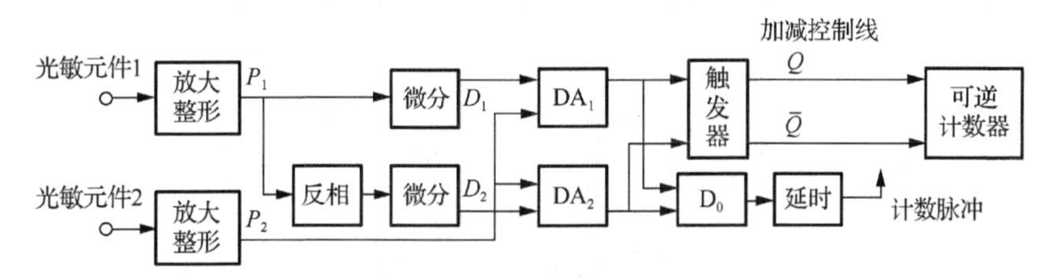

图4-57　辨向环节的逻辑电路图

正转时光敏元件2比光敏元件1先感光，此时与门DA_1有输出，将加减控制触发器置“1”，使可逆计数器的加法母线为高电位。同时DA_1的输出脉冲又经或门送到可逆计数器的计数输入端，计数器进行加法计数。反转时光敏元件1比光敏元件2先感光，计数器进行减法计数。这样就可以区别旋转方向，自动进行加法或减法计数。

2）码盘式角度-数字编码器

码盘式角度-数字编码器是按角度直接进行编码的传感器。通常把它装在检测轴上。按其结构可把它分为接触式、光电式和电磁式。码盘结构如图4-58所示。

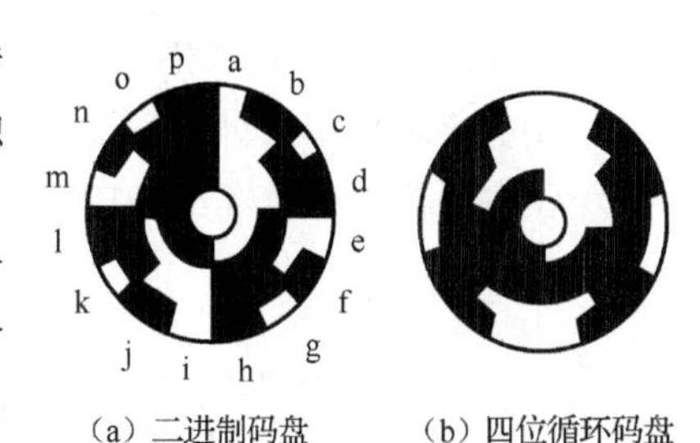

（a）二进制码盘　（b）四位循环码盘

图4-58　码盘结构

图4-58(a)为一个接触式四位二进制码盘，涂黑部分为导电区。所有导电部分连接在一起接高电位。空白部分为绝缘区。在每圈码道上都有一个电刷，电刷经电阻接地。当码盘与轴一起转动时，电刷上将出现相应的电位，对应一定的数码。

若采用 n 位码盘，则能分辨的角度 α 为

$$\alpha = \frac{360^\circ}{2^n}$$

位数 n 越大，能分辨的角度越小，测量精度越高。二进制码盘很简单，但实际应用中对码盘的制作和电刷（或光电元件）的安装要求十分严格，否则就会出错。例如，当电刷（0111）向（1000）位过渡时，若电刷位置安装不准，可能出现 8～15 的任一十进制数，这是不允许的。这种误差属于非单值误差。

为了消除非单值误差，通常用循环码代替二进制码(图 4-58(b))。循环码的特点是相邻的两个数码只有一位是变化的，因此即使制作和安装不准，产生的误差最大也只是一位数。

接触式码盘的优点是简单、体积小、输出信号功率大；缺点是有磨损、寿命短、转速不能太高。

3）光电式角度-数字编码器

近年来，大部分编码器采用光电式结构。通常它的码盘是用玻璃制成的，码盘上有代表编码的透明和不透明的图形。这些图形是采用照相制版真空镀膜工艺形成的，相当于接触式编码器码盘上的导电区和非导电区。一个完整的光电式角度-数字编码器包括光源、光学系统、码盘、读数系统和电路系统。光电式角度-数字编码器结构如图 4-59 所示。编码器的精度主要由码盘的精度决定，目前的分辨率可以达到 0.15，径向线条宽度为 0.06rad · s 。为了保证精度，码盘的透明和不透明的图形边缘必须清晰、锐利，以减少光电元件在电平转换时产生的过渡噪声。光学系统的边缘效应是限制编码器精度的重要因素之一。

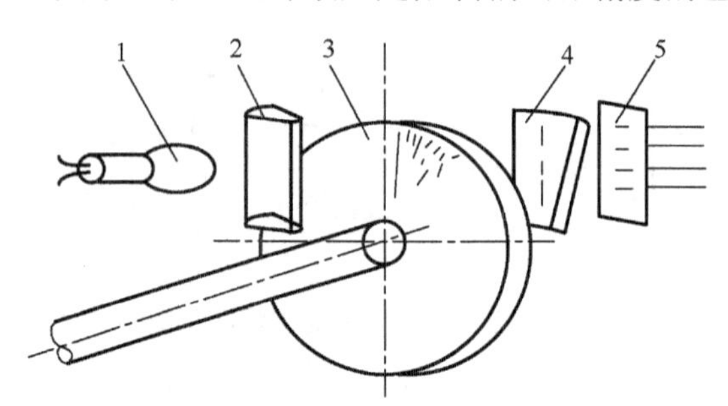

图 4-59 光电式角度-数字编码器结构示意图

1-光源；2-透镜；3-码盘；4-狭缝；5-光电元件

为了提高编码器的分辨率，在光电式角度-数字编码器中采用了二进制码盘、脉冲增量式码盘再加细分电路构成的高位数绝对式角度-数字编码器。

例如，有 1/1219 分辨率的编码器，它的码盘内有 14 条码道，通过光学系统产生 14 位二进制数字输出码。外层码道有两路增量脉冲光学系统，产生一个正弦数出和一个余弦输出，使编码器的分辨率从 1/1214 提高到 1/1219，相当于 0.02rad · s 。

3. *应用实例*

1）冷扎钢带跑偏监测

图 4-60 为一种利用光电传感器进行边缘位置检测的装置，用于带钢冷扎过程中控制带钢的移动位移纠偏。

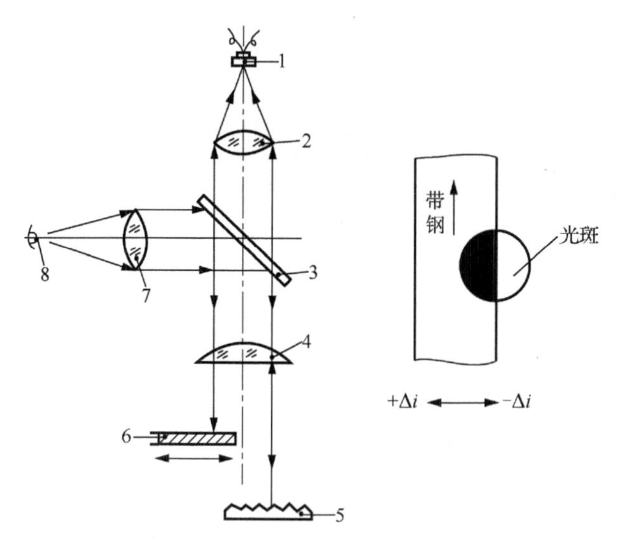

图 4-60　光电式边缘位置检测装置

1-光敏电阻；2-凸透镜；3-分光镜；4-平凸透镜；5-角矩阵反射镜；6-带钢；7-凸透镜；8-白炽灯

由白炽灯发出的光经凸透镜汇聚、分光镜反射后再经平凸透镜汇聚成平行光，该光束被行进中的带钢遮挡掉一部分，另一部分则入射至角矩阵反射镜，经该角矩阵反射镜反射的光再经平凸透镜、分光镜和凸透镜汇聚到光敏电阻上。角矩阵反射镜用于防止平面反射镜因倾斜或不平而出现的漫反射。由于光敏电阻接在输入桥路的一臂上，因此当带钢位于平行光束中间位置时，电桥处于平衡状态，输出为零。当带钢左、右偏移时，遮光面积发生减小或增大的变化，则光敏电阻接收的光通量会增大或减小，于是输出电流为 Δi 或 $-\Delta i$，该电流信号经放大后可作为带钢纠偏控制信号。

2）光电转速计

采用光电元件也可以做成光电转速计。在被测对象的转轴上涂上黑白二色，经光学系统的光照到转轴上。转动时，反光与不反光交替出现。轴每旋转一周反射到光电接收元件上的光强弱交换一次，从而在光电元件中引起一个脉冲信号。该脉冲信号经整形放大后送往计数器，从而可测得物体的转速。所用光电元件可以是光电池，也可以是光敏二极管。

4.6　光纤传感器

光纤传感器是 20 世纪 70 年代发展起来的新型传感器，和前面所介绍的传统传感器相比有着重大差别。传统传感器以机-电转换为基础，以电信号为变换和传输载体，利用导线传输电信号。光纤传感器则以光学量为转换基础，以光信号为变换和传输载体，利用光导纤维传输光信号。

4.6.1　光纤导光原理

由物理学知识可知，当光由大折射率 n_1 的介质（光密介质）射入小折射率 n_2 的介质（光疏介质）时，折射角 θ_r 大于入射角 θ_i，如图 4-61(a)所示。增大 θ_i，θ_r 也随之增大。当 $\theta_r = 90°$ 时所对应的入射角称为临界角，并记为 θ_{ie}，如图 4-61(b)所示。若 θ_i 继续增大，即 $\theta_i > \theta_{ie}$ 时，将出现全反射现象，此时光线不进入 n_2 介质，而在界面上全部反射回 n_1 介质中，如图 4-61(c)

所示。光波沿光纤的传播便是以全反射方式进行的。

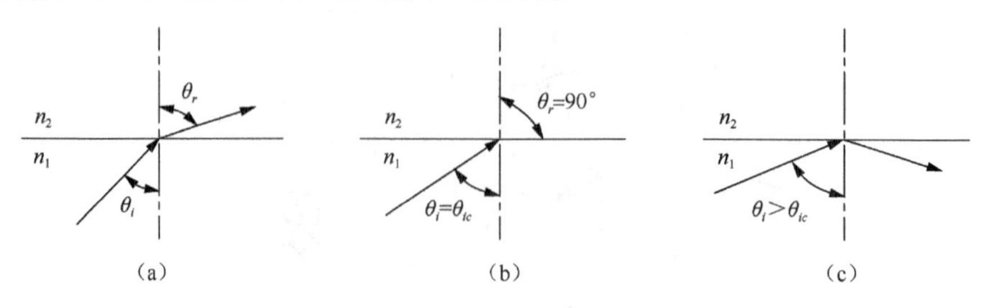

图 4-61　光的折射

光纤为圆柱形，内外共分三层。中心是直径为几十微米、大折射率 n_1 的芯子。芯子外层有一层直径为100～200μm、折射率 n_2 较小的包层。最外层为保护层，其折射率 n_3 则远大于 n_2。这样的结构保证了光纤的光波会集中在芯子内传输，并不受外来电磁波干扰。

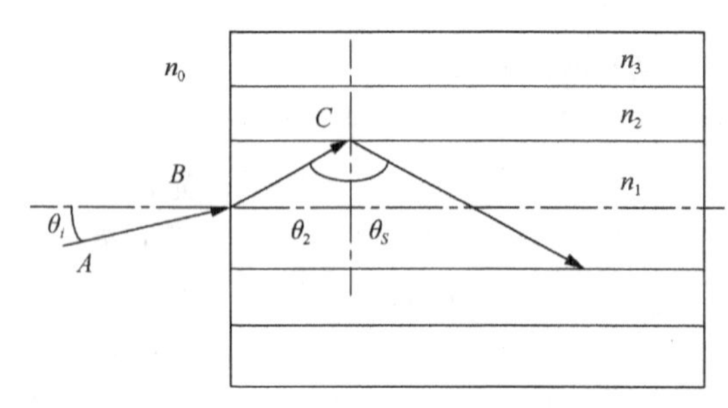

图 4-62　光线在光纤中的传播

在芯子-包层的界面上（图 4-62），光线自芯子以入射角 θ_2 射到界面 C 点。显然，当 θ_2 大于某一临界角 θ_{2e} 时，光线将在界面上产生全反射，反射角 $\theta_f=\theta_2$。光线反射到芯子另一侧的界面时，入射角仍为 θ_2，再次产生全反射；如此不断地传播下去。

光线自光纤端部射入，其入射角 θ_i 必须满足一定的条件才能使在 B 点折射后的光线 BC 射到芯子-包层界面 C 处产生全反射。由图 4-62 可以看出，入射角 θ_i 减小，C 处的入射角 θ_2 增大。可以证明，若光线自折射率为 n_0 的介质中入射光纤，则当 $\theta_2=\theta_{2e}$ 时，入射角 $\theta_i=\theta_{ie}$ 为

$$\sin\theta_{ie}=\frac{1}{n_0}\sqrt{n_1^2-n_2^2} \tag{4-50}$$

通常将 $n_0\sin\theta_{ie}$ 定义为光纤的数值孔径，用 NA 表示。显然，若自 $n_0=1$ 的介质（如大气）入射时，$\arcsin \mathrm{NA}=\theta_{ie}$ 为端面入射临界角。凡入射角 $\theta_i<\arcsin \mathrm{NA}$ 的那部分光线进入光纤后，将在芯子-包层界面处产生全反射而沿芯子向前传播。反之，当 $\theta_i>\arcsin \mathrm{NA}$ 时，光线进入芯子后会折射到包层内而最终消失，无法沿光纤传播。光纤的数值孔径 NA 越大，表明在越大的入射角范围内入射的光线均可在光纤的芯子-包层界面实现全反射。作为传感器的光纤，一般采用 $0.2\leqslant \mathrm{NA}<0.4$。

4.6.2　光纤传感器的特点

光纤传感器技术，已经成为极重要的传感器技术。其应用领域正在迅速扩展，对传统传感器应用领域起着补充、扩大和提高的作用。在实际应用中，有必要了解光纤传感器的特点，以利于使用人员在光纤传感器和传统传感器之间作出合适的选择。

光纤传感器具有以下几方面的优点。

（1）采用光波传递信息，不受电磁干扰，电气绝缘性能好，可在强电磁干扰下完成传统传感器难以完成的某些参量的测量，特别是电流、电压测量。

（2）光波传输无电能和电火花，不会引起被测介质的燃烧、爆炸；光纤耐高温、耐腐

蚀，因而能在易燃、易爆和强腐蚀性的环境中安全工作。

（3）某些光纤传感器的工作性能优于传统传感器，如加速度计、磁场计、水听器等。

（4）重量轻、体积小、可挠性好，利于在狭窄空间使用。

（5）光纤传感器具有良好的几何形状适应性，可做成任意形状的传感器和传感器阵列。

（6）频带宽、动态范围大，对被测对象不产生影响，有利于提高测量精度。

（7）利用现有的光通信技术，易于实现远距离测控。

4.6.3　光纤传感器的分类

光纤传感器以光学测量为基础，因此光纤传感器首先要解决的问题是如何将被测量的变化转换成光波的变化。实际上，只要使光波的强度、频率、相位和偏振四个参数之一随被测量变化，则此问题即被解决。通常，把光波随被测量的变化而变化，称为对光波进行调制。相应地，按照调制方式，光纤传感器可分为强度调制、频率调制、相位调制和偏振调制等四种形式。其中以强度调制较为简单和常用。

按光纤的作用，光纤传感器可分为功能型和传光型两种(图 4-63)。功能型光纤传感器的光纤不仅起着传输光波的作用，还起着敏感元件的作用，由它进行光波调制；它既传光又传感。传光型光纤传感器的光纤仅仅起着传输光波的作用，对光波的调制则需要依靠其他元件来实现。从图 4-63 中可以看到，实际上传光型光纤传感器也有两种情况。一种是在光波传输中，由光敏元件对光波实行调制(图 4-63(b))，另一种则是由敏感元件和发光元件发出已调制的光波(图 4-63(c))。

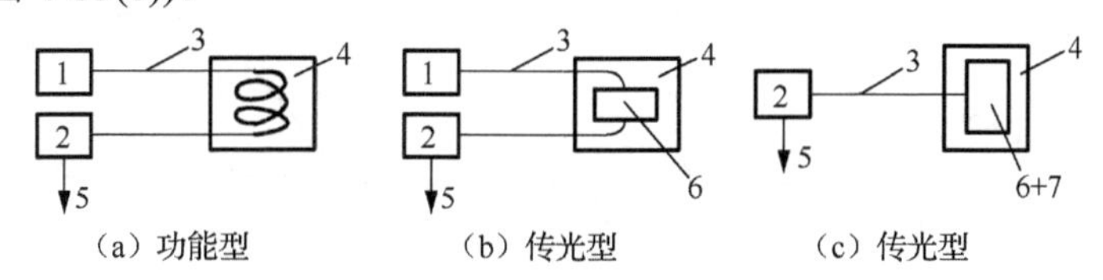

（a）功能型　　（b）传光型　　（c）传光型

图 4-63　光纤传感器的类型（0—88）

1-光源；2-光敏元件；3-光纤；4-被测对象；5-电输出；6-敏感元件；7-发光元件

一般来说，传光型光纤传感器应用较多，也较容易使用。功能型光纤传感器的结构和工作原理往往比较复杂或巧妙，测量灵敏度比较高，有可能解决一些特别棘手的测量难题。表 4-4 列出部分光纤传感器的测量对象、种类及调制方式。

表4-4　部分光纤传感器的测量对象、种类及调制方式

<table>
<tr><th>测量对象</th><th>种类</th><th>调制方式</th><th>测量对象</th><th>种类</th><th>调制方式</th></tr>
<tr><td rowspan="3">电流、磁场</td><td rowspan="2">功能型</td><td>偏振态</td><td rowspan="6">压力、振动、声压</td><td rowspan="3">功能型</td><td>频率</td></tr>
<tr><td>相位</td><td>相位</td></tr>
<tr><td>传光型</td><td>偏振态</td><td>光强</td></tr>
<tr><td rowspan="3">电压、电场</td><td rowspan="2">功能型</td><td>偏振态</td><td rowspan="3">传光型</td><td>光强</td></tr>
<tr><td>相位</td><td>光量有无</td></tr>
<tr><td>传光型</td><td>偏振态</td><td>—</td></tr>
<tr><td rowspan="5">温度</td><td rowspan="3">功能型</td><td>相位</td><td rowspan="3">速度</td><td rowspan="2">功能型</td><td>相位</td></tr>
<tr><td>光强</td><td>频率</td></tr>
<tr><td>偏振态</td><td>传光型</td><td>光量有无</td></tr>
<tr><td rowspan="2">传光型</td><td>光量有无</td><td>图像</td><td>功能型</td><td>光强</td></tr>
<tr><td>光强</td><td>放射线</td><td>功能型</td><td>光强</td></tr>
</table>

4.6.4　光纤传感器的应用

为了更好地了解光纤传感器的构造及应用特点，下面介绍几种光纤位移传感器。

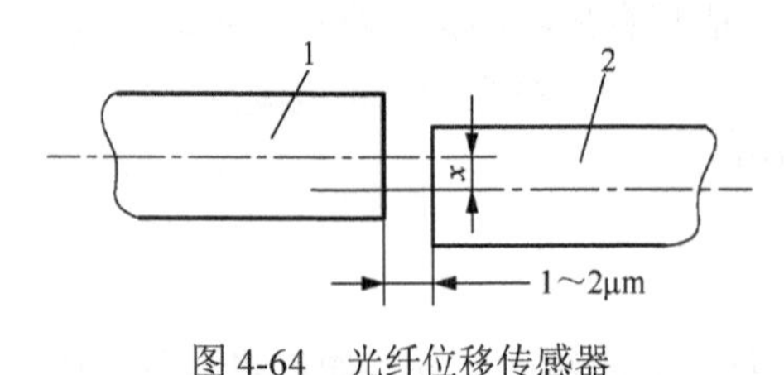

图 4-64　光纤位移传感器
1-发送光纤；2-接收光纤

光纤位移传感器应用极为广泛，而且经过适当的变化，也适用于测量其他待测量，如温度、压力、声压以及振动等。

图 4-64 是一种最简单的光纤位移传感器，其发送光纤和接收光纤的端面相对，其间隔为1～2μm 。接收光纤接收到的光强随两光纤径向相对位置不同而改变。这种传感器可应用于声压和水压的探测。

图 4-65 是一种传光型光纤位移传感器。发送光纤和接收光纤束扎在一起。发送光纤射出的光波在被测表面上反射到接收光纤，如图 4-65(a)所示。接收光纤所接收的光强 I 随被测表面与光纤端面之间的距离不同而变化。图 4-65(b)中表示出接收光强与距离的关系曲线。在距离较小的范围内，接收光强随距离 x 的增大而较快地增加，故灵敏度高，但位移测量范围较小，适用于小位移、振动和表面状态的测量。在 x 超过某一定值后，接收光强随 x 的增大而减小，此时，灵敏度较低，位移测量范围较大，适用于物位测量。某些三维坐标测量机也应用这种光纤位移传感器。

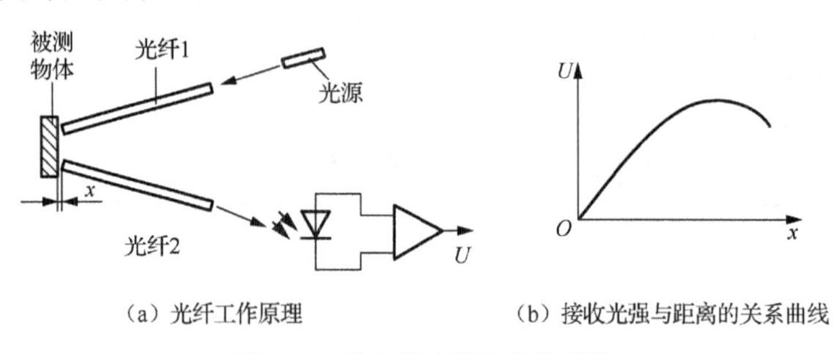

(a) 光纤工作原理　　(b) 接收光强与距离的关系曲线

图 4-65　传光型光纤位移传感器

图 4-66 所示的液位光纤传感器的端部，有一个全反射棱镜。

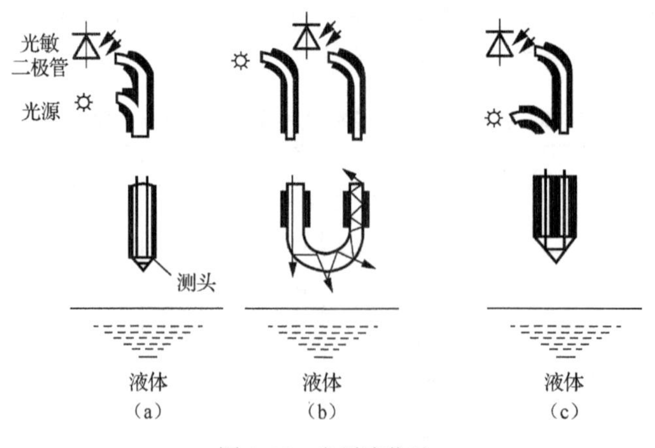

图 4-66　光纤液位计

在空气中，由发送光纤传输来的光波经棱镜全部反射进接收光纤。一旦棱镜接触液体后，由于液体折射率与空气的不同，破坏了全反射条件，部分光波进入液体，从而进入接收光纤的光强减小。

图 4-64～图 4-66 都是强度调制式传光型光纤传感器。在强度调制式的功能型位移光纤传感器中，以微弯式光纤传感器应用最广。其工作原理大致是：光纤在被测位移量的作用下产生微小弯曲变形，导致光纤导光性能的变化，部分光波折射入包层内而损耗掉。损耗的光强随弯曲程度而异。使光纤微弯曲的办法有很多，例如，用两块波纹板将光纤夹住，被测位移量通过两块波纹板使光纤弯曲变形，以改变其导光性能。不难理解，若波纹板受控于压力、声压或温度，那么也就构成微弯式的压力、声压或温度传感器。

相位调制式的位移传感器，大多数采用干涉法，即在两束相干光波中，有一束受到被测量的调制，两者产生随被测量变化的光程差，形成干涉条纹。干涉法的灵敏度很高。若采用激光光源，利用其相干性好的优点，便可使传感器获得既有高灵敏度又有大测量范围的好性能。

4.7　半导体传感器

半导体材料的一个重要特性是对光、热、力磁、气体、湿度等理化量的敏感性。利用半导体材料的这些特性使其成为非电量电测的转换元件，是近代半导体技术应用的一个重要方面。

与前面介绍的传感器比较，半导体传感器具有许多明显的特点。它们是一些特性型传感器，通常可以做成结构简单、体积小、重量轻的器件；它们的功耗低、安全可靠、寿命长；它们对被测量敏感、响应快；易于实现集成化。但它们的输出特性一般是非线性的，常常需要线性化电路；受温度影响大，往往需要采用温度补偿措施，其性能参数分散性较大。以上特点使得发展和应用半导体传感器已成为近代测试技术的重要发展方向。事实上，半导体传感器的使用量极大，增长率很快。因此，本节将较广泛地介绍一些半导体传感器。

4.7.1　磁敏传感器

利用半导体材料的磁敏特性来工作的传感器有霍尔元件、磁阻元件和磁敏管等。

1. 霍尔元件

霍尔元件是一种半导体磁电转换元件。一般由锗（Ge）、锑化铟（InSb）、砷化铟（InAs）等半导体材料制成。它们利用霍尔效应进行工作。如图 4-67 所示，将霍尔元件置于磁场 B 中，如果在 a、b 端通以电流 i，在 c、d 端就会出现电位差，称为霍尔电势 V_H，这种现象称为霍尔效应。

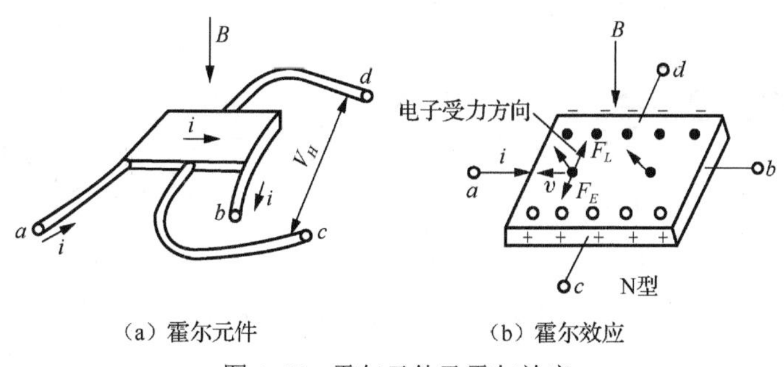

（a）霍尔元件　（b）霍尔效应

图 4-67　霍尔元件及霍尔效应

霍尔效应的产生是由于运动电荷受到磁场中洛伦兹力的作用结果。若把 N 型半导体薄片放在磁场中，通以固定方向的电流 I，那么半导体中的载流子（电子）将沿着与电流方向相反的方向运动。由物理学知识可知，任何带电质点在磁场中沿着和磁力线垂直的方向运动时，都要受到磁场力 F_1 的作用，这个力称为洛伦兹力。由于 F_1 的作用，电子向一边偏移，并形成电子积累，与其相对的一边则积累正电荷，于是形成电场。该电场将阻止运动电子的继续偏移，当电场作用在运动电子上的力 F_E 的作用与洛伦兹力 F_L 相等时，电子的积累便达到动态平衡。这时在元件 c、d 端之间建立的电场称为霍尔电场，相应的电势称为霍尔电势 V_{H}，可表示为

$$V_{\mathrm{H}} = k_B iB\sin\alpha \tag{4-51}$$

式中，k_B 为霍尔常数，取决于材质、温度和元件尺寸；B 为磁感应强度；α 为电流与磁场方向的夹角。

根据式(4-51)，如果改变 B 或 i，或者两者同时改变，就可以改变 V_{H} 值。运用这一特性，就可以把被测参数转换成电压量的变化。

近年来生产的锑化铟薄膜霍尔元件是用镀膜法制造的，其厚度约为 0.2mm，被用于极窄缝隙中的磁场测量。而集成霍尔元件利用硅集成电路工艺制造，它的敏感部分与变换电路制作在同一基片上，包括敏感、放大、整形、输出等部分。整个集成电路可制作在约 1mm^2 的硅片上，外部由陶瓷片封装，体积约为 $6\text{mm}\times5.2\text{mm}\times2\text{mm}$。

集成元件与分立元件相比，不仅显著缩小了体积，而且提高了灵敏度。例如，在工作电流为 20mA，磁感应强度 $B = 0.1\,\text{T}$ 的情况下，集成霍尔元件的输出达 25mV，而分立元件仅为 1.2mV。

另一种 MOS 型霍尔元件是利用硅平面工艺把 MOS 霍尔元件和差分放大器集成在一个芯片上，其灵敏度可达 20000mV/（mA·T）以上。

霍尔元件在工程测量中有着广泛的应用。图 4-68 介绍了霍尔元件用于测量的各种实例。可以看出，将霍尔元件置于磁场中，当被测物理量以某种方式改变了霍尔元件的磁感应强度时，就会导致霍尔电势的变化。例如，图 4-68(f)是一种霍尔压力传感器，液体压力 P 使波纹管的膜片变形，通过杠杆使霍尔片在磁场中位移，其输出电势将随压力 p 而变化。

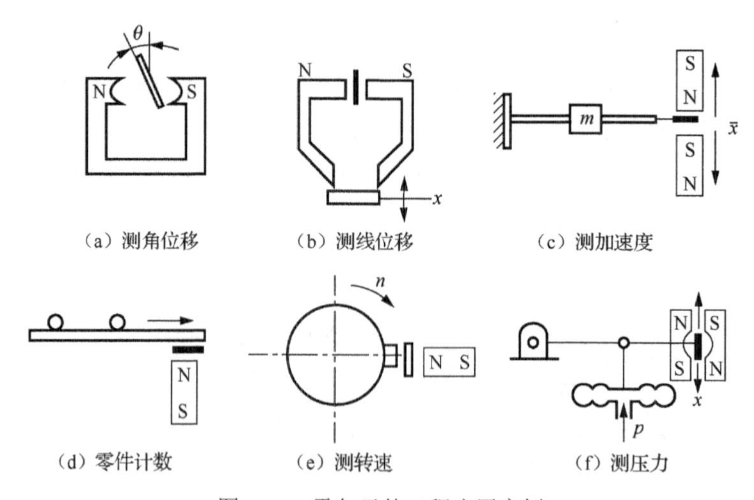

图 4-68　霍尔元件工程应用实例

以微小位移测量为基础，霍尔元件还可以应用于微压、压差、高度、加速度和振动的测量。

图 4-69 所示为一种利用霍尔元件探测 MTC 型钢丝绳断丝的工作原理。这种探测仪的永久磁铁使钢丝绳磁化，当钢丝绳有断丝时，在断口处出现漏磁场，霍尔元件通过此漏磁场将获得一个脉动电压信号。此信号经放大、滤波、A/D 转换后进入计算机分析。识别出断丝根数和断口位置。该项技术已成功应用于矿井提升钢丝绳、起重机械钢丝绳、载入索道钢丝绳等断丝检测，获得了良好的效益。

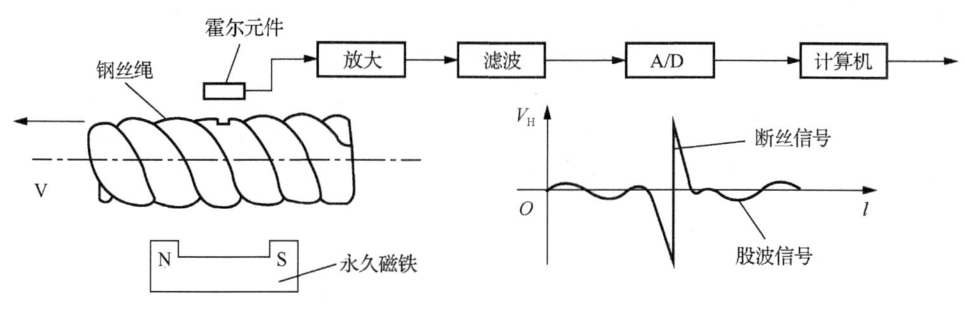

图 4-69　MTC 型钢丝绳断丝检测工作原理

2. 磁阻元件

磁阻元件是利用半导体材料的磁阻效应来工作的。霍尔元件处于外磁场中时，会产生载流子的偏移，故使其传导电流分布不均，表现为传导电流方向的电阻也不一致。若改变磁场的强弱就会影响电流密度的分布，半导体片的电阻变化可反映这一状态。半导体片的电阻与外加磁场 B 和霍尔常数 k_B 有关，这种特性称为磁阻效应。磁阻效应与材料性质、几何形状有关，一般迁移率越大的材料，磁阻效应越显著，元件的长宽比越小，磁阻效应越大。

磁阻元件可用于位移、力、加速度等参数的测量。图 4-70 所示为一种测量位移的磁阻效应传感器。将磁阻元件置于磁场中，当它相对于磁场发生位移时，元件内阻 R_1、R_2 发生变化。如果将 R_1、R_2 接于电桥，则其输出电压与电阻的变化成比例。

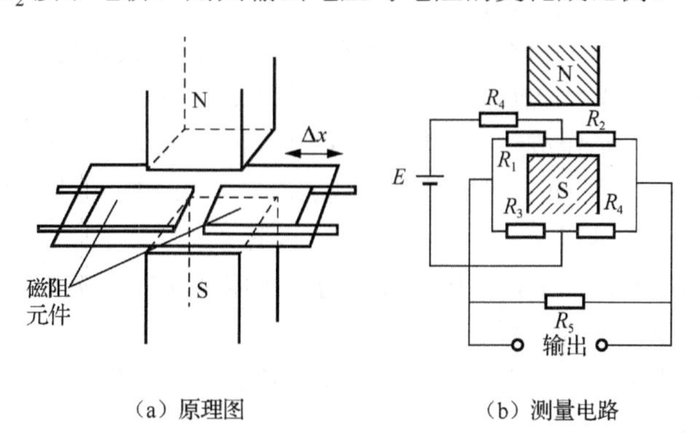

图 4-70　磁阻效应位移传感器

3. 磁敏管

磁敏二极管和磁敏三极管是 20 世纪 70 年代发展起来的新型磁敏传感器。这种元件检测磁场变化的灵敏度很高（高达 10V/ mA · T），约为霍尔元件磁灵敏度的数百倍至数千倍；

且能识别磁场方向、体积小、功耗低。但有较大的噪声、漂移和温度系数。它们很适合检测微弱磁场的变化，可用于磁力探伤仪和借助磁场触发的无触点开关。也用于非接触转速、位移量测量等。

4.7.2　热敏传感器

热敏电阻是一种半导体温度传感器，由金属氧化物（NiO、MnO_2、CuO、TiO_2 等）的粉末按一定比例混合烧结而成。热敏电阻具有很大的负温度系数，且其特性曲线为非线性的（图 4-71）。电阻-温度关系可表示为

$$R = R_0 e^{\beta\left(\frac{1}{T}-\frac{1}{T_0}\right)} \tag{4-52}$$

式中，R 为温度为 T 时的电阻（Ω）；R_0 为温度为 N 时的电阻（Ω）；β 为材料的特征常数（K）；T 、T_0 为相对温度和热力学温度（K）。

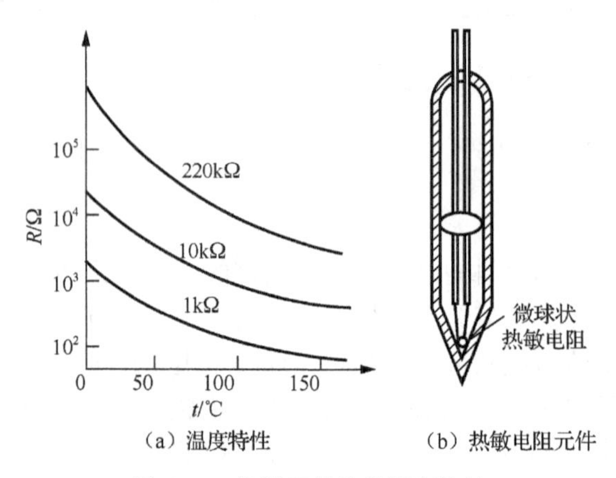

（a）温度特性　　（b）热敏电阻元件

图 4-71　热敏元件及其温度特性

参考温度 T_0 常取 298K（25℃），而 β 最好为 4000 左右，通过计算（$\mathrm{d}R/\mathrm{d}T$）/R，可得电阻的温度系数为 $-\beta/T^2$。若 β 取值为 4000，则室温（25℃）下的温度系数为 -0.045。

半导体热敏电阻与金属电阻相比，具有如下优点。

（1）灵敏度高，可测 0.001～0.005℃的微小温度变化。灵敏度一般为±6mV/℃以下及 $-150\sim20\Omega/℃$，比热电偶和电阻温度传感器的灵敏度高许多。

（2）热敏电阻元件可制作成珠状、杆状和片状（图 4-72）。其中微珠式热敏电阻的珠头直径可做到小于 0.1mm，因而可测量微小区域的温度。由于体积小、热惯性小、响应时间很短，时间常数可小到毫秒级。

（3）在室温（25℃）条件下，热敏元件本身的电阻值可在 $100\sim1\times10^6\Omega$ 内选择。即使长距离测量，导线的电阻影响也可以不考虑。

（4）热敏电阻可测量的温度范围为 $-200\sim+1000$℃，并且在 $-50\sim+350$℃范围内具有较好的稳定性。

热敏电阻的缺点是非线性大、对环境温度敏感性大，测量时易受到干扰。

热敏电阻元件被广泛用于测量仪器、自动控制、自动检测等装置中。

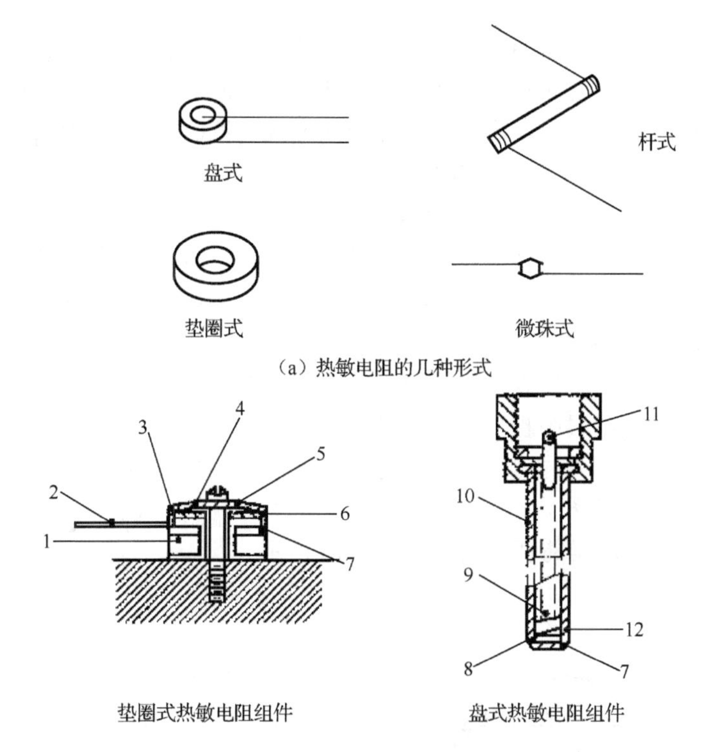

图 4-72　热敏电阻的结构形式

1-热敏电阻；2-接线端子；3-纤维垫圈；4-弹簧垫圈；5-纤维套；6-铜垫圈；7-导线垫圈；8-盘式弹簧；9-绝缘体；10-纤维；11-接触销；12-铜管

4.7.3　气敏传感器

气敏传感器是 20 世纪 60 年代产生的一种新型传感器。气敏半导体材料有氧化锡（SnO_2）；氧化锰（MnO_2）等。半导体气敏传感器的工作原理是：当气敏元件吸附了被测气体时，其电导率发生了变化。当半导体气敏元件表面吸附气体分子时，由于二者相互接收电子的能力不同，产生了正离子或负离子吸附，引起表面能带弯曲，导致电导率变化。

半导体气敏元件也分为 N 型和 P 型两种。

半导体气敏传感器具有在低浓度下对可燃气体和某些有毒气体检测灵敏度高、响应快、制造使用和保养方便、价格便宜等优点。但它们的气体选择性差、元件性能参数分散，且时间稳定度欠佳。

电阻式半导体气敏传感器是应用较多的一种。被测气体一旦与这种传感器的敏感材料接触并被吸附后，传感器的电阻随气体浓度而变化。气敏传感器主要用于检测一氧化碳、乙醇、甲烷、异丁烷和氢。这类气敏传感器中都有电极和加热丝。前者用于输出电阻值，后者用来烧灼敏感材料表面的油垢和污物，以加速被测气体的吸、脱进程。

4.7.4　湿敏传感器

所谓湿度，就是空气中所含有水蒸气的量。湿度对产品质量和人类生活有重大影响。与温度相比，对湿度的测量和控制技术要落后许多。

湿度检测比较困难，传统的检测方法也一直比较落后。且测试装置体积大、对湿度变化响应缓慢，特别是需要目测和查表换算是这些测量方法的共同缺点。随着现代科技的飞速发展，在对湿度的测量提出精度高、速度快的要求的同时又要求湿度的测量适用于自动检测、自动控制的要求。于是半导体湿敏传感器应运而生。

湿敏半导体材料多为金属氧化物材料，是烧结型半导体材料，一般为多孔结构的多晶体。典型材料有四氧化三铁（Fe_3O_4）、铬酸镁-二氧化钛（$MgCr_2O_4$-TiO_2）、五氧化二钒-二氧化钛（V_2O_3-TiO_2）、羟基磷灰石（$Ca_{10}(PO_4)_6(OH)_2$）及氧化锌-三氧化二铬（ZnO-Cr_2O_3）等。其中 Fe_3O_4 多制成胶体湿敏元件。

金属陶瓷湿敏的基本原理为：当水分子在陶瓷晶粒间界吸附时，可离解出大量导电离子，这些离子在水的吸附层中担负着电荷的输运，导致材料电阻下降。即大多数半导体陶瓷属于负感湿特性的半导体材料，其阻值随环境湿度的增加而减小。随着湿度的增加，此类半导体陶瓷的阻值可下降 3～4 个数量级。

金属氧化物湿敏传感器的基本结构如图 4-73 所示。

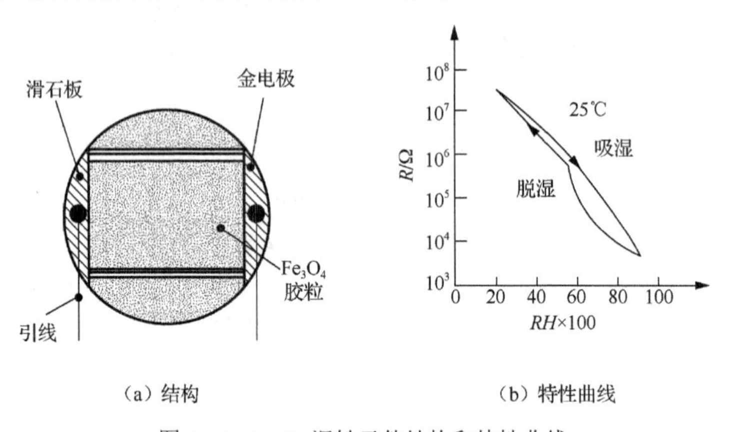

（a）结构　　（b）特性曲线

图 4-73　Fe_3O_4 湿敏元件结构和特性曲线

4.7.5　固态图像传感器

固态图像传感器从功能上说，它是一个能把接收到的光像分成许多小单元（称为像素），并将它们转换成电信号，然后顺序地输送出去的器件。从构造上来说，图像传感器是一种小型固态集成元件，它的核心部分是电荷耦合器件（charge coupled device，CCD）。CCD 由阵列式排列在衬底上的金属-氧化物-半导体（metal oxide semi-conductor，MOS）电容器组成，它具有光生电荷、积蓄和转移电荷的功能，是 20 世纪 70 年代发展起来的一种新型光电元件。

在控制脉冲电压作用下，CCD 中依次排列相邻的 MOS 电容中的信号将有次序地转移到下一个电容中，实现电荷受控制地转移。典型的一维图像传感器由一列光敏单元和一列 CCD 并行构成。光敏元件与 CCD 之间有一转移控制栅（图 4-74），其中 CCD 作为读出移位寄存器。每个光敏单元通常是一个 MOS 电容，并正对着 CCD 上的一个电容。在光照下，光生少数载流子在光敏单元中积蓄。每个单元所积蓄的电荷量与该单元所接收的光照度、电荷积蓄时间成正比。在光敏单元接收光照一定时间后，转移控制栅打开，各光敏单元所积蓄的电荷就会并行地转移到 CCD 读出移位寄存器上。随后转移控制栅关闭，光敏单元立即开始下一次的光电荷积蓄。与此同时，上一次的一串电荷信号沿移位寄存器顺序地转移并在输出端串行输出。

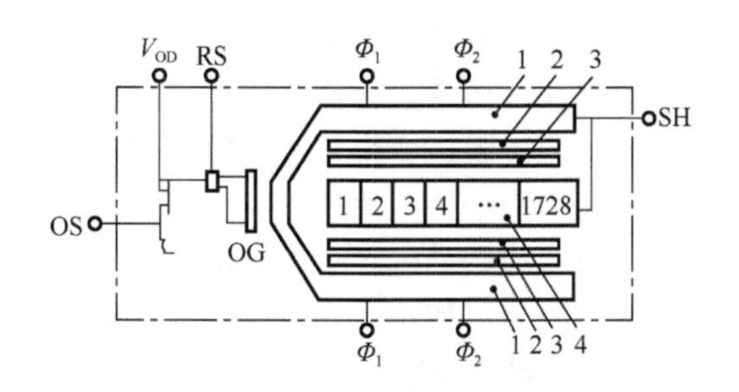

图 4-74　线性 CCD 图像传感器

1-CCD 转移寄存器；2-转移控制器；3-积蓄控制电极；4-PD 阵列（1728）

SH-转移控制栅输入端；RS-复位控制；V_{OD}-漏极输出；OS-图像信号输出；OG-输出控制器

由于每个光敏单元排列整齐，尺寸和位置准确，因此光敏单元阵列可作为尺寸测量的标尺。这样，每个光敏单元的光电荷量不仅含有光照度的准确信息，而且还含有该单元位置的信息，其对应的输出电信号也同样具有这两方面的信息。从测量上来说，这种光敏单元同时实现了光照度和位置的测量功能。

固态图像传感器具有小型、轻便、响应快、灵敏度高、稳定性好、寿命长和以光为介质可以对人员不便出入的环境进行远距离测量等诸多优点，已得到广泛的应用。其主要用途大致有以下几方面。

（1）物位、尺寸、形状、工件损伤等测量。

（2）作为光学信息处理的输入环境，如摄影和电视摄像、传真技术、光学文字识别技术和图像识别技术中的输入环节。

（3）自动生产过程中的控制敏感元件。

固态图像传感器依照其光敏单元排列形式分为线型、面型等。已应用的有 1024、1728、2048、4096 像素的线性传感器，面型阵有 32×32、100×100、512×512、512×768 等像素的，目前最高像素已达 1100 多万。

图 4-75 所示为用于热轧铝板宽度检测的实例。两个线型固态图像传感器 1、2 置于铝板的上方，板两端的一小部分处于传感器的视场内，依据几何光学，可以测得宽度 l_1、l_2，在已知视场距离为 l_m 时，就可以算出铝板宽度 L。图像传感器 3 用来摄取激光在板上的反射，其输出信号用来补偿由板厚变化造成的测量误差。整个检测系统由微机控制，可实现在线实时监测，对于 2m 宽的板材，测量精确度可达 ±0.25%。

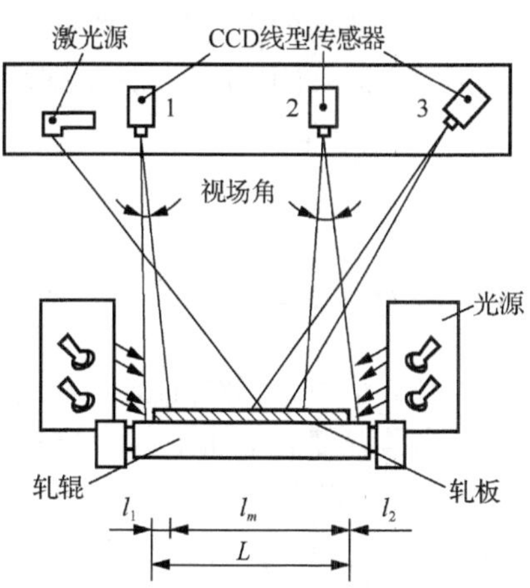

图 4-75　热轧铝板宽度自动检测原理

1、2-线型固态图像传感器；3-图像传感器

4.7.6　集成传感器

随着集成电路的发展，越来越多的半导体传感器及其后续电路被制作在同一芯片上，形成集成传感器。它具有传感器功能又能完成后续电路的部分功能。

随着集成技术的发展，集成传感器所包括的电路也由少而多、由简而繁。优先集成的电路大致有：各种调节和补偿电路，如电压稳定电路、温度补偿电路和线性化电路、信号放大和阻抗变化电路、信号数字化和信号处理电路、信号发送与接收电路，以及多传感器的集成。集成传感器的出现，不仅使测量装置的体积缩小、重量减轻，而且增强了功能、改善了性能。例如，温度补偿电路和传感器元件集成在一起，能有效地感知并跟踪传感元件的温度，可取得极好的补偿效果；阻抗变换、放大电路和传感元件集成在一起，可有效减小两者之间由传输导线引进的外来干扰，改善信噪比；多传感器的集成，可同时进行多参量的测量，并能对测量结果进行综合处理，从而得出被测系统的整体状态信息；信号发送和接收电路与传感元件集成在一起，使传感器有可能放置于危险环境、封闭空间甚至植入生物体内而接收外界的控制，并自动输送出测量结果。

近年来，随着集成技术的发展，集成传感器所包含的电路已具有一定的“智能”，出现了灵巧传感器（smart sensor）或智能传感器（intelligent sensor）。这类传感器一般具有以下几方面的能力。

（1）条件调节和温度补偿能力。能自动补偿环境变化（如温度、气压等）的影响，能自动校正、自选量程和输出线性化。

（2）通信能力。以某种方式与系统接口。

（3）自诊断能力。能自查故障并通知系统。

（4）逻辑和判断能力。能进行判断并操作控制元件。

灵巧传感器能有效地提高测量精确度，扩大使用范围和提高可靠性。

已经应用的灵巧传感器种类甚多。在物体的位置、距离、厚度、状态测量以及和目标识别等方面检测用的灵巧传感器尤其受到重视。

4.8　红外测试系统

4.8.1　红外辐射

红外辐射又称红外线（红外光），指太阳光中波长比红光长的那部分不可见光。任何物体，当其温度高于 0K(−273.15℃)时，都会向外辐射电磁波。物体的温度越高，辐射的能量越多。现实世界所辐射的各种电磁波波谱很宽，可从几微米到几公里，包括γ射线、X 射线、紫外线、可见光、红外线直至无线电波（图 4-76）。红外辐射是其中一部分。

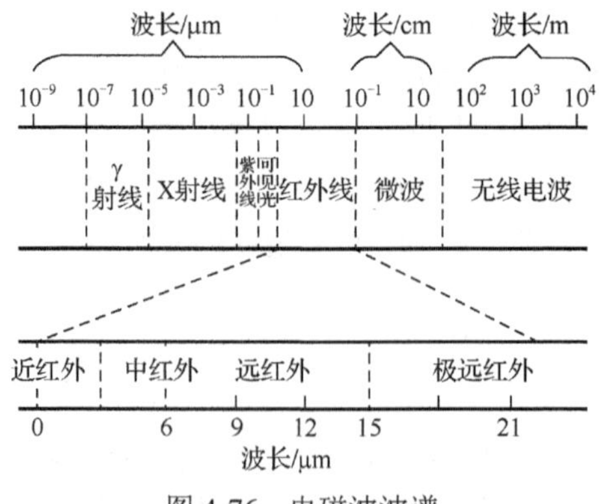

图 4-76　电磁波波谱

红外线的波长在 0.76～1000μm 的范围内，相对应的频率为 4×10^{4}～3×10^{11}Hz 。通常根

据红外线中不同的波长范围又分为近红外线（0.76～1.5μm）、中红外线（1.5～6μm）和远红外线（6～1000μm）三个区域。

红外线和所有电磁波一样，具有反射、折射、干涉、吸收等性质。它在真空（或空气）中的传播速度为$3\times10^8\,\text{m/s}$。红外辐射在介质中传播时，会产生衰减，主要影响因素是介质的吸收和散射作用。

物体的温度与辐射功率的关系由斯特藩-玻尔兹曼定律给出，即物体的辐射强度 M 与其热力学温度的 4 次方成正比。

$$M = \varepsilon\sigma T^4 \tag{4-53}$$

式中，M 为单位面积的辐射功率（$\text{W}\cdot\text{m}^{-2}$）；$\sigma$ 为斯特藩-玻尔兹曼常数，等于 $5.67\times10^{-8}\,\text{W}\cdot\text{m}^{-2}\cdot\text{K}^{-4}$；$T$ 为热力学温度（K）；ε 为比辐射率（非黑体辐射度/黑体辐射度）。

研究物体热辐射的一个主要模型是黑体。黑体即为在任何温度下能够全都吸收任何波长的辐射的物体。处于热平衡下的理想黑体在热力学温度 T（K）时，均匀向四面八方辐射，在单位波长内，沿半球方向上，面积所辐射出的功率称为黑体辐射通量密度，记为 M_λ，单位 $\text{Wm}^{-2}\cdot\mu\text{m}^{-1}$。

普朗克定律揭示了不同温度下黑体辐射通量按波长分布的规律（图 4-77）。

$$M_\lambda = \frac{C_1}{\lambda^5(\text{e}^{C_2/\lambda T} - 1)} \tag{4-54}$$

式中，M_λ 为波长为 λ 的黑体光谱辐射通量密度（$\text{Wm}^{-2}\cdot\mu\text{m}^{-1}$）；$C_1$ 为第一辐射系数，$C_1 = 3.7415\times10^{-16}\,\text{W}\cdot\text{m}^2$；$C_2$ 为第二辐射系数，$C_2 = 1.4388\times10^{-2}\,\text{m}\cdot\text{K}$；T 为热力学温度（K）；$\lambda$ 为波长（μm）。

由图 4-77 可见，辐射的峰值点随物体的温度降低而转向波长较长的一边，热力学温度 2000K 以下的光谱曲线峰值点所对应的波长是红外线。也就是说，低温或常温状态的各种物体都会产生红外辐射。此性质使红外测试技术在工业、农业、军事、宇航等各领域获得了广泛的应用。

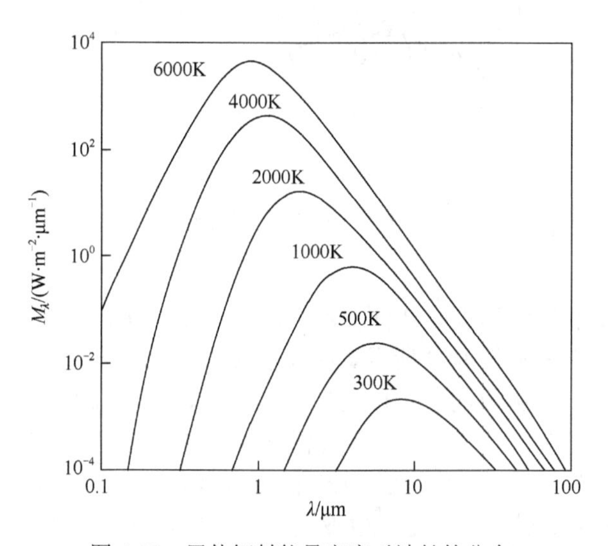

图 4-77　黑体辐射能量密度对波长的分布

在运用红外技术时要考虑到大气对红外辐射的影响。物体的红外辐射都要在大气中进行。不同波长的红外辐射对大气有着不同的穿透程度，这是因为大气中的一些水分子如水蒸气、二氧化碳、臭氧、甲烷、一氧化碳和水均对红外辐射存在不同程度的吸收作用。在整个红外波段上，某些波长的辐射对大气有较好的透过作用。实验表明，1～2.5μm、3～5μm的红外辐射对大气有较好的透过效果。

斯特藩-玻尔兹曼定律是红外检测技术应用的理论基础。

4.8.2 红外探测器

红外探测器是将辐射能转换成电能的一种传感器。按其工作原理可分为热探测器和光子探测器。

1. 热探测器

热探测器是利用红外辐射引起探测元件的温度变化，进而测定所吸收的红外辐射量。通常有热电偶型、热敏电阻型、气动型、热释电型等。本节主要介绍热电偶型、气动型和热释电型。

1）热电偶型

将热电偶置于环境温度下，将节点涂上黑层置于辐射中，可根据产生的热电动势来测量入射辐射功率的大小。这种热电偶多用半导体测量。

为了提高热电偶探测器的探测率，通常采用热电堆型，如图 4-78 所示。其结构由数对热电偶以串联形式相接，冷端彼此靠近且被分别屏蔽起来，热端分离但相连接构成热电偶，用来接收辐射能。热电堆可由银-铋或锰-康铜等金属材料制成块状热电堆；也可用真空镀膜和光刻技术制造薄膜热电堆，常用材料为锑和铋。热电堆型探测器的探测率约为 $1\times10^{9}\,\mathrm{cm\cdot Hz^{1/2}\cdot W^{-1}}$，响应时间从数毫秒到数十毫秒。

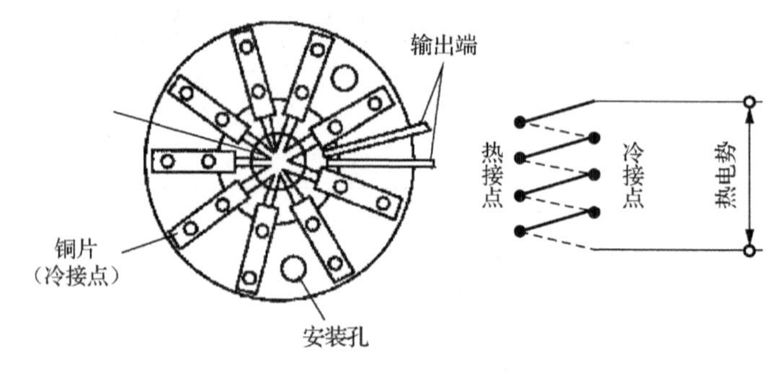

图 4-78　热电椎型探测器

2）气动型

气动型探测器是利用气体吸收红外辐射后，以温度升高、体积增大的特性来反映红外辐射的强弱。其结构原理如图 4-79 所示。红外辐射通过红外透镜 11、透红外窗口 2 照射到吸收薄膜 3 上，此薄膜将吸收的能量传送到气室 4 内，气体温度升高，气压增大，致使柔性镜 5 膨胀。在气室的另一边，来自可见光源 8 的可见光通过光学透镜 12、栅状光阑 6、反射镜 9 透射到光电管 10 上。当柔性镜因气体压力增大而移动时，栅状图像与栅状光阑发生相对位移，使落到光电管上的光量发生变化，光电管的输出信号反映了红外辐射的强弱。

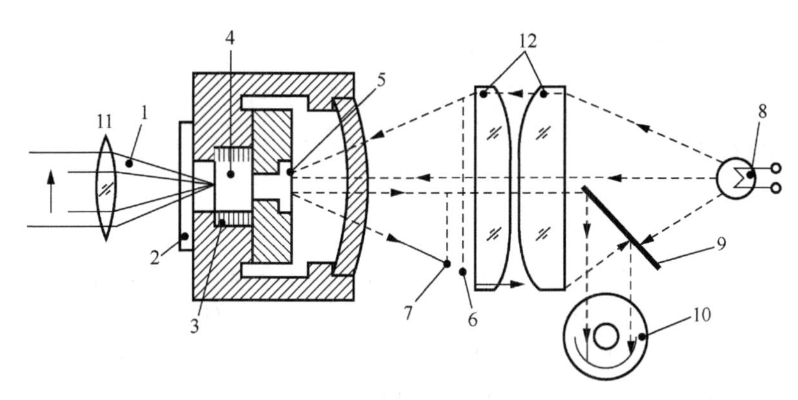

图 4-79　气动型探测器

1-红外辐射；2-透红外窗口；3-吸收薄膜；4-气室；5-柔性镜；6-栅状光阑；7-光栅图像；8-可见光源；9-反射镜；10-光电管；11-红外透镜；12-光学透镜

气动型探测器光谱响应波段很宽，从可见光到微波，其探测率约为 $1\times10^{10}\text{cm}\cdot\text{Hz}^{1/2}\cdot\text{W}^{-1}$，响应时间为 15ms，一般用于实验室内，作为其他红外器件的标定基准。

3）热释电型

热释电型探测器的工作原理是基于物质的热释电效应。某些晶体（硫酸三甘钛、铌酸锶钡、钽酸锂（$LiTaO_3$）等）是具有极化现象的铁电体，在适当外电场作用下，这种晶体可以转变为均匀极化单畴。在红外辐射下，温度升高，引起极化强度下降，即表面电荷减少，这相当于释放一部分电荷，此现象被称为热释电效应。通常沿某一特定方向，将热释电晶体切割为薄片，再在垂直于极化方向的两端面镀以透明电极，并用负载电阻将电极连接。在红外辐射下，负载电阻两端就有信号输出。输出信号的大小取决于晶体温度的变化，从而反映出红外辐射的强弱。通常对红外辐射进行调制，使恒定的辐射变成交变的辐射，不断引起探测器的温度变化，导致热释电产生，并输出交变信号。

热释电型探测器的技术指标如下。

响应波段：$1\sim38\mu\text{m}$。

探测率：$(3\sim5)\times10^{2}\text{cm}\cdot\text{Hz}^{1/2}\cdot\text{W}^{-1}$。

响应时间：10^{-2}s。

工作温度：300K。

热释电型探测器一般用于测温仪、光谱仪及红外摄像等。

2. 光子探测器

光子探测器的工作原理是基于半导体材料的光电效应。一般有光电、光电导及光生伏打等探测器。制造光子探测器的材料有硫化铅、锑化铟、碲镉汞等。由于光子探测器是利用入射光子直接与束缚电子相互作用，所以灵敏度高、响应速度快。又因为光子能量与波长有关，所以光子探测器只对具有足够能量的光子有响应，存在着对光谱响应的选择性。光子探测器通常在低温条件下工作，因此需要制冷设备。光子探测器的性能指标如下。

响应波段：$2\sim4\mu\text{m}$。

探测率：$(0.1\sim5)\times10^{2}\text{cm}\cdot\text{Hz}^{1/2}\cdot\text{W}^{-1}$。

响应时间：10^{-5}s。

工作温度：70～300K。

光子探测器一般用于测温仪、航空扫描仪、热像仪等。

4.8.3 红外测试应用

1. 辐射温度计

运用斯特藩-玻尔兹曼定律可进行辐射温度测量。图 4-80 为一辐射温度计原理图。被测物的辐射线经物镜聚焦在受热板——人造黑体上，该人造黑体通常为涂黑的铂片，吸热后温度升高，该温度便被装在受热板上的热敏电阻或热电偶测到。被测物通常为$\varepsilon<1$的灰体。若以黑体辐射作为基准来标定，则知道了被测物的ε值后，就可根据式(4-53)以及ε的定义来求出被测物的温度。假定灰体辐射的总能量全部被黑体所吸收，则它们的总能量相等，即

$$\varepsilon\sigma T^4=\sigma T_0^4 \tag{4-55}$$

式中，ε为比辐射率（非黑体辐射度 / 黑体辐射度）；T为被测物体热力学温度（K）；T_0为黑体热力学温度（K）；σ为斯特藩-玻尔兹曼常数，$\sigma=5.67\times10^{-8}\,\mathrm{W\cdot m^{-2}\cdot K^{-4}}$。

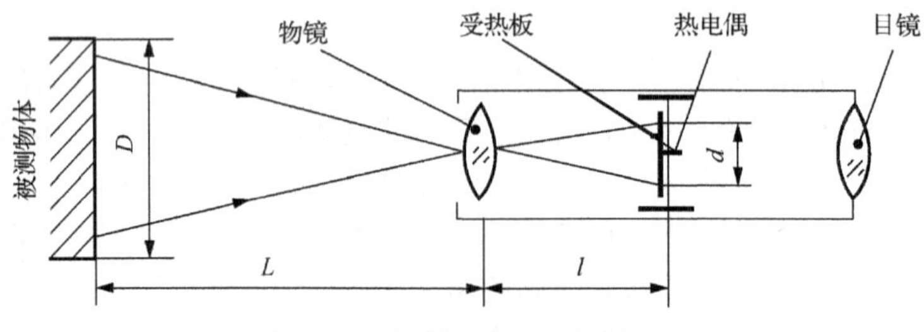

图 4-80　辐射温度计工作原理

辐射温度计一般用于 800℃以上的高温测量，通常所讲的红外测温是指低温及红外线范围的测温。

2. 红外测温仪

图 4-81 为红外测温装置原理框图。图中被测物的热辐射经光学系统聚焦在光栅盘上，经光栅盘调制成一定频率的光能入射到热敏电阻传感器上。热敏电阻接在电桥的一个桥臂上。该信号经电桥转换为交流电信号输出，经放大后进行显示或记录。光栅盘是两块扇形的光栅片，一块为定片，另一块为动片。动片受光栅调制电路控制，按一定的频率双向转动，实现开（光通过）、关（光不通过），将入射光调制成具有一定频率的辐射信号作用于光敏传感器上。这种红外测温装置的测量范围为 0～700℃，时间常数为 4～8ms。

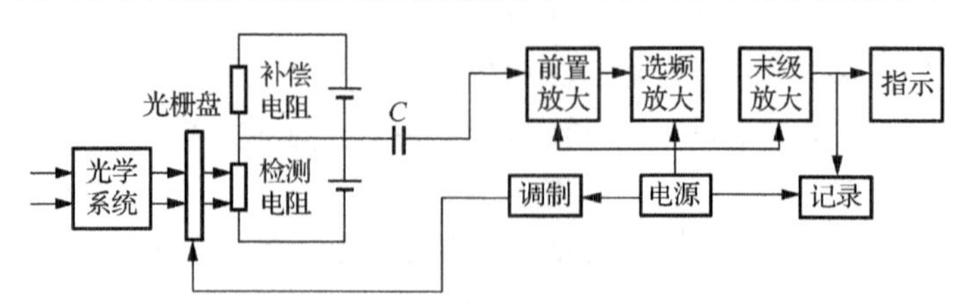

图 4-81　红外测温装置原理框图

3. 红外热像仪

红外热像仪的作用是将人类肉眼看不见的红外热图形转换成可见光进行处理和显示，这种技术称为红外热成像（infrared thermal imaging）技术。现代的红外热像仪大都配备计算机系统对图像进行分析处理，并可将图像进行储存或打印输出。

红外热像仪分主动式和被动式两种。主动式红外热成像采用一红外辐射源照射被测物，然后接收被测物体反射的红外辐射图像。

被动式红外热成像则利用被测物体自身的红外辐射来摄取物体的热辐射图像，这种装置即为通常所称的红外热像仪。

红外热像仪的工作原理如图 4-82 所示，红外热像仪的光学系统将辐射线收集起来，经过滤波处理之后，将景物热图像聚焦在探测器上。光学机械扫描镜包括两个扫描镜组，一个垂直扫描，一个水平扫描，扫描器位于光学系统和探测器之间。通过扫描器摆动达到对景物进行逐点扫描的目的，从而收集到物体温度的空间分布情况。然后由探测器将光学系统逐点扫描所依次搜集的景物温度空间分布信息，变换为按时间排列的电信号，经过信号处理之后，由显示器显示出可见图像。

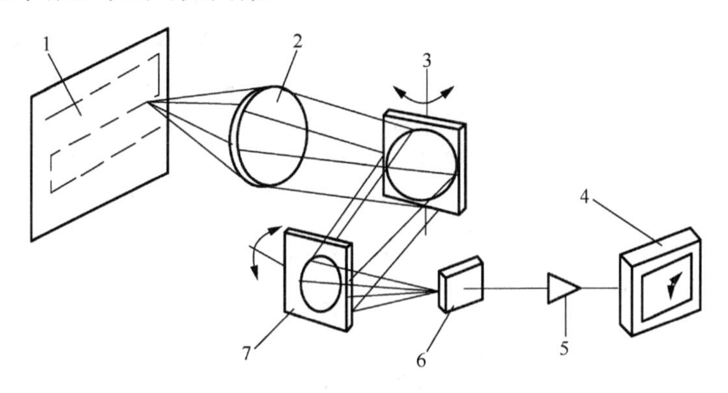

图 4-82　红外热像仪原理

1-探测器在物体空间投影；2-光学系统；3-水平扫描器；4-视频显示；5-信号处理器；6-探测器；7-垂直扫描器

红外热像仪无须外部红外光源，使用方便，能精确地摄取反映被测物温差信息的热图像，因而已成为红外技术的一个重要发展方向。

红外热像仪及红外热成像技术在工业上已获得广泛应用。例如，对机器工作中因温升对零部件产生热变形的检测，电子电路的热分布检测，超声速风洞中的温度检测，等等。

红外热成像技术还被广泛用于无损检测的探查。对不同的材料如金属、陶瓷、塑料、多层纤维板等的裂痕、气孔、异质、截面异变等缺陷均可方便地探查。在电力工业中，红外热像仪被用来检查电力设备，尤其是开关、电缆线等的温升现象，从而可及时发现故障并进行报警。在石油、化工、冶金工业生产中，红外热像仪也被用来进行安全监控。由于在这些工业的生产线上，许多设备的温度都要高于环境温度，利用红外热像仪便可正确地获取有关加热炉、反映塔、耐火材料、保温材料等的变化情况。同时也能提供沉积物、堵塞、热漏及管道腐蚀等方面的信息，为维修和安全生产提供条件和保障。

4.9　激光测试传感器

激光具有很好的单色性、方向性、相干性以及随时间、空间的可聚焦性。无论在测量精度还是测量范围上它都具有明显的优越性，目前激光在测量领域已得到广泛应用。

利用激光良好的相干性，可直接进行多种物理量的检测，如可以测量长度、位移、速度、转速、振动、流量以及表面形状、形变等参量。20 世纪 60 年代末，基于激光的干涉特性发展起了激光全息成像技术。

4.9.1　激光干涉式测量仪器

1. 激光测长仪

常用的激光测长仪是以激光为光源的迈克耳孙干涉仪，其工作原理是通过测定检测光与参考光的相位差所形成的干涉条纹数目而测得物体的长度。图 4-83 所示为一种激光干涉测长仪的原理。从激光器发出的激光束，经过透镜 L、L_1 和光阑 P_1 组成的准直光管后形成一束平行光，经分光镜 M 被分成两路，分别被固定反射镜 M_1 和可动反射镜 M_2 反射到 M 重叠，被透镜 L_2 聚焦到光电计数器 PM 处。当工作台带动反射镜 M_2 移动时，在光电计数器处由于两路光束聚焦产生干涉，形成明暗条纹。当反射镜 M_2 每移动半个光波波长时，明暗条纹变化一次，其变化次数由光电计数器计数。因此，工作台移动的距离可表示为

$$x = N\lambda / 2n \tag{4-56}$$

式中，N 为干涉条纹明暗变化次数；λ 为激光波长；n 为空气折射率，受环境温度、湿度、气体成分等因素影响，真空中 $n=1$。

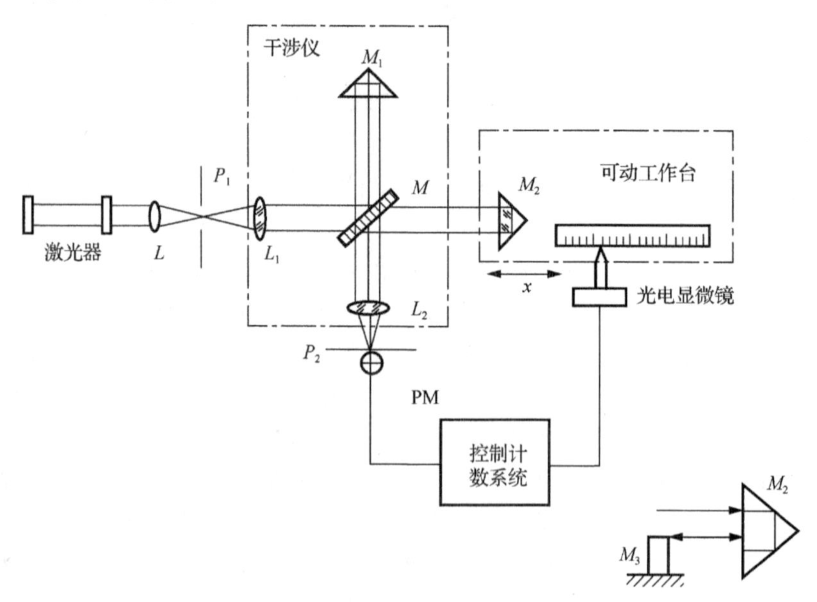

图 4-83　激光干涉测长仪原理

测量时，被测物体放在工作台上，将光电显微镜对准被测件上的目标，这时它发出信号，光电计数器开始计数，然后工作台移动，直到被测件上另一目标被光电显微镜对准，再发出信号，停止计数。这样，光电计数器所得的数值即为被测件上两目标之间的距离。

激光光源一般采用氦氖激光器，其波长为$\lambda=0.6328\mu m$。当测长 10m 时，误差约为$0.5\mu m$。激光干涉测长仪可用于精密长度测量，如线纹尺、光栅的检定等。

2. 激光测振仪

激光干涉法测振仍然以迈克耳孙干涉仪为基础，通过计算干涉条纹数的变化来测量振幅。注意到振动一周，工作台来回移动$4A_m$，A_m为振幅。设在激光干涉仪中测量一个振动周期所得的脉冲数为N，则

$$A_m=\frac{N\lambda/2}{4}=\frac{N\lambda}{8} \tag{4-57}$$

图 4-84 所示为 GZ-1 型激光干涉测振仪原理框图。从激光器发射的激光束经分光镜 3 分成两路，分别被参考镜 2 和置于振动台上的测量镜 4 反射回到分光镜 3 重叠，再由光电倍增管、光电放大器到计数器。计数器记取的条纹变化频率f_c是由振动台振动频率f所控制的，所以计数器显示的数是f_c/f，即频率比$R_f=f_c/f$。已知波长为λ，可求得被测振幅为

$$A_m=\frac{N\lambda}{8}=(f_c/f)\lambda/8=R_f\lambda/8 \tag{4-58}$$

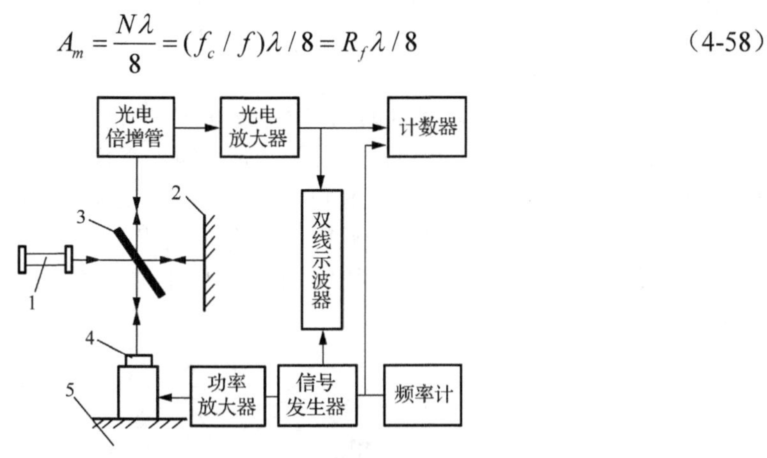

图 4-84　GZ-1 型激光干涉测振仪原理框图

1-激光器；2-参考镜；3-分光镜；4-测量镜；5-振动台

激光干涉测振仪被用于机械振动测量，并已被许多国家定为振动的国家计量基准。其测量准确度主要取决于计数准确度。图 4-85 为利用激光的多普勒效应进行测振的系统示意图。

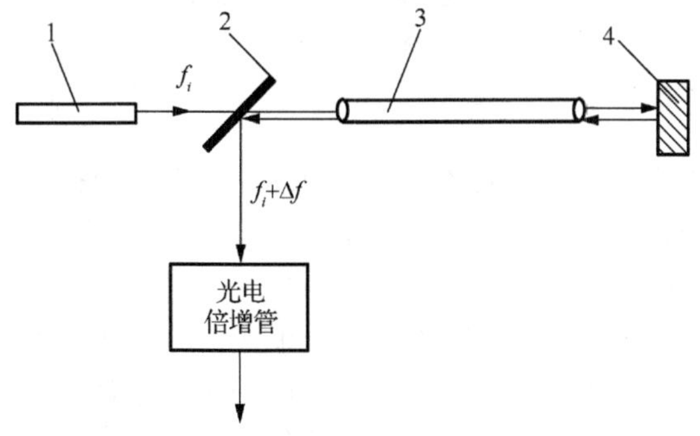

图 4-85　激光多普勒测振系统

1-激光源；2-分光镜；3-光纤；4-振动物体

3. 激光测速仪

激光测速仪的工作原理是光学多普勒效应和光干涉原理。当激光照到运动物体时，被物体反射的光的频率将发生变化，此种现象称为多普勒效应。将频率发生变化的光与光源的光进行比较，其频率差（多普勒频移）经光电转换后即可测得物体的运动速度。激光测速是一种非接触测量，对被测物体无任何干扰，尤其在流体力学的研究领域，更显示其优越性。激光可在被测速度点聚焦成很小的一个测量光斑，其分辨率很高。典型分辨率为20～100μm 。一种激光测速仪在时速为100km 时，测量精度可达 0.8%。激光测速技术已在航空航天、热物理工程、环保工程以及机械运动测量等方面得到广泛应用。

4.9.2　激光全息测量仪器

激光全息是利用光的干涉和衍射原理，将物体发射的特定光波以干涉条纹的形式记录下来，在一定条件下使其再现，便形成了物体的三维像。由于激光记录了物体的全部信息（振幅、相位、波长），因而称为全息术或全息成像。

1. 激光全息原理

图 4-86 是全息成像记录过程的原理图。激光从激光器发射出来，经过分光镜被分成两束光。一束由分光镜反射，经过反射镜达到扩束镜，将直径为几个毫米的激光扩大照射整个物体的表面，再由物体表面漫反射到干板上，这束光称为物光；另一束透过分光镜后，被另一个扩束镜扩大，再经另一个反射镜直接照射到干板上，这束光称为参考光。当这两束光在干板上叠加后，形成干涉图案，正是这些干涉条纹记录了物体光波的振幅和相位信息。

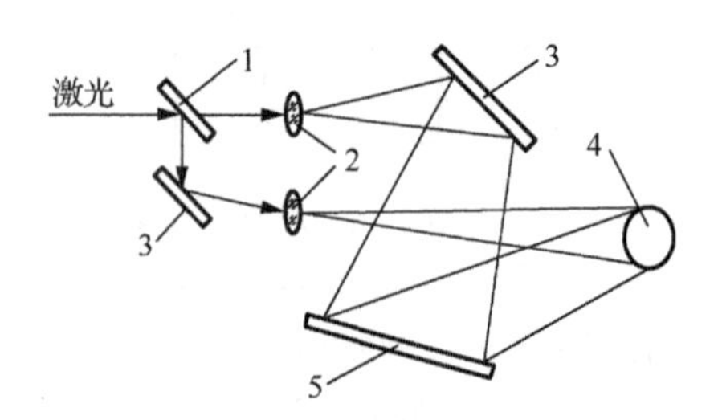

图 4-86　激光全息成像原理

1-分光镜；2-扩束镜；3-反射镜；4-物体；5-干板

2. 激光全息成像的特点

（1）由于激光全息成像利用的是光的干涉原理，故在记录介质上记录的是干涉条纹，其影像需在激光条件（或其他条件）下进行再现，方可看到被摄物的像。

（2）再现的像是立体像。

（3）全息相片具有可分割性，即全息相片的每一个碎片均能再现出所摄物体的完整像。

（4）一张干板可同时记录多个影像。采用不同的曝光条件在同一记录介质上进行多个物体的拍摄，则记录介质上可分别记录各个物体的干涉信息，互不干扰。只要在对应的再现条件下即可观察到对应的记录影像。

激光全息检测原理建立在判读全息干涉条纹与结构变形盘之间关系的基础上。

图 4-87 所示为一叠层结构，前壁板之间局部脱胶。若以热辐射作用于此结构，则脱胶部位与未脱胶部位产生不同的弹性形变。可将变形差用两次曝光全息干涉法记录下来，反映在全息图上的缺陷部位干涉条纹会产畸变，所形成封闭的“牛眼”条纹区即为结构的脱胶部位。

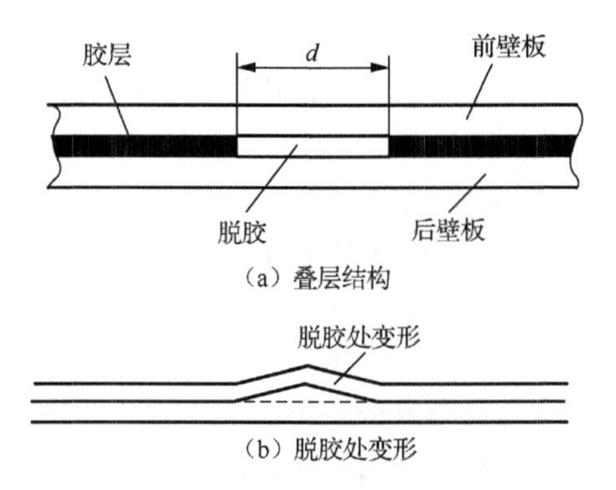

图 4-87　热加载两次曝光法显示的铝蜂窝夹层板局部脱胶检测原理

对金属、陶瓷、混凝土等材料的缺陷检测可采用拉伸、弯曲、扭转和加载集中应力等方法来加剧结构变形，以方便利用全息条纹识别。

对于蜂窝组织结构、轮胎、压力容器、管道等结构，可采用内部充气增压加载的方法进行全息检测。

与 20 世纪 80 年代中期发展起来的激光轮廓测量技术目前已成为一种高精度、高效率、非接触的表面无损检测方法。该技术利用光学三角测量的基本原理，并结合了微型光学、微电子学及计算机数字图像处理和显示技术。

图 4-88 为激光轮廓测量技术的工作原理。激光器发射的光经聚光镜后服射到被测物体表面，从被测物体表面视反射光线由成像透镜传输到横向光电效应传感器的接收面上。传感器的输出电信号仅与像点的位置有关，若被激光器照射的物体表面的高度发生变化，则像点的位置随之改变，从而引起传感器输出信号的变化。如果使激光器逐点扫描被测物体表面，用计算机对传感器输出信号进行存储处理，不仅可获得被测物体表面状态的定量数据，还可用截面图或立体图的形式直观显示出被测物体表面的情况。

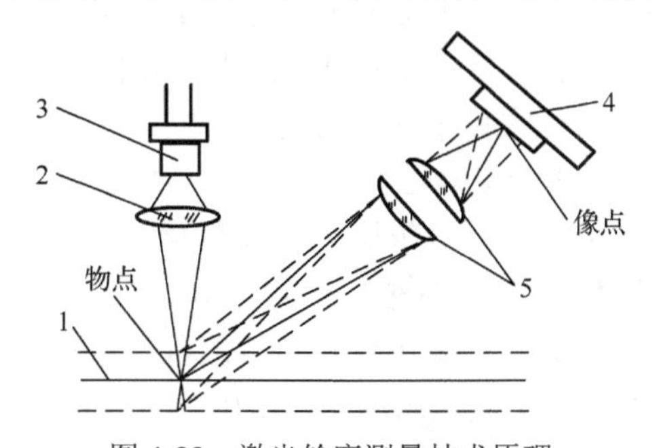

图 4-88　激光轮廓测量技术原理

1-物体表面；2-聚光镜；3-激光器；4-横向光电效应传感器；5-成像透镜

目前激光轮廓测量技术已成功用于锅炉管道、热交换器管道、火箭发动机喷管、石化提炼炉管道、枪炮管等内壁表面裂纹、腐蚀缺陷的检测。对管道内径的测量精度可达 5μm，扫查点的空间分辨率可达 25μm，检测速率达 5m/min，可完成内径仅为 5mm 的管道的自动检测。

除以上应用外，激光在红外热成像、荧光渗透等检测技术中也得到广泛的应用。如在红外热成像中，利用激光方向性好、能且集中的优点，用激光点加热方式可实现试件表面及近表面缺陷的检测，检测灵敏度高且效率高。

4.10　传感器的选用原则

作为一个重要的测试单元，传感器必须在它的工作频率范围内满足不失真测试的条件。在选择和使用传感器时还应该注意：传感器对微弱信号要有足够的感知度，通常用灵敏度、分辨率等技术指标表示传感器对微弱信号的感知度。灵敏度高意味着传感器能检测信号的微小变化，但高灵敏度的传感器较容易受噪声的干扰，其测量范围也较窄。所以，同一种传感器常常做成一个序列。序列有高灵敏度而测量范围较小的，也有测量范围宽而灵敏度较低的。使用时要根据被测量的变化范围（动态范围）并留有足够的余量来选择灵敏度适当的传感器。另外，传感器的输出量与被测量真值要有足够的一致性，精密度和精确度是评价一致性的技术指标，精确度越高，其价格也越高，对测量环境的要求也越高。因此，应当从实际出发，选择能满足测量需要的、有足够精确度的传感器。另外传感器应该有高度的可靠性，能长期完成它的功能并保持其性能参数不变，同时传感器在与被测对象建立连接关系时，传感器与被测物之间的相互作用要小，应尽可能减小其对被测对象运行状态以及特性参数的影响，如质量和体积要尽可能小，选择非接触传感器等。

在实际测试过程中，经常会遇到这样的问题，即如何根据测试目的和实际条件合理地选用传感器。因此，在常用传感器的初步知识的基础之上，就合理选用传感器的一些注意事项，做一简单介绍。

1. 灵敏度

一般来说，传感器灵敏度越高越好，因为灵敏度越高，意味着传感器所能感知的变化量越小，被测量稍有一微小变化时，传感器就有较大的输出。

当然也要考虑到，当灵敏度越高时，与测量信号无关的外界干扰信号也越容易混入，并被放大装置所放大。这时必须考虑既要检测微小量值，又要干扰小。为了保证这一点，往往要求信噪比越大越好，既要求传感器本身噪声小，并且不易从外界引入干扰。

当被测量是一个矢量时，要求传感器在被测方向的灵敏度越高越好，而其他方向的灵敏度越小越好。而在一个传感器测量多维向量时，还应要求传感器的交叉灵敏度越小越好。

此外，和灵敏度紧密相关的是测量范围。除非有专门的非线性校正措施，最大输入量不应使传感器进入非线性区域，更不能进入饱和区域。某些测试工作要在较强的噪声干扰下进行。这时对传感器来讲，其输入量不仅包括被测量，也包括干扰量；两者之和不能进入非线性区，过高的灵敏度会缩小其适用的测量范围。

2. 响应特性

在所测频率范围内，传感器的响应特性必须满足不失真测量条件。此外，实际传感器的响应总会有一定延迟，而测试时总希望延迟时间越短越好。

一般来讲，利用光电效应、压电效应等物件型传感器，响应较快，可工作频率范围宽。

而结构型，如电感式、电容式、磁电式传感器等，往往由于结构中的机械系统惯性的限制，其固有频率低，工作频率也较低。

在动态测量中，传感器的响应特性对测试结果会有直接影响，在选用传感器时，要考虑被测物理量的变化特点（如稳态、瞬变、随机等）。

3. 线性范围

任何传感器都有一定的线性范围，在线性范围内输出与输入呈比例关系。线性范围越宽，则表明传感器的工作量程越大。

传感器工作在线性区域内，是保证测量精确度的基本条件。例如，机械式传感器中的测力弹性元件，其材料的弹性限是决定测力量程的基本因素。当超过弹性限时，将产生线性误差。

然而任何传感器都很难保证其绝对线性，在许可限度内，可以在其近似线性区域应用。例如，变间隙型的电容、电感传感器均采用在初始间隙附近的近似线性区内工作。选用时必须考虑被测物理量的变化范围，令其线性误差在允许范围以内。

4. 可靠性

可靠性是传感器和一切测量装置的生命。可靠性是指仪器、装置等产品在规定的条件下，在规定的时间内可完成规定功能的能力。只有产品的性能参数（特别是主要性能参数）均处在规定的误差范围内，方能视为可完成规定的功能。

为了保证传感器应用中具有高的可靠性，事先须选用设计、制造良好、使用条件适宜的传感器；使用过程中，应严格按照规定的使用条件，尽量减轻使用条件的不良影响。

例如，对于应变式电阻传感器，湿度会影响其绝缘性，温度会影响其零漂，长期使用会产生蠕变现象。又如，对于变间隙型的电容传感器，环境湿度或浸入间隙的油剂，会改变介质的介电常数。光电传感器的感光表面有尘埃或水蒸气时，会改变光通量、偏振性或光谱成分。对于磁电式传感器或霍尔效应元件等，当在电场、磁场中工作时，也会带来测量误差。滑线电阻式传感器表面有尘埃时，将引入噪声等。

在机械工程中，有些机械系统或自动化加工过程，往往要求传感器能长期地使用而无须经常更换或校正，而且其工作环境比较恶劣，尘埃、油剂、温度、振动等干扰严重，例如，热轧机系统控制钢板厚度的γ射线检测装置，用于自适应磨削过程的测力系统或零件尺寸的自动检测装置等，在这种情况下应对传感器可靠性有严格的要求。

5. 精确度

传感器的精确度表示传感器的输出与被测量真值一致的程度。传感器处于测试系统的输入端，因此，传感器能否真实地反映被测量值对整个测试系统具有直接影响。

然而，也并非要求传感器的精确度越高越好，因为还应考虑到经济性。传感器精确度越高，价格越昂贵，因此应从实际出发尤其应从测试目的出发来选择传感器。

首先应了解测试目的，判定是定性分析还是定量分析。如果是属于相对定性的试验研究，只须获得相对比较值即可，无须要求绝对量值，传感器的精密度要高；如果是定量分析，必须获得精确量值，因而要求传感器有足够高精确度。例如，为研究超精密切削机床运动部件的定位精确度、主轴周转运动误差、振动及热变形等，往往要求测量精确度为

0.01～0.1μm，如果想要测得这样的量值，必须采用高精确度的传感器。

6. 测量方式

测量方式指传感器在实际条件下的工作方式。例如，接触测量与非接触测量、在线测量与非在线测量等是选用传感器时应考虑的重要因素。工作方式不同对传感器要求也不同，传感器的安装形式也不同。

在机械系统中，运动部件的被测量（如回转轴的误差运动、振动、扭力矩），往往需要非接触测量。因为对部件的接触式测量不仅造成对被测系统的影响，并且存在许多实际困难，诸如测量头的磨损、接触状态的变动，信号的采集都不易妥善解决，也易于造成测量误差。采用电容式、涡流式等非接触式传感器，会带来很大的方便。若选用电阻应变片，则需配以遥测应变仪或其他装置。

在线测试是与实际情况更接近一致的测量方式。特别是自动化过程的控制与测试系统，必须在现场实时条件下进行测试。实现在线测试是比较困难的，对传感器及测试系统都有一定特殊要求。例如，在加工过程中，若要实现表面粗糙度的测试，以往的光切法、干涉法、触针式轮廓检测法等都不能运用，取而代之的是激光检测法。实现在线检测的新型传感器的研制，也是当前测试技术发展的一个方面。

7. 其他

除了以上因素外，还应尽量考虑传感器对被测物体产生的负载效应，所以应该兼顾结构简单、体积小、重量轻。从经济方面，在满足测试要求的情况下尽量选择价格便宜、易于维修、易于更换的传感器。另外，还得考虑环境对于传感器性能的影响，选择适合在特定环境下进行测试的传感器。

总之，以上是有关选择传感器时主要考虑的因素。为了提高测量精度，应注意平常使用时的显示值应在满量程的50%左右来选择测量范围或刻度范围。选择传感器的响应速度，目的是适应输入信号的频带宽度，从而得到高信噪比。精度很高的传感器一定要精心使用。此外，还要合理选择使用现场条件，注意安装方法，了解传感器的安装尺寸和重量等，还要注意从传感器的工作原理出发，联系被测对象中可能会产生的负载效应问题，从而选择最合适的传感器。

第5章　信号调理和记录

信号的调理和转换是测试系统不可缺少的重要环节。被测物理量经传感器后的输出信号通常是很微弱的或者是非电压信号，如电阻、电容、电感或电荷、电流等电参量，这些微弱信号或非电压信号难以直接被显示或通过 A/D 转换器送入仪器或计算机进行数据采集。而且有些信号本身还携带有一些不期望有的信息或噪声。因此，经传感后的信号尚需经过调理、放大、滤波等一系列的加工处理，以将微弱电压信号放大、将非电压信号转换为电压信号、抑制干扰噪声、提高信噪比，以便于后续环节的处理。信号的调理和转换涉及的范围很广，本章主要讨论一些常用的环节，如电桥、调制与解调、滤波和放大等，并对常用的信号显示与记录仪器作简要介绍。

5.1　电　　桥

电桥是将电阻、电感、电容等参量的变化转换为电压或电流输出的一种测量电路，由于桥式测量电路简单可靠，而且具有很高的精度和灵敏度，因此在测量装量中被广泛采用。

电桥按其所采用的激励电源的类型可分为直流电桥与交流电桥；按其工作原理可分为偏值法和归零法两种，其中偏值法的应用更为广泛。本节只对偏值法电桥加以介绍。

5.1.1　直流电桥

图 5-1 是直流电桥的基本结构。以电阻 R_1、R_2、R_3、R_4 组成电桥的四个桥臂，在电桥的对角点 a、c 端接入直流电源 U_i 作为电桥的激励电派，从另一对角点 b、d 两端输出电压 U_o。使用时，电桥四个桥臂中的一个或多个是阻值随被测量变化的电阻传感器元件，如电阻应变片、电阻式温度计、热敏电阻等。

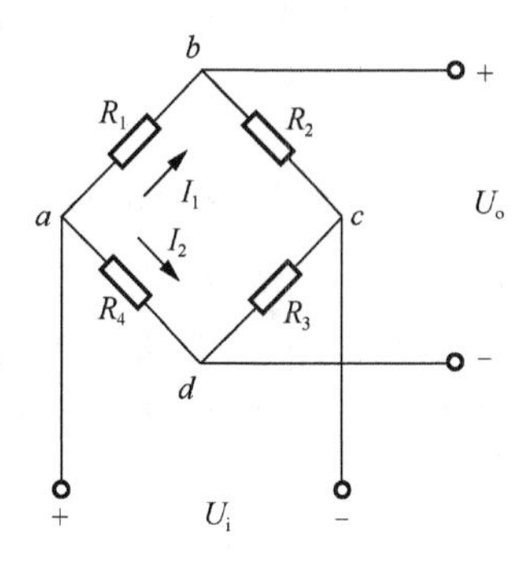

图 5-1　直流电桥

在图 5-1 中，电桥的输出电压 U_o 可通过式（5-1）确定。

$$
\begin{aligned}
U_o &= U_{ab} - U_{ad} = I_1R_1 - I_2R_4 \\
&= \left(\frac{R_1}{R_1+R_2} - \frac{R_4}{R_3+R_4}\right)U_i = \frac{R_1R_3 - R_2R_4}{(R_1+R_2)(R_3+R_4)}U_i
\end{aligned}
\tag{5-1}
$$

由式(5-1)可知，若要使电桥输出为零，应满足

$$R_1R_3 = R_2R_4 \tag{5-2}$$

式(5-2)即为直流电桥的平衡条件。由上述分析可知，若电桥的四个电阻中任何一个或数个阻值发生变化时，将打破式(5-2)的平衡条件，使电桥的输出电压 U_o 发生变化。测量电桥正是利用了这一特点。

在测试中常用的电桥连接形式有单臂电桥连接、半桥连接与全桥连接，如图 5-2 所示。

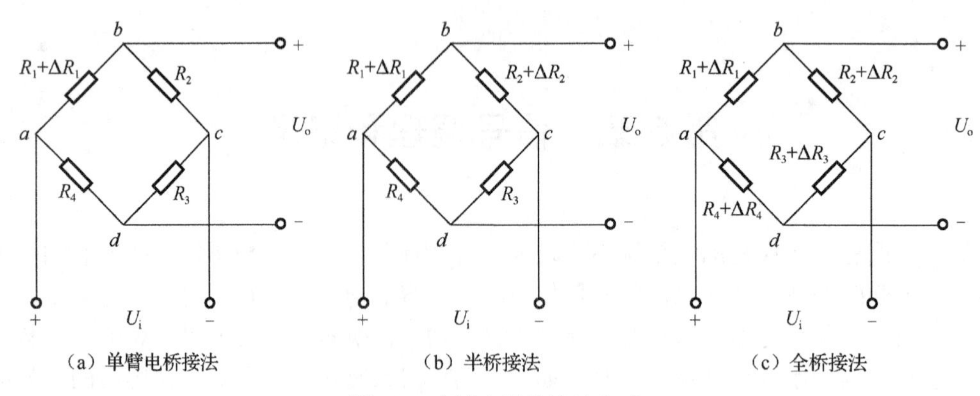

（a）单臂电桥接法　　（b）半桥接法　　（c）全桥接法

图 5-2　直流电桥的连接方式

图 5-2(a)是单臂电桥接法，工作中只有一个桥臂电阻随被测量的变化而变化，设该电阻为 R_1，产生的电阻变化量为 ΔR，则根据式(5-1)可得输出电压为

$$U_o = \left(\frac{R_1+\Delta R}{R_1+\Delta R+R_2} - \frac{R_4}{R_3+R_4}\right)U_i \tag{5-3}$$

为了简化桥路，设计时往往取相邻两桥臂电阻相等，即 $R_1 = R_2 = R_0$，$R_3 = R_4 = R_0'$。若 $R_0 = R_0'$，则式(5-3)变为

$$U_o = \frac{\Delta R}{4R_0 + 2\Delta R}U_i \tag{5-4}$$

一般 $\Delta R \ll R_0$，所以式(5-4)简化为

$$U_o \approx \frac{\Delta R}{4R_0}U_i \tag{5-5}$$

可见，电桥的输出电压 U_o 与激励电压 U_i 成正比，并且在 U_i 一定的条件下，与工作桥臂的阻值变化量 $\Delta R/R_0$ 呈单调线性关系。

图 5-2(b)为半桥接法。工作中有两个桥臂（一般为相邻桥臂）的阻值随被测量而变化，即 $R_1+\Delta R_1$、$R_2+\Delta R_2$。根据式（5-1）可知，当 $R_1 = R_2 = R_0$，$\Delta R_1 = -\Delta R_2 = \Delta R$，$R_3 = R_4 = R_0$ 时，电桥输出为

$$U_o = \frac{\Delta R}{2R_0}U_i \tag{5-6}$$

图 5-2（c）为全桥接法。工作中四个桥臂阻值都随被测量而变化，即 $R_1+\Delta R_1$、$R_2+\Delta R_2$、$R_3+\Delta R_3$、$R_4+\Delta R_4$。根据式(5-1)可知，当 $R_1 = R_2 = R_3 = R_4 = R_0$，$\Delta R_1 = -\Delta R_2 = \Delta R_3 = -\Delta R_4 = \Delta R_0$ 时，电桥输出为

$$U_o = \frac{\Delta R}{R_0}U_i \tag{5-7}$$

从式(5-5)～式(5-7)可以看出，电桥的输出电压 U_o 与激励电压 U_i 成正比，只是比例系数不同。现定义电桥的灵敏度为

$$S = \frac{U_o}{\Delta R/R_0} \tag{5-8}$$

根据式(5-8)可知，单臂电桥的灵敏度为 $U_i/4$；半桥的灵敏度为 $U_i/2$；全桥的灵敏度为 U_i。显然，电桥接法不同，灵敏度也不同，全桥接法可以获得最大的灵敏度。

事实上，对于图 5-2(c)所示的电桥，当 $R_1 = R_2 = R_3 = R_4 = R$，且 $\Delta R_1 \ll R_1$、$\Delta R_2 \ll R_2$、

$\Delta R_3 \ll R_3$、$\Delta R_4 \ll R_4$时，由式(5-1)可得

$$U_o = \left(\frac{R_1+\Delta R_1}{R_1+\Delta R_1+R_2+\Delta R_2} - \frac{R_4+\Delta R_4}{R_3+\Delta R_3+R_4+\Delta R_4}\right)U_i \approx \frac{1}{2}\left(\frac{\Delta R_1}{R} - \frac{\Delta R_4}{R}\right)U_i \tag{5-9}$$

或

$$U_o = \left(\frac{R_4+\Delta R_4}{R_3+\Delta R_3+R_4+\Delta R_4} - \frac{R_2+\Delta R_2}{R_1+\Delta R_1+R_2+\Delta R_2}\right)U_i \approx \frac{1}{2}\left(\frac{\Delta R_3}{R} - \frac{\Delta R_2}{R}\right)U_i \tag{5-10}$$

综合式(5-9)和式(5-10)，可以导出如下公式。

$$U_o = \frac{1}{4}\left(\frac{\Delta R_1}{R} - \frac{\Delta R_2}{R} + \frac{\Delta R_3}{R} - \frac{\Delta R_4}{R}\right)U_i \tag{5-11}$$

由式(5-11)可以看出：①若相邻两桥臂，如图 5-2(c)中的R_1和R_2，电阻同向变化（两电阻同时增大或同时减小），所产生的输出电压的变化将相互抵消；②若相邻两桥臂电阻反相变化（两电阻一个增大一个减小），所产生的输出电压的变化将相互叠加。

上述性质即为电桥的和差特性。很好地掌握该特性对构成实际的电桥测量电路具有重要意义。例如，用悬臂梁进行敏感元件测力时(图 5-3)，常在梁的上下表面各贴一个应变片，并将两个应变片接入电桥相邻的两个桥臂。当悬有梁受载时，上应变片R_1产生正向ΔR，下应变片R_2产生负向ΔR，由电桥的和差特性可知，这时产生的电压输出相互叠加，电桥获得最大输出。又如，用柱形梁进行敏感元件测力时(图 5-4)，常沿着圆周间隔 90°纵向贴四个应交片R_1、R_2、R_3、R_4作为工作片，与纵向应变片相间，再横向贴四个应变片R_5、R_6、R_7、R_8用作温度补偿。当柱形梁受载时，四个纵向应变片R_1～R_4产生同向ΔR，这时应将R_1～R_4先两两串接，然后再接入电桥的两个相对桥臂，这样它们产生的电压输出将相互叠加；反之，若将R_1～R_4分别接入电桥的四个相邻桥臂，它们产生的电压输出会相互抵消，这时无论施加的力F有多么大，输出电压均为零。电桥的温度补偿也正好是利用了上述和差特性。

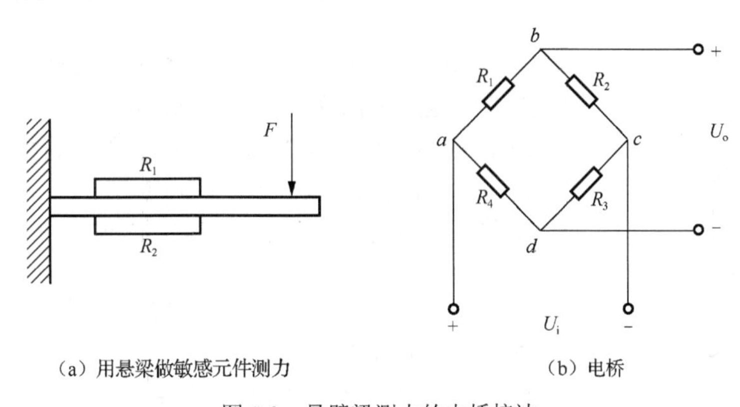

（a）用悬梁做敏感元件测力　　（b）电桥

图 5-3　悬臂梁测力的电桥接法

使用电桥电路时，还需要调节零位平衡，即当工作臂电阻变化为零时，使电桥的输出为零。图 5-5 给出了常用的差动串联平衡与差动并联平衡方法。在需要进行较大范围的电阻调节时，如工作臂为热敏电阻时，应采用串联调零形式；若进行微小的电阻调节，如工作臂为电阻应变片时，应采用并联调节形式。

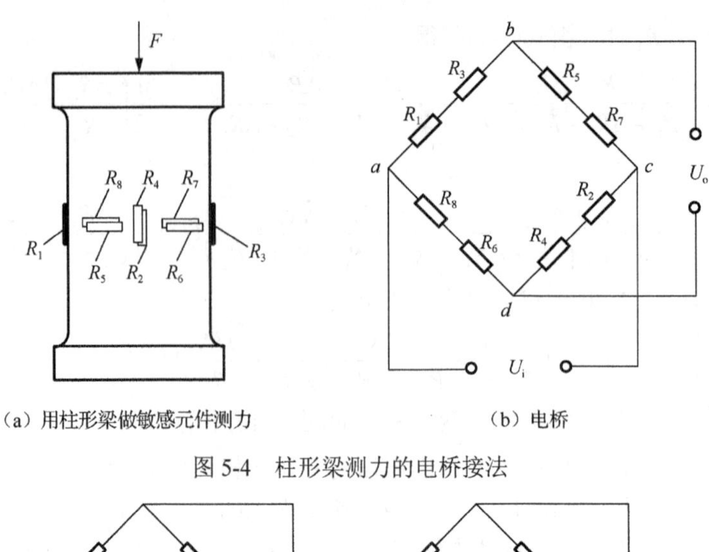

（a）用柱形梁做敏感元件测力　　（b）电桥

图 5-4　柱形梁测力的电桥接法

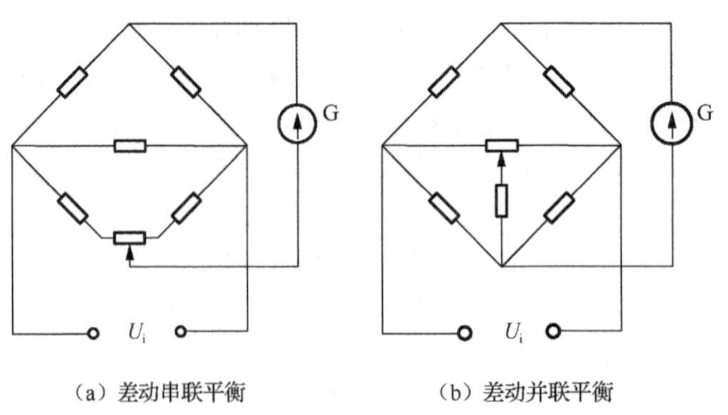

（a）差动串联平衡　　（b）差动并联平衡

图 5-5　零位平衡调节

5.1.2　交流电桥

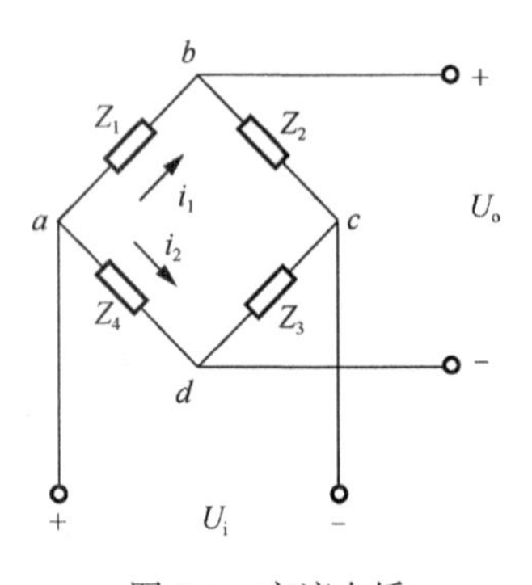

图 5-6　交流电桥

交流电桥的电路结构与直流电桥基本一样（图 5-6），所不同的是交流电桥采用交流电源激励，电桥的四个臂可为电感、电容或电阻，如图 5-6 中的 $Z_1 \sim Z_4$ 表示四个桥件的交流阻抗。如果交流电桥的阻抗、电流及电压都用数表示，则关于直流电桥的平衡关系式在交流电桥中也可适用，即电桥达到平衡时必须满足

$$Z_1 Z_3 = Z_2 Z_4 \tag{5-12}$$

把各阻抗用指数式表示为

$$Z_1 = Z_{01} \mathrm{e}^{\mathrm{j}\varphi_1}, \quad Z_2 = Z_{02} \mathrm{e}^{\mathrm{j}\varphi_2}, \quad Z_3 = Z_{03} \mathrm{e}^{\mathrm{j}\varphi_3}, \quad Z_4 = Z_{04} \mathrm{e}^{\mathrm{j}\varphi_4}$$

将其代入式(5-12)，得

$$Z_{01} Z_{03} \mathrm{e}^{\mathrm{j}(\varphi_1 + \varphi_3)} = Z_{02} Z_{04} \mathrm{e}^{\mathrm{j}(\varphi_2 + \varphi_4)} \tag{5-13}$$

若式(5-13)成立，则系数与指数必须同时满足下列两等式。

$$\begin{cases} Z_{01} Z_{03} = Z_{02} Z_{04} \\ \varphi_1 + \varphi_3 = \varphi_2 + \varphi_4 \end{cases} \tag{5-14}$$

式中，$Z_{01} \sim Z_{04}$ 为各阻抗的模；$\varphi_1 \sim \varphi_4$ 为阻抗角，是各桥臂电流与电压之间的相位差。纯电阻时电流与电压同相位，$\varphi = 0$；电感性阻抗，$\varphi > 0$；电容性阻抗，$\varphi < 0$。

式(5-14)表明，交流电桥平衡必须满足两个条件，即相对两臂阻抗之模的乘积应相等，并且它们的阻抗角之和也必须相等。

为满足上述平衡条件，交流电桥各臂可有不同的组合。常用的电容、电感、电桥，其相邻两臂可接入电阻（$Z_{02}=R_2$、$Z_{03}=R_3$、$\varphi_2=\varphi_3=0$），而另外两个桥臂接入相同性质的阻抗，如都是电容或者都是电感，以满足$\varphi_1=\varphi_4$。

图 5-7 是一种常用电容电桥，两相邻桥臂为纯电阻R_2、R_3，另外相邻两臂为电容C_1、C_4，R_1、R_4可视为电容介质损耗的等效电阻。根据式(5-10)所示平衡条件，有

$$\left(R_1+\frac{1}{\mathrm{j}\omega C_1}\right)R_3=(R_4+\frac{1}{\mathrm{j}\omega C_4})R_2 \tag{5-15}$$

即

$$R_1R_3+\frac{R_3}{\mathrm{j}\omega C_1}=R_4R_2+\frac{R_2}{\mathrm{j}\omega C_4}$$

令式（5-15）的实部和虚部分别相等，则得到下面的平衡条件。

$$\begin{cases}R_1R_3=R_2R_4\\ \dfrac{R_3}{C_1}=\dfrac{R_2}{C_4}\end{cases} \tag{5-16}$$

由此可知，要使电桥达到平衡，必须同时调节电阻与电容两个参数，即调节电阻达到电阻平衡，调节电容达到电容平衡。

图 5-8 是一种常用的电感电桥，两相邻桥臂分别为电感L_1、L_4与电阻R_2、R_4，根据式(5-14)，电桥平衡条件应为

$$\begin{cases}R_1R_3=R_2R_4\\ L_1R_3=L_4R_2\end{cases} \tag{5-17}$$

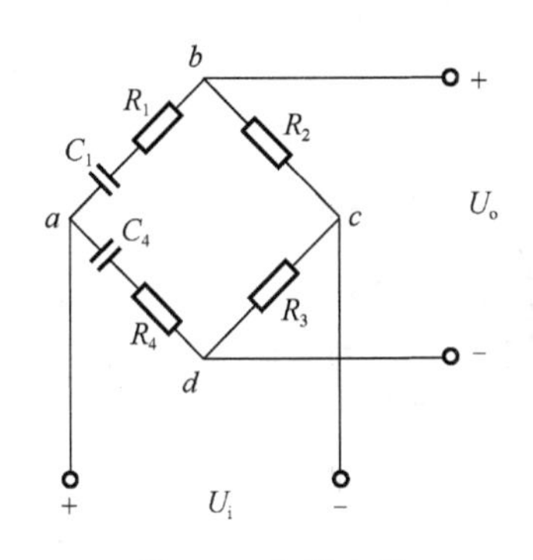

图 5-7　电容电桥

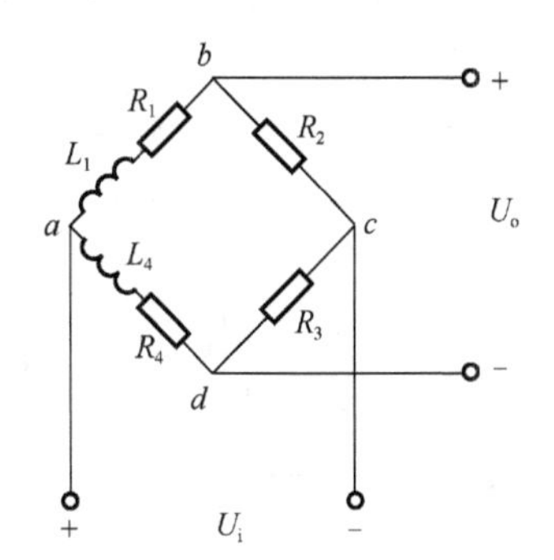

图 5-8　电感电桥

对于纯电阻交流电桥，即使各桥臂均为电阻，但由于导线间存在分布电容，相当于在各桥臂上并联了一个电容（图 5-9）。为此，除了有电阻平衡外，还需有电容平衡。图 5-10 所示为一种用于动态应变仪中的具有电阻、电容平衡调节环节的交流电阻电桥，其中电阻R_1、R_2和电位器R_3组成电阻平衡调节部分，通过开关 S 实现电阻平衡粗调与微调的切换，电容C是一个差动可变电容器。当旋转电容平衡旋钮时，电容器左右两部分的电容一边增加、另一边减少，使并联到相邻两臂的电容值改变，以实现电容平衡。

在一般情况下，交流电桥的供桥电源必须具有良好的电压波形与频率稳定度。如电源电压波形畸变（包含了高次谐波），对于基波而言，电桥达到平衡。而对于高次谐波，电桥

不一定能平衡。因而将有高次谐波的电压输出。

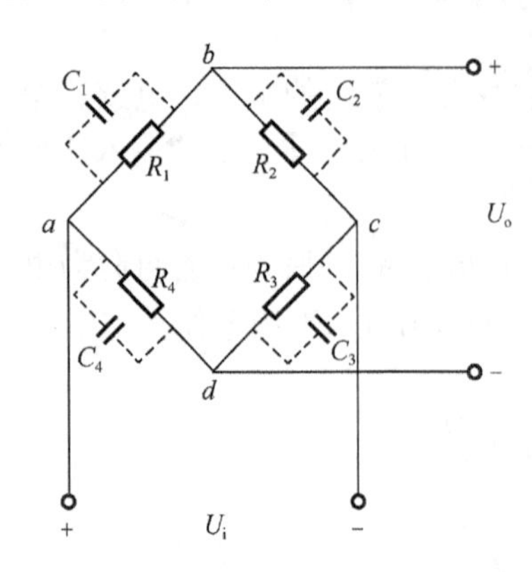

图 5-9　电阻交流电桥的分布电容

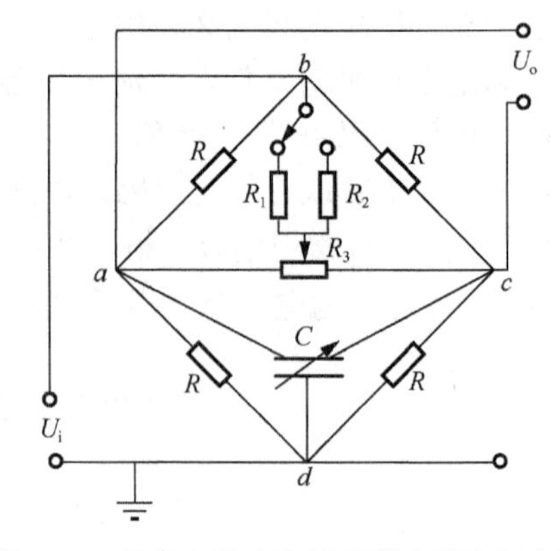

图 5-10　具有电阻电容平衡的交流电阻电桥

一般采用 5～10kHz 音频交流电源作为交流电桥电源。这样，电桥输出将为调制波，外界工频干扰不易从线路中引入，并且后接交流放大电路简单而无零漂。

采用交流电桥时，必须注意到影响测量误差的一些因素。例如，电桥中元件之间的互感影响、无感电阻的残余电抗、邻近交流电路对电桥的感应作用、泄漏电阻以及元件之间、元件与地之间的分布电容等。

5.1.3　带感应耦合臂的电桥

带感应耦合臂的电桥是将感应耦合的两个绕组作为桥臂而组成的电桥，一般有下列两种形式。

图 5-11(a)是用于电感比较仪中的电桥，感应耦合的绕组W_1、W_2与阻抗Z_3、Z_4构成电桥的四个桥。绕组W_1、W_2相当于变压器的二次边绕组，这种桥路又称变压器电桥。平衡时，指零仪 G 指零。

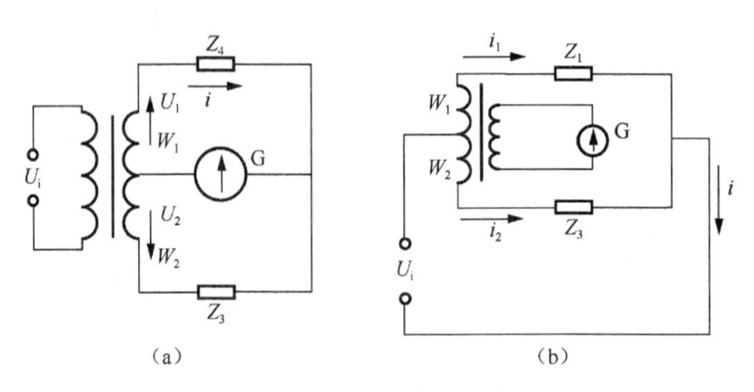

图 5-11　带电感耦合臂的电桥

另一种形式如图 5-11(b)所示。电桥平衡时，绕组W_1、W_2的激磁效应互相抵消，铁心中无磁通，所以指零仪 G 指零。

以上两种电桥中的感应耦合臂可代以差动式三绕组电感传感器，通过它的敏感元件-铁心，将被测位移量转换为绕组间互感变化，再通过电桥转换为电压或电流的输出。

带感应耦合臂的电桥与一般电桥比较，具有较高的精确度、灵敏度以及性能稳定等优点。

5.2　调制与解调

调制是指利用某种低频信号来控制或改变高频振荡信号的某个参数（幅值、频率或相位）的过程。当被控制的量是高频振荡信号的幅值时，称为幅值调制或调幅；当被控测的量是高频振荡信号的频率时，称为频率调制或调频；当被控制的量是高频振荡信号的相位时，称为相位调制或调相。这里称高频振荡信号为载波，控制高频振荡的低频信号为调制信号，调制后的高频振荡信号为已调制信号。

解调是指从已调制信号中恢复出原低频调制信号的过程。调制与解调是一对相反的信号变换过程，在工程上经常结合在一起使用。

调制与解调在测试领域也有广泛的应用。在测量过程中常常会遇到诸如力、位移等一些变化较慢的量，经传感器转换后得到的信号是低频的微弱信号，需要进行放大处理。如果直接采取直流放大会带来零漂和级间耦合等问题，造成信号的失真。而交流放大器具有良好的抗零漂性能，所以工程上经常设法先将这些低频信号通过调制的手段变为高频信号，然后采用交流放大器进行放大。最终再采用解调的手段获取放大后的被测信号。还有些传感器在完成从被测物理量到电量的转换过程中应用了信号调制的原理。如差动变压器式位移传感器就是幅值调制的典型应用。交流电阻电桥实质上也是一个幅值调制器。一些电容、电感类传感器将被测物理量的变化转换成了频率的变化，即采取了频率调制。

另外，调制与解调技术还广泛应用于信号的远距离传输方面。

5.2.1　幅值调制与解调

1. 幅值调制

幅值调制是将一个高频载波信号（此处采用余弦波）与被测信号（调制信号）相乘，使高频信号的幅值随被测信号的变化而变化。如图 5-12 所示，$x(t)$ 为被测信号，$y(t)$ 为高频载波信号，$y(t)=\cos 2\pi f_0 t$，则调制器的输出已调制信号 $x_m(t)$ 为 $x(t)$ 与 $y(t)$ 的乘积为

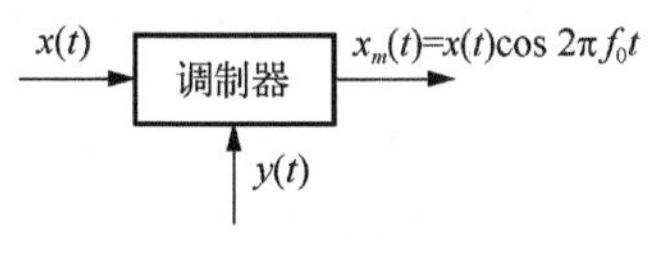

图 5-12　幅值调制

$$x_m(t)=x(t)\cos 2\pi f_0 t \tag{5-18}$$

2. 调幅信号的频域分析

下面分析幅值调制信号的频域特点。由傅里叶变换的性质可知，时域中两个信号相乘对应于频域中这两个信号的傅里叶变换的卷积，即

$$x(t)y(t) \Leftrightarrow X(f)*Y(f) \tag{5-19}$$

余弦函数的频域波形是一对脉冲谱线，即

$$\cos 2\pi f_0 t \Leftrightarrow \frac{1}{2}\delta(f-f_0)+\frac{1}{2}\delta(f+f_0) \tag{5-20}$$

由式(5-18)～式(5-20)有

$$x(t)\cos 2\pi f_0 t \Leftrightarrow \frac{1}{2}X(f)*\delta(f-f_0)+\frac{1}{2}X(f)*\delta(f+f_0) \tag{5-21}$$

一个函数与单位脉冲卷积的结果是将这个函数的波形由坐标原点平移至该脉冲函数处。所以，把被测信号 $x(t)$ 和载波信号相乘，其频域特征就是把 $x(t)$ 的频谱由频率坐标原点

平移至载波频率 $\pm f_0$ 处，其幅值减半，如图 5-13 所示。可以看出所谓调幅过程相当于“搬移”过程。

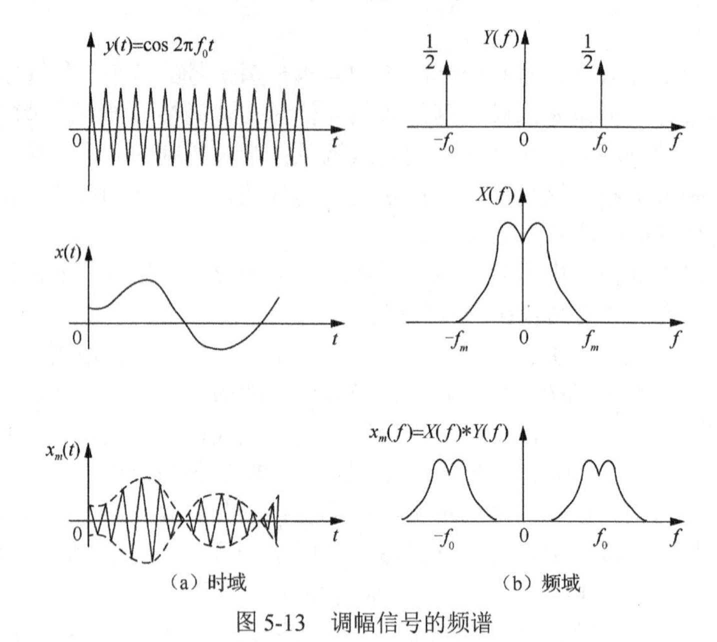

图 5-13　调幅信号的频谱

从图 5-13 可以看出，载波频率 f_0 必须高于信号中的最高频率 $f_{\max}$，这样才能使已调幅信号保持原信号的频谱图形而不产生混叠现象。为了减小电路可能引起的失真，信号的频宽 f_m 相对载波频率 f_0 应越小越好。在实际应用中，载波频率至少在调制信号上限频率的十倍以上。

3. 调幅信号的解调方法

幅值调制的解调有多种方法，常用的有同步解调法、包络检波法和相敏检波法。

1）同步解调法

若把调幅波再次与原载波信号相乘，则频域的频谱图形将再一次进行“搬移”，其结果是使原信号的频谱图形平移到 0 和 $\pm f_0$ 的频率处，如图 5-14 所示。若用一个低通滤波器去中心频率为 $2f_0$ 的高频成分，便可以复现原信号的预谱（只是其幅值减小为一半，这可用放大处理来补偿），这一过程称为同步解调。同步是指在解调过程中所乘的载波信号与调制时的载波信号具有相同的频率与相位。

在时域分析中也可以看到

$$x(t)\cos 2\pi f_0 t\cos 2\pi f_0 t=\frac{x(t)}{2}+\frac{1}{2}x(t)\cos 4\pi f_0 t \tag{5-22}$$

用低通滤波器将式(5-22)右端频率为 $2f_0$ 的后一项高频信号滤去，则可得到 $\frac{x(t)}{2}$。但应注意，同步解调要求有性能良好的线性乘法器件，否则将引起信号失真。

2）包络检波法

包络检波也称整流检波，其原理是先对调制信号进行直流偏置，叠加一个直流分量 A，使偏置后的信号都具有正电压值，那么用该调制信号进行调幅后得到的调幅波 $x_m(t)$ 的包络线将具有原调制信号的形状，如图 5-15 所示。对该调幅波 $x_m(t)$ 进行简单的整流（半波或全波整流)、滤波便可以恢复原调制信号，信号在整流滤波之后需再准确地减去所加的直流偏置电压。

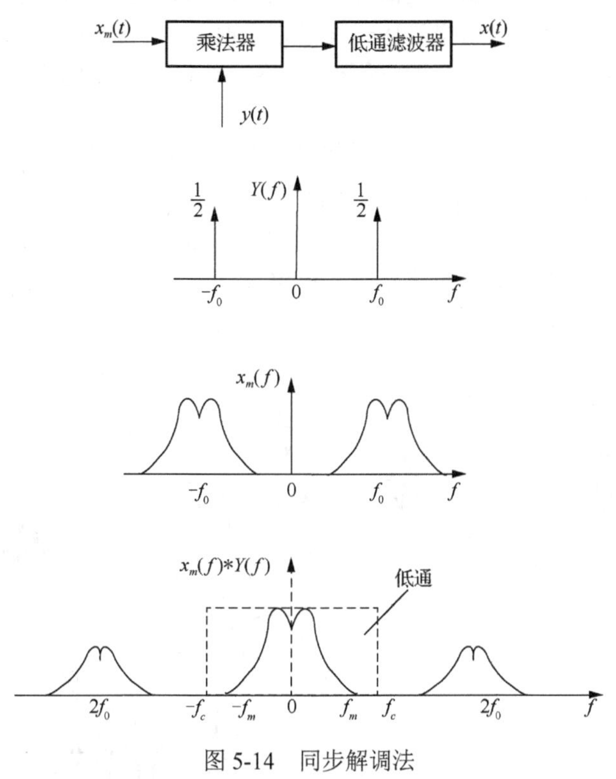

图 5-14　同步解调法

上述方法的关键是准确地加、减偏置电压。若所加的偏置电压未能使信号电压都位于零位的同一侧，那么对调幅之后的波形只进行简单的整流滤波便不能恢复原调制信号，而会造成很大失真(图 5-16)。在这种情况下，采用相敏检波技术可以解决这一问题。

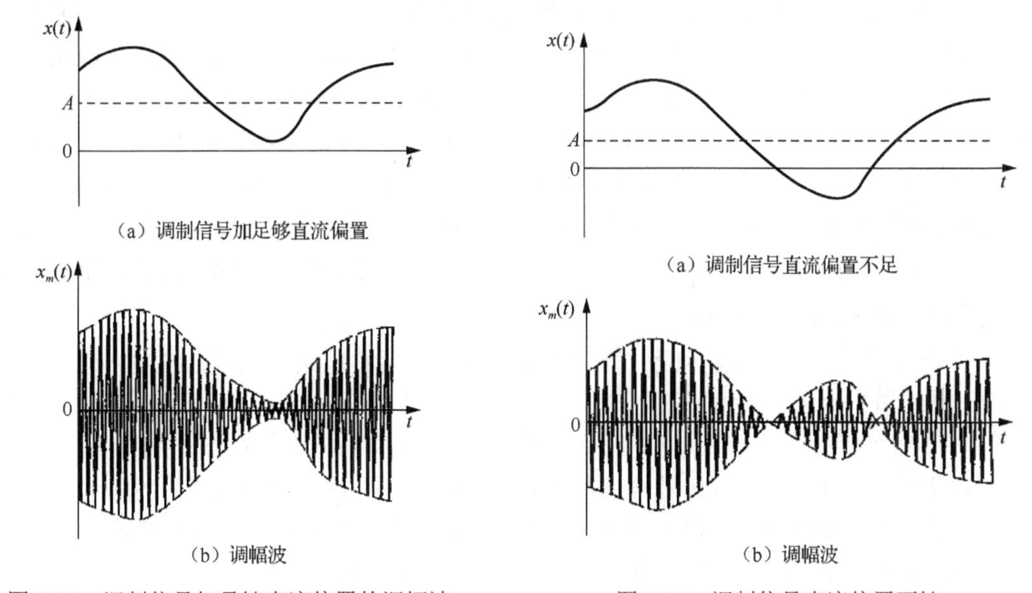

图 5-15　调制信号加足够直流偏置的调幅波

图 5-16　调制信号直流偏置不够

3）相敏检波法

相敏检波的特点是可以鉴别调制信号的极性，所以采用相敏检波法时，对调制信号不必再加直流偏置。相敏检波利用交变信号在过零位时正、负极性发生突变，使调幅波的相位（与载波比较）也相应地产生 180° 的相位跳变，这样便既能反映出原调制信号的幅值，又能反映其极性。

图 5-17 所示为一种典型的二极管相敏检波电路，四个特性相同的二极管 $VD_1 \sim VD_4$ 连接成电桥的形式，两对对角点分别接到变压器 T_1 和 T_2 的二次侧线圈上。调幅波 $x_m(t)$ 输入到变压器 T_1 的一次侧，变压器 T_2 接参考信号，该参考信号应与载波信号 $y(t)$ 的相位和频率相同，用作极性识别的标准。R_1 为负载电阻。电路设计时应使变压器 T_2 的二次侧输出电压大于变压器 T_1 的二次侧输出电压。

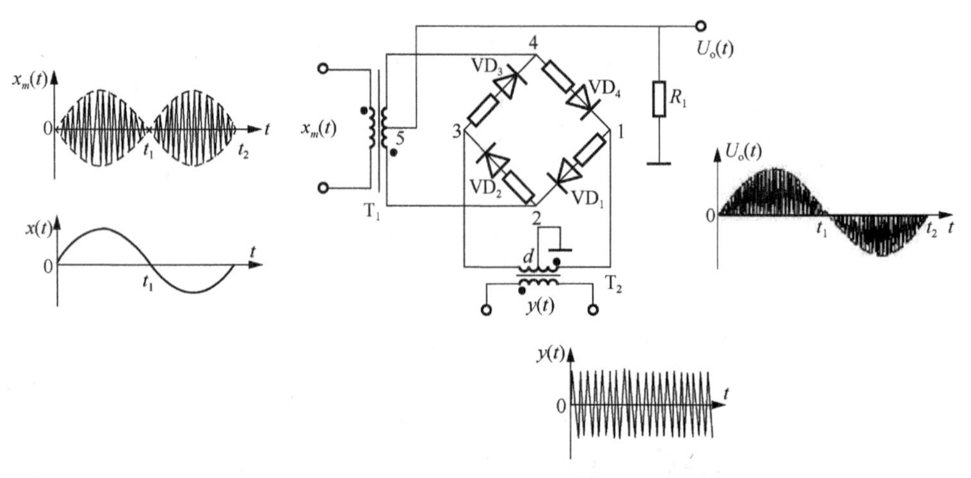

图 5-17　二极管相敏检波电路

图 5-17 中还给出相敏检波器解调的波形转换过程。当调制信号为正时（图 5-17 的 $0 \sim t_1$ 区间），调幅波 $x_m(t)$ 与载波 $y(t)$ 同相。这时，当载波电压为正时，VD_1 导通，电流的流向是 d—1—VD_1—2—5—R_1—地—d；当载波电压为负时，变压器 T_1 和 T_2 的极性同时改变。VD_3 导通，电流的流向是 d—3—VD_3—4—5—R_1—地—d。可见在 $0 \sim t_1$ 区间，流经负载 R_1 的电流方向始终是由上到下，输出电压 $u_o(t)$ 为正值。当调制信号 $x(t)$ 为负时（图 5-17 中 $t_1 \sim t_2$ 区间），调幅波 $x_m(t)$ 相对于载波 $y(t)$ 的极性相差 180°。这时，当载波电压为正时，VD_2 导通，电流的流向是 5—2—VD_2—3—d—地—R_1—5；当载波电压为负时，VD_4 导通，电流的流向是 5—4—VD_2—1—d—地—R_1—5。可见在 $t_1 \sim t_2$ 区间，流经负载 R_1 的电流方向始终是由下向上，输出电压 $u_o(t)$ 为负值。

综上所述，相敏检波是利用二极管的单向导通作用将电路输出极性换向。简单地说，这种电路相当于在 $0 \sim t_1$ 段把 $x_m(t)$ 的负部翻上去，而在 $t_1 \sim t_2$ 段把 $x_m(t)$ 的正部翻下来。若将 $u_o(t)$ 经低通滤波器滤波，则所得到的信号就是 $x_m(t)$ 经过“翻转”后的包络。

由以上分析可知，通过相敏检波可得到一个幅值与极性均随调制信号的幅值与极性变化的信号，从而使被测信号得到重现。换言之，对于具有极性或方向性的被测量，经调制以后要想正确地恢复原有的信号波形，必须采用相敏检波的方法。

动态电阻应变仪(图 5-18)是一个电桥调幅与相敏检波的典型实例。电桥由振荡器供给等幅振荡电压（一般为 10kHz 或 15kHz）。被测量（应变）通过电阻应变片调制电桥输出，电桥输出为调幅波，经过放大，再经相敏检波与低通滤波即可取出所测信号。

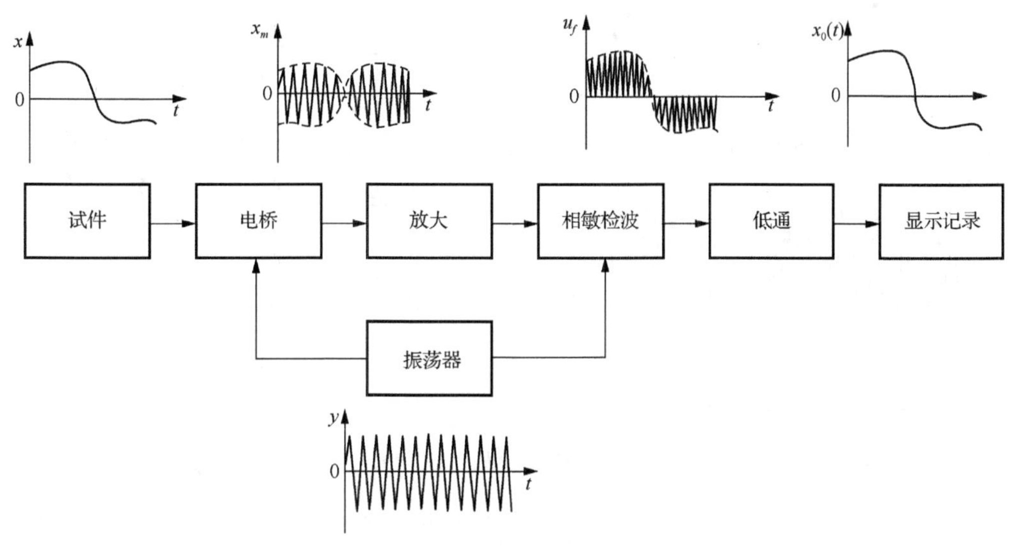

图 5-18　动态电阻应变仪框图

5.2.2　频率调制与解调

1. 频率调制的基本概念

频率调制是指利用调制信号控制高频载波信号频率变化的过程。在频率调制中载波幅值保持不变，仅载波的频率随调制信号的幅值呈比例变化。

设载波 $y(t)=A\cos(\omega_0 t+\theta_0)$，这里角频率 ω_0 为一常量。如果保持振幅 A 为常数，让载波瞬时角频率 $\omega(t)$ 随调制信号 $x(t)$ 做线性变化，则有

$$\omega(t)=\omega_0+kx(t) \tag{5-23}$$

式中，k 为比例因子。

此时调频信号可以表示为

$$x_f(t)=A\cos\left[\omega_0 t+k\int x(t)\mathrm{d}t+\theta_0\right] \tag{5-24}$$

图 5-19 是调制信号为三角波时的调频信号波形。

由图可知，在 $0\sim t_1$ 区间，调制信号 $x(t)=0$，调频信号的频率保持原始的中心频率 ω_0 不变；在 $t_1\sim t_2$ 区间，调频波 $x_f(t)$ 的瞬时频率随调制信号 $x(t)$ 的增大而逐渐增高；在 $t_2\sim t_3$ 区间，调频波 $x_f(t)$ 的瞬时频率随调制信号 $x(t)$ 的减小而逐渐降低；在 $t\geqslant t_3$ 后，调制信号 $x(t)=0$，调频信号的频率又恢复了原始的中心频率 ω_0。

2. 频率调制方法

频率调制一般用振荡电路来实现，如 LC 振荡电路、变容二极管调制器、压控振荡器等。图 5-20 所示为 LC 振荡电路。该电路常被用于电容、涡流、电感等传感器的测量电路，将电容（或电感）作为自激振荡器的谐振回路的一个调谐参数，则电路的谐振频率为

$$f_0 = \frac{1}{2\pi\sqrt{LC}} \tag{5-25}$$

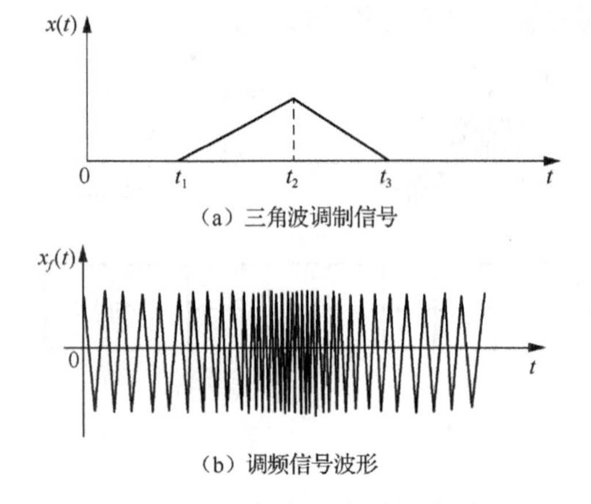

图 5-19　三角波调制下的调频波

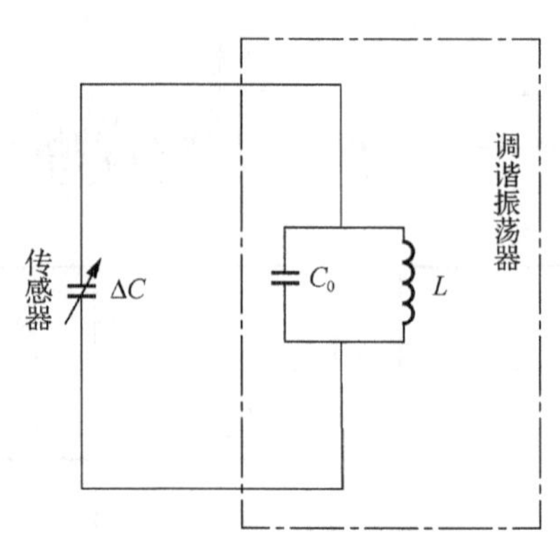

图 5-20　*LC* 振荡电路

若电容 C_0 的变化量为 ΔC ，则式(5-25)变为

$$f = \frac{1}{2\pi\sqrt{LC_0\left(1+\frac{\Delta C}{C_0}\right)}} = f_0\frac{1}{\sqrt{1+\frac{\Delta C}{C_0}}} \tag{5-26}$$

式(5-26)按泰勒级数展开并忽略高阶项得

$$f \approx f_0\left(1-\frac{\Delta C}{2C_0}\right) = f_0 - \Delta f \tag{5-27}$$

式中， $\Delta f = f_0\frac{\Delta C}{2C_0}$ 。

由式(5-27)可知，*LC* 振荡电路以振荡频率 f 与调谐参数的变化呈线性关系，即振荡频率受控于被测物理量（这里是电容 C_0 ）。这种将被测参数的变化直接转换为振荡频率变化的过程称为直接调频式测量。

另一种常用的调频电路是压控振荡器(VCO)。顾名思义，压控振荡器就是用调制信号 $x(t)$ 的幅值来控制其振荡频率，使振荡频率随控控制电压呈线性变化，从而达到频率调制的目的。压控振荡器技术发展得很快，目前已有单片式压控振荡器芯片（如 MAXIM 公司推出的 MAX2622～MAX2624），振荡器的中心频率和频率范围由生产厂商预置，频率范围与控制电压相对应。

3. 调频信号的解调

调频信号的解调也称鉴频。一般采用鉴频器和锁相环解调器。前者结构简单，在测试技术中常被使用。而后者解调性能优良，但结构复杂，一般用于要求较高的场合，如通信机。本章只介绍鉴频器解调。图 5-21(a)为鉴频器示意图，该电路实际上是由一个高通滤波器(R_1 、 C_1)及一个包络检波器(VD、 C_2)构成。从高通滤波器幅频特性的过渡带(图 5-21(b))可以看出，随着输入信号频率的不同，输出信号的幅值便不同。通常在幅频特性的过渡带上选择一段线性好的区域来实现频率——电压的转换，并使调频信号的载频 f_0 位于这段线性区的中点。由于调频信号的瞬时频率正比于调制信号 $x(t)$ ，经过高通滤波器后，使原来等幅的调频信号的幅值变为随调制信号 $x(t)$ 变化的“调幅”信号，即包络形状正比于调制信号 $x(t)$，但频率仍与调频信号保持一致。该信号经后续包络检波器检出包络，即可恢复出反映被测量变化的调制信号 $x(t)$ (图 5-21(c))。

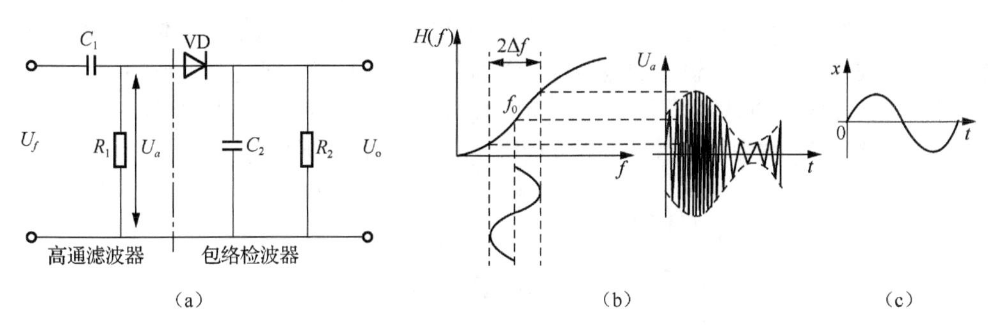

图 5-21　鉴频器原理

5.3　滤　波　器

5.3.1　概述

通常被测信号是由多个频率分量组合而成的。检测过程得到的信号除包含有效信息外，还含有噪声和不希望得到的成分，从而导致真实信号的畸变和失真。工程上希望采用适当的电路选择性地过滤掉不希望的成分或噪声。滤波和滤波器便是实现上述功能的手段和装置。

滤波是指让被测信号中的有效成分通过而将其中不需要的成分抑制或衰减掉的一种过程。根据滤波器的选频方式一般可将其分为低通滤波器、高通滤波器、带通滤波器以及陷波或带阻滤波器四种类型，图 5-22 所示为这四种滤波器的幅频特性。

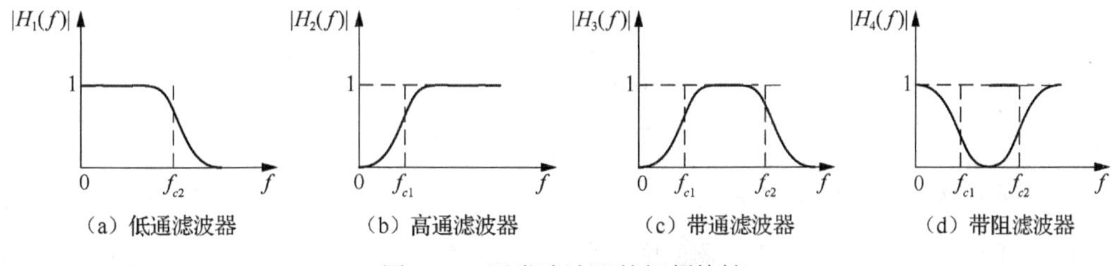

图 5-22　四类滤波器的幅频特性

由图 5-22 可知，低通滤波器允许在其截止频率以下的频率成分通过而高于此频率的频率成分被衰减；高通滤波器只允许在其截止频率之上的频率成分通过；带通滤波器只允许在其中心频率附近一定范围内的频率分量通过；而带阻滤波器可将选定频带上的频率成分衰减掉。

从滤波器的构成形式可将其分为两类，即有源滤波器和无源滤波器。有源滤波器通常使用运算放大器结构；而无源滤波器由一定的 *RLC* 组合配置形式组成。

5.3.2　滤波器性能分析

1. 理想滤波器

所谓理想滤波器就是将滤波器的一些特性理想化而定义的滤波器。本章以最常用的低通滤波器为例进行分析。理想低通滤波器特性如图 5-23 所示，它具有矩形幅频特性和线性相频特性。这种滤波器将低于某一频率 f_c 的所有信号予以传送而无任何失真，将频率高于 f_c 的信号全部衰减，f_c 称为截止频率。该频率响应函数具有以下形式。

$$H(f)=\begin{cases}A_0\mathrm{e}^{-\mathrm{j}2\pi ft_0}, & -f_c\leqslant f\leqslant f_c\\ 0, & 其他\end{cases} \tag{5-28}$$

这种滤波器在工程实际中是不可能实现的。

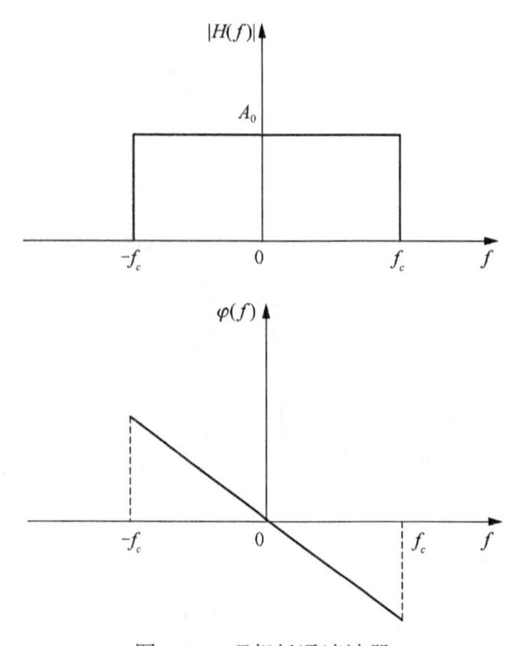

图 5-23　理想低通滤波器

2. 实际滤波器的特征参数

图 5-24 所示为实际带通滤波器的幅频特性。为便于比较，理想带通滤波器的幅频特性也示于图中。对于理想滤波器来说，在两截止频率 f_{c1} 和 f_{c2} 之间的幅频特性为常数 A_0，截止频率之外的幅频特性均为零。对于实际滤波器，其特性曲线无明显转折点，通带中幅频特性也并非常数，因此要用更多的参数来对它进行描述，如截止频率、带宽、纹波幅度、品质因子（Q 值）、倍频程选择性及滤波器因素。

（1）截止频率。截止频率指幅频特性值等于 $A_0/\sqrt{2}$（−3dB）时所对应的频率点（图 5-24 中的 f_{c1} 和 f_{c2}）。若以信号的幅值平方表示信号功率，该频率对应的点为半功率点。

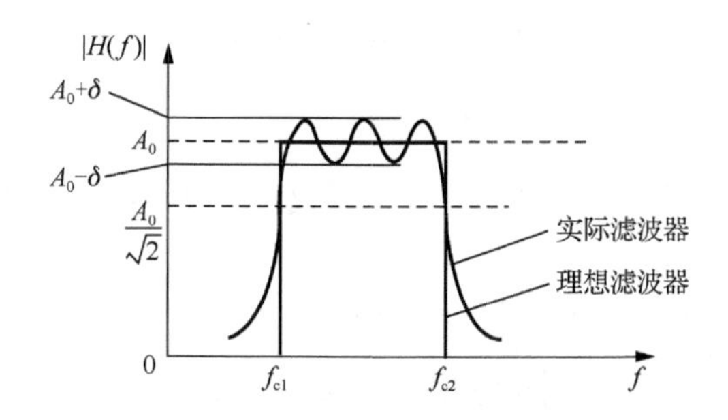

图 5-24　实际带通滤波器的幅频特性

（2）带宽 B。滤波器带宽定义为上下两截止频率之间的频率范围 $B = f_{c2} - f_{c1}$，又称 −3dB 带宽，单位为 Hz。带宽表示滤波器的分辨能力，即滤波器分离信号中相邻频率成分的能力。

（3）纹波幅度 δ。通带中幅频特性值的起伏变化值称为纹波幅度，图 5-24 中以 $\pm\delta$ 表示，δ 值应越小越好。

（4）品质因子（Q 值）。对于带通滤波器来说，品质因子 Q 定义为中心频率 f_0 与带宽 B 之比，即 $Q = f_0/B$。Q 越大，则相对带宽越小，滤波器的选择性越好。

（5）倍频程选择性。从阻带到通带或从通带到阻带，实际滤波器有一个过渡带，过渡带的曲线倾斜度代表着幅频特性衰减的快慢程度，通常用倍频程选择性来表征。倍频程选择性是指上截止频率 f_{c2} 与 $2f_{c2}$ 之间或下截止频率 f_{c1} 与 $f_{c1}/2$ 间幅频特性的衰减值，即频率变化一个倍频程的衰减量，以 dB 表示。显然，衰减越快，选择性越好。

（6）滤波器因数（矩形系数）λ。滤波器因数 λ 定义为滤波器幅频特性的−60dB 带宽与−3dB 带宽的比，即

$$\lambda = \frac{B_{-60\text{dB}}}{B_{-3\text{dB}}} \tag{5-29}$$

对于理想滤波器有 $\lambda = 1$。对于普通使用的滤波器，λ 一般为 1～5。

5.3.3　实际滤波电路

最简单的低通和高通滤波器可由一个电阻和一个电容组成，图 5-25(a)、(b)所示为 RC 低通和高通滤波器。

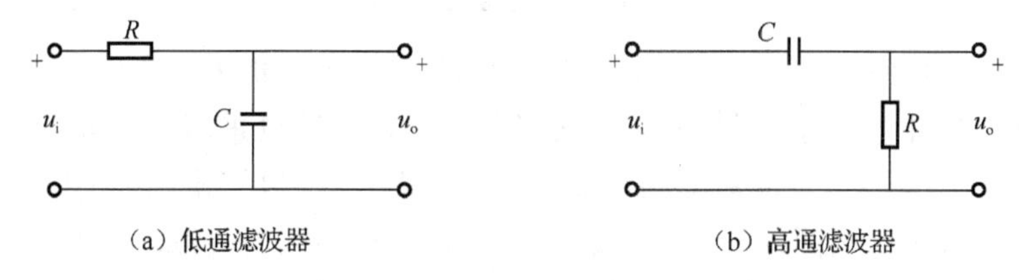

图 5-25　简单低通和高通滤波器

这种无源的 RC 滤波器属于一阶系统。可写出图 5-25(a)所示的低通滤波器的频率响应特性为

$$|H(f)| = \frac{1}{\sqrt{1 + (f/f_c)^2}} \tag{5-30}$$

$$\phi(f) = -\arctan(f/f_c) \tag{5-31}$$

式中，$f_c = \dfrac{1}{2\pi RC}$。

截止频率 f_c 对应于幅值衰减 3dB 的点，由于 $f_c = 1/2\pi RC$，所以调节 RC 可方便地改变截止频率，从而也改变了滤波器的带宽。

对于图 5-25(b)所示的高通滤波器，其频响特性为

$$|H(f)| = \frac{f/f_c}{\sqrt{1+(f/f_c)^2}} \tag{5-32}$$

$$\phi(f) = 90^\circ - \arctan(f/f_c) \tag{5-33}$$

低通滤波器和高通滤波器组合可以构成带通滤波器，图 5-26 所示为一种带通滤波器电路。

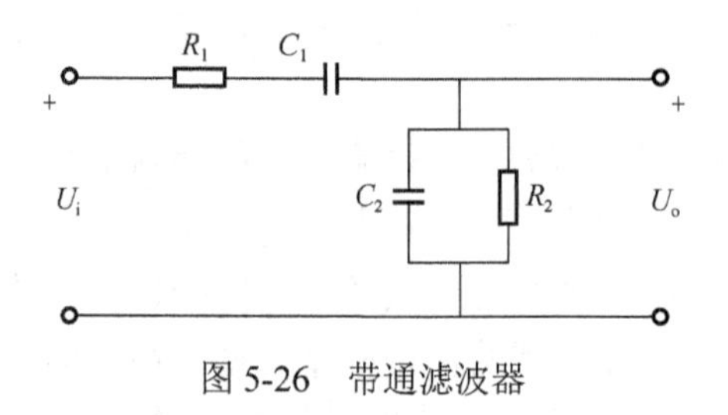

图 5-26　带通滤波器

一阶 RC 滤波器在过渡带内的衰减速率非常慢，每个倍频程只有 6dB(图 5-27)，通带和阻带之间没有陡峭的界限，故这种滤波器的性能较差，因此常常要使用更复杂的滤波器。

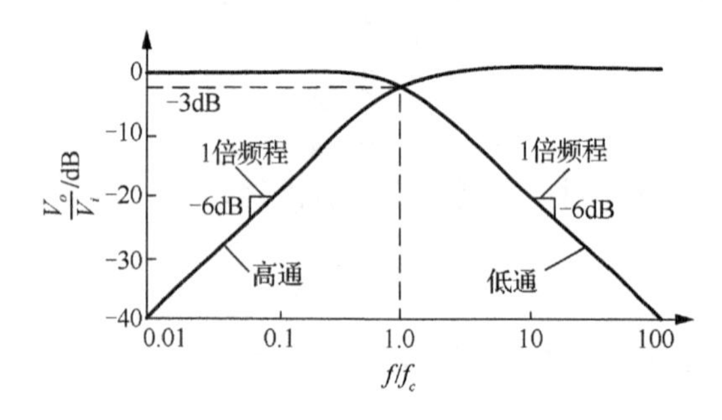

图 5-27　RC 高低通滤波器的幅频特性

电感和电容一起使用可以使滤波器的谐振特性相对于一阶 RC 电路产生较为陡峭的滤波器边缘。图 5-28 中给出了一些 LC 滤波器的构成方法。通过采用多个 RC 环节或 LC 环节级联的方式(图 5-29)，可以使滤波器的性能有显著的提高，使过渡带曲线的陡峭度得到改善。这是因为多个中心频率相同的滤波器级联后，其总幅频特性为各滤波器幅频特性的乘积，因此通带外的频率成分将会有更大的衰减。但必须注意到，虽然多个简单滤波器的级联能改善滤波器的过渡带性能，却又不可避免地带来了明显的负载效应和相移增大等问题。为避免这些问题，常用的方法就是采用有源滤波器。

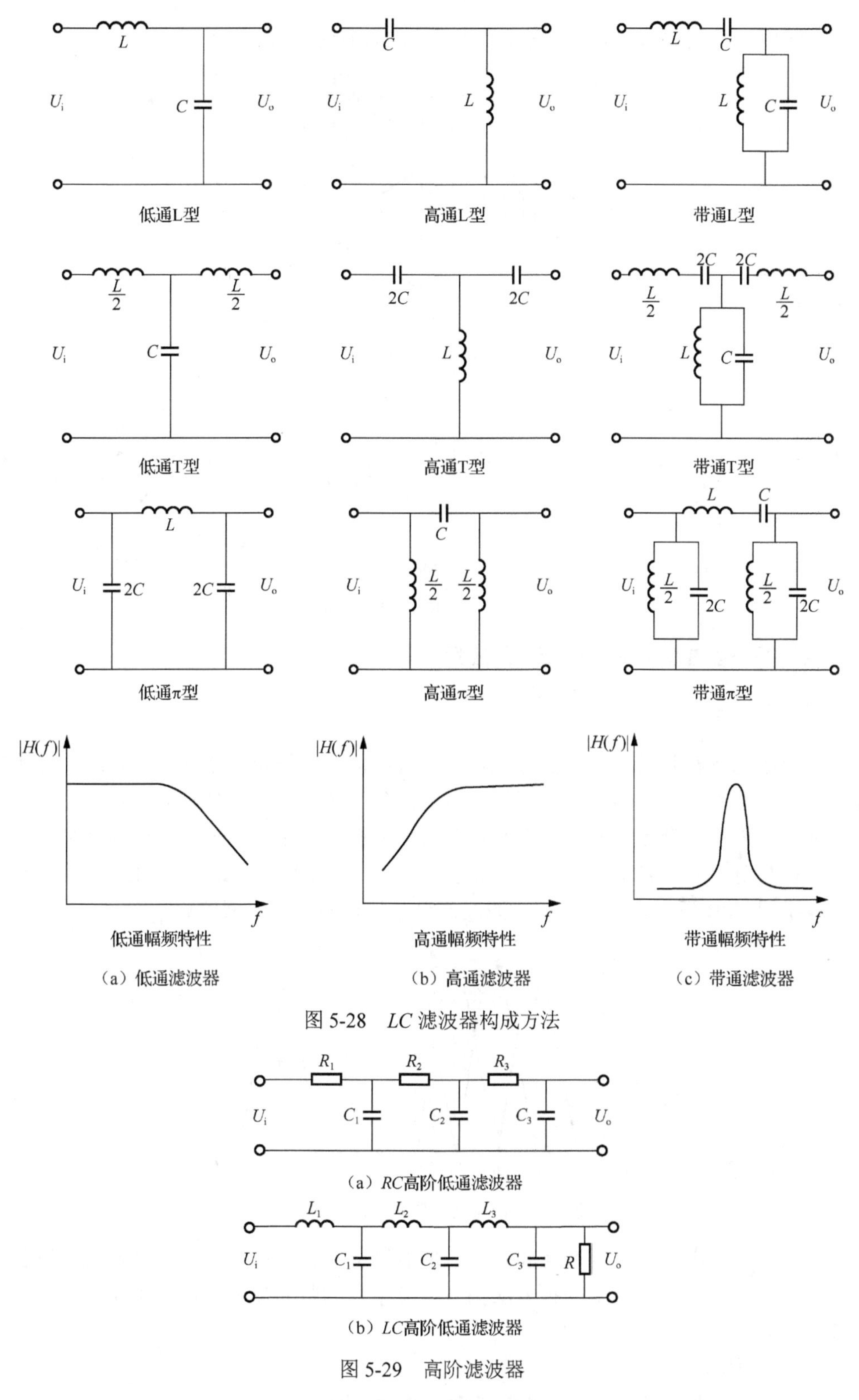

（a）低通滤波器　　（b）高通滤波器　　（c）带通滤波器

图 5-28　*LC* 滤波器构成方法

（a）*RC*高阶低通滤波器

（b）*LC*高阶低通滤波器

图 5-29　高阶滤波器

将滤波网络与运算放大器结合是构造有源滤波器电路的基本方法(图 5-30)，图 5-31 是一些典型的一阶有源滤波器。通常的有源滤波器具有 80dB/倍频程的下降带，以及在阻带中有高于 60dB 的衰减。目前市场上已有高性能的高阶有源滤波器。

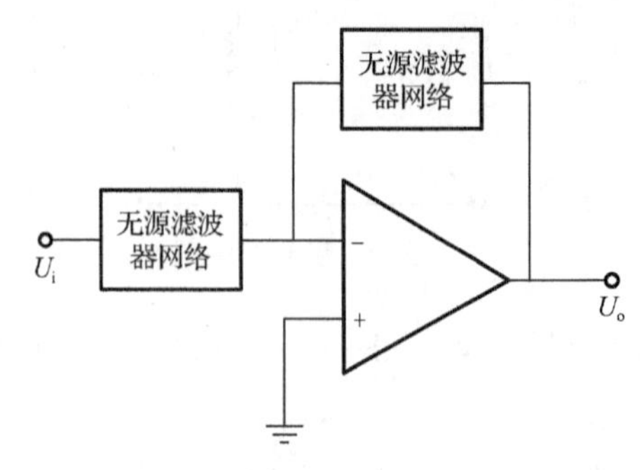

图 5-30　有源滤波器的基本结构

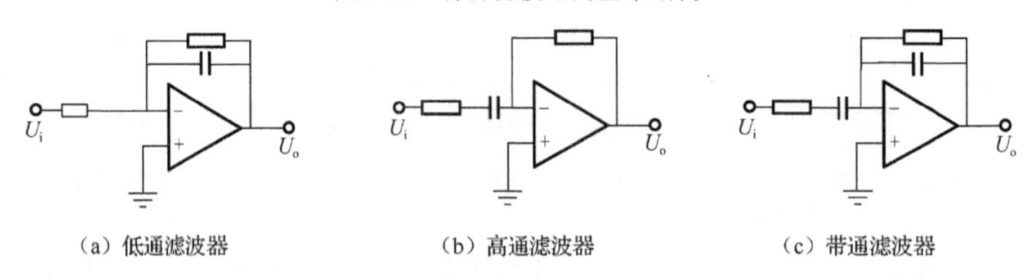

图 5-31　一阶有源滤波器

5.3.4　带通滤波器在信号频率分析中的应用

1. 多路滤波器的并联形式

多路带通滤波器并联常用于信号的频谱分析和信号中特定频率成分的提取。使用时常将被分析信号输入一组中心频率不同的滤波器，各滤波器的输出便反映了信号中所含的各个频率成分。为使各带通滤波器的带宽覆盖整个分析的频带，它们的中心频率能使相邻的带宽恰好相互衔接(图 5-32)。通常的做法是使前一个滤波器的−3dB 上截止频率高端等于后一个滤波器的−3dB 下截止频率低端。滤波器组需具有相同的放大倍数。

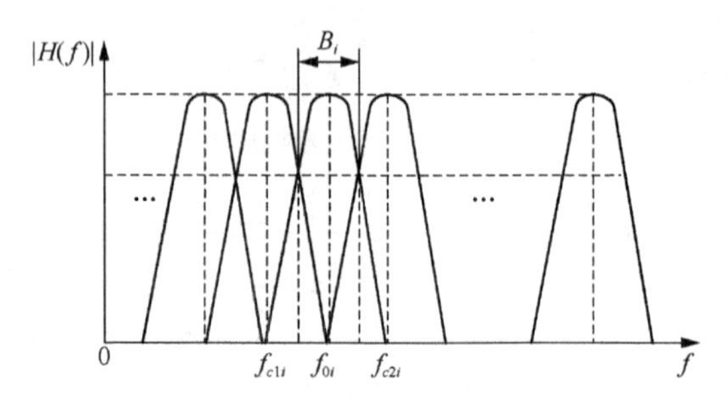

图 5-32　带通滤波器并联的频带分配

在进行信号频谱分析时，这组并联的、增益机上而中心频率不同的带通滤波器的带宽遵循一定的规则取值，通常用两种方法构成两类常见的带通滤波器组：恒带宽比滤波器和恒带宽滤波器。

1）恒带宽比滤波器

恒带宽比滤波器是指滤波器的相对带宽是常数，即

$$\frac{B_i}{f_{0i}}=\frac{f_{c2i}-f_{c1i}}{f_{0i}}=C \tag{5-34}$$

当中心频率 f_{0i} 变化时，恒带宽比滤波器带宽变化的情况如图 5-33(a)所示。

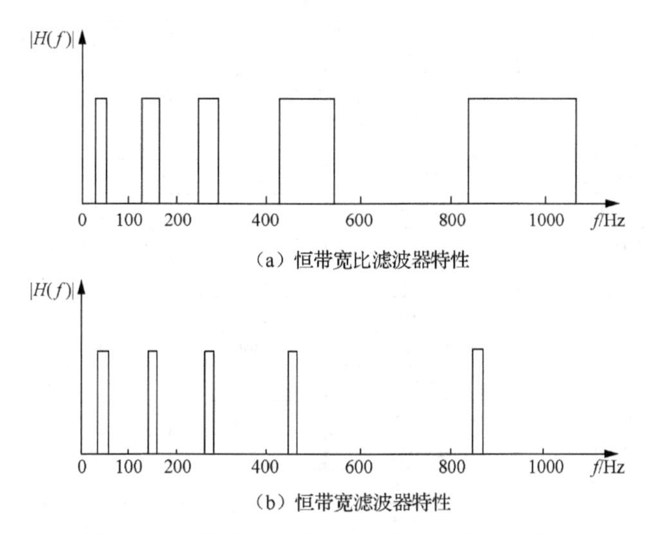

图 5-33　恒带宽比滤波器和恒带宽滤波器的特性

恒带宽比滤波器的上、下截止频率 f_{c2i} 和 f_{c1i} 之间满足以下关系。

$$f_{c2i}=2^n f_{c1i} \tag{5-35}$$

式中，n 为倍频程数。若 $n=1$，称为倍频程滤波器；$n=1/3$，则称为 1/3 倍频程滤波器；以此类推。

在倍频程滤波器组中，后一个中心频率 f_{0i} 与前一个中心率 $f_{0(i-1)}$ 间也满足以下关系。

$$f_{0i}=2^n f_{0(i-1)} \tag{5-36}$$

而且滤波器的中心频率与上、下截止频率之间的关系为

$$f_{0i}=\sqrt{f_{c1i}f_{c2i}} \tag{5-37}$$

所以，只要选定 n 值，就可以设计出覆盖给定频率范围的邻接式滤波器组。图 5-34 为 B&K 公司的 1616 型频率分析仪的结构框图，其带宽为 1/3 倍频程，分析频率为 40kHz～20MHz，共设置 34 个带通滤波器。表 5-1 给出了 34 个带通滤波器的中心频率和截止频率。

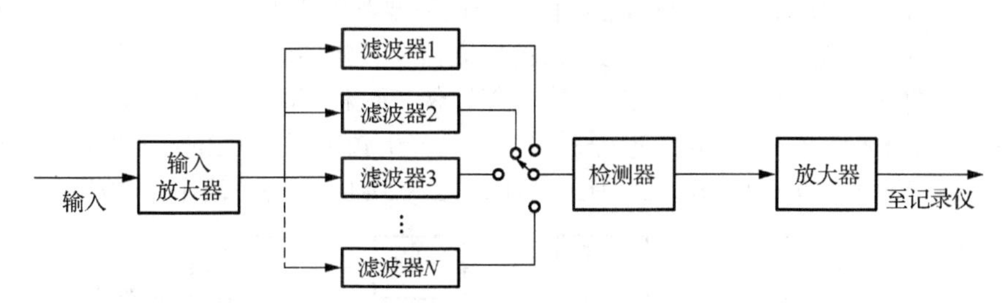

图 5-34　滤波器进行倍频程分析的并联结构

表5-1 1/3倍频程滤波器的中心频率和截止频率 （单位：Hz）

中心频率 f_0	下截止频率 f_{c1}	上截止频率 f_{c2}	中心频率 f_0	下截止频率 f_{c1}	上截止频率 f_{c2}
16	14.2544	17.9600	800	712.720	898.000
20	17.8180	22.4500	1000	890.900	1122.50
25	22.2725	28.0625	1250	1113.63	1403.13
31.5	28.0634	38.5875	1600	1425.44	1796.00
40	35.6360	44.9000	2000	1781.80	2245.00
50	44.5450	56.1250	2500	2227.25	2806.25
63	56.1267	70.7175	3150	2806.34	3535.88
80	71.2720	89.8000	4000	3563.60	4490.00
100	89.0900	112.250	5000	4454.50	5612.50
125	111.363	140.313	6300	5612.67	7171.75
160	142.544	179.600	8000	7127.20	8980.00
200	178.180	224.500	10000	8909.00	11225.0
250	222.725	280.625	12500	11136.3	14031.3
315	280.634	353.588	16000	14254.4	17960.0
400	356.360	449.000	20000	17818.0	22450.0
500	445.450	561.250	25000	22272.5	28062.5
630	561.267	707.175	31500	28063.4	35358.8

2）恒带宽滤波器

从图 5-33(a)可以看出，一组恒带宽比滤波器的通频带在低频段很窄，在高频段则很高，因而滤波器组的频率分辨率在低频段较好，而在高频段则很差。若要求滤波器在所有频段都具有良好的频率分辨率，可采用恒带宽滤波器。

恒带宽滤波器是指滤波器的绝对带宽为常数，即

$$B = f_{c2i} - f_{c1i} = C \tag{5-38}$$

图 5-33(b)所示为恒带宽滤波器的特性。为提高滤波器的分辨能力，带宽应窄一些，但为覆盖整个频率范围所需要的滤波器数量就很大。因此恒带宽滤波器一般不用固定中心频率与带宽的并联滤波器组来实现，而是通过中心频率可调的扫描式带通滤波器来实现。

2. 中心频率可调式

扫描式频率分析仪用一个中心频率可调的带通滤波器，通过改变中心频率使该滤波器的通带跟随所要分析的信号频率范围要求来变化。调节方式可以是手调或者外信号调节，如图 5-35 所示。用于调节中心频率的信号可由一个锯齿波发生器来产生，用一个线性升高的电压来控制中心频率的连续变化。由于滤波器的建立需要一定的时间，尤其是在滤波器带宽很窄的情况下，建立时间越长，所以扫频速度不能过快。这种形式的分析仪也采用恒带宽比的带通滤波器。如 B&K 公司的 1621 型分析仪，将总分析频率范围 0.2Hz～20kHz 分成五段：0.2～2Hz、2～20Hz、20～200Hz、200Hz～2kHz、2～20kHz，每一段中的中心频率可调。

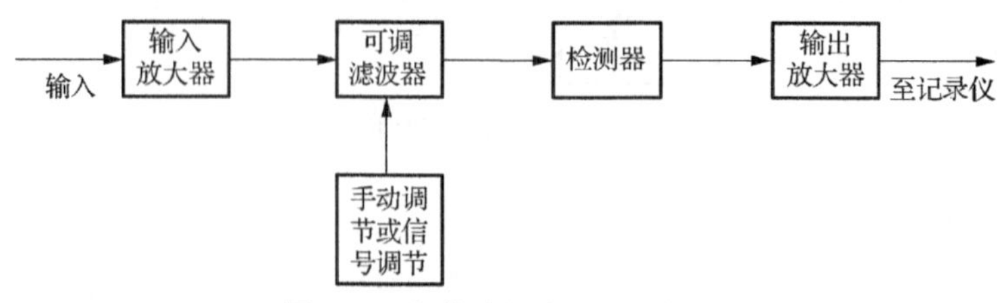

图 5-35 扫描式频率分析仪框图

采用中心频率可调的带通滤波器时，由于在调节中心频率过程中总希望不改变或不影响滤波器的增益及 Q 因子等参数，因此这种滤波器中心频率的调节范围是有限的。

在信号频谱分析中常用的中心频率可变的滤波方法还有相关滤波和跟踪滤波，其工作原理与典型应用请参阅相关文献。

5.4　信号的放大

通常情况下，传感器的输出信号都很微弱，必须用放大电路放大后才便于后续处理。为了保证测量精度的要求，放大电路应具有如下性能。

（1）足够的放大倍数。

（2）高输入阻抗，低输出阻抗。

（3）高共模抑制能力。

（4）低温漂、低噪声、低失调电压和电流。

线性运算放大器具备上述特点，因而传感器输出信号的放大电路都由运算放大器所组成，本节介绍几种常用的运算放大器电路。

知识链接　运算放大器简称运放，是具有很高放大倍数的电路单元。在实际电路中，通常结合反馈网络共同组成某种功能模块。运放的分析方法可用“虚短”和“虚断”法，具体可参考电路理论方面相关书籍。

5.4.1　基本放大电路

图 5-36 所示为反相放大器、同相放大器和差分放大器等三种基本放大电路。反相放大器的输入阻抗低，容易对传感器形成负载效应；同相放大器的输入阻抗高，但易引入共模干扰；而差分放大器也不能提供足够的输入阻抗和共模抑制比。因此由单个运算放大器构成的放大电路在传感器信号放大中很少直接采用。

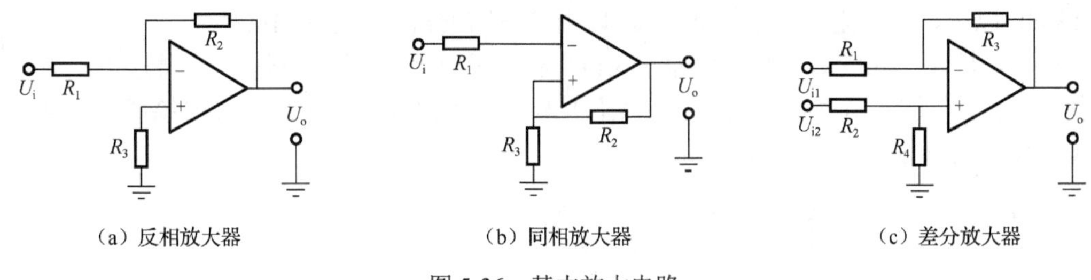

（a）反相放大器　（b）同相放大器　（c）差分放大器

图 5-36　基本放大电路

一种常用来提高输入阻抗的办法是在基本放大电路之前串接一级射极跟随器（图 5-37）。串接射极跟随器后，电路的输入阻抗可以提高到 10^9 以上，所以射极跟随器也常被称为阻抗变换器。

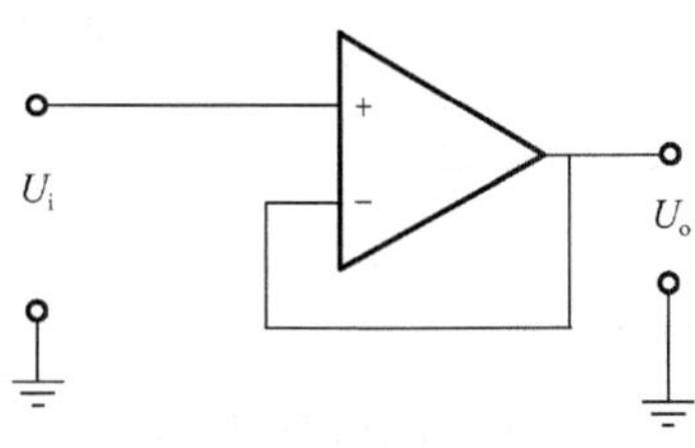

图 5-37　射极跟随器

5.4.2　仪器放大器

图 5-38 所示为一种在小信号放大中广泛使用的仪器放大器电路。它由三个运算放大器组成，其中 A_1、A_2 接成射极跟随器形式，组成输入阻抗极高的差动输入级，在两个射随器之间的附加电阻 R_G 具有提高共模抑制比的作用，A_3 为双端输入、单端输出的输出级，以适应接地负载的需要，放大器的增益由电阻 R_G 设定，典型仪器放大器的增益设置范围为 1～1000。

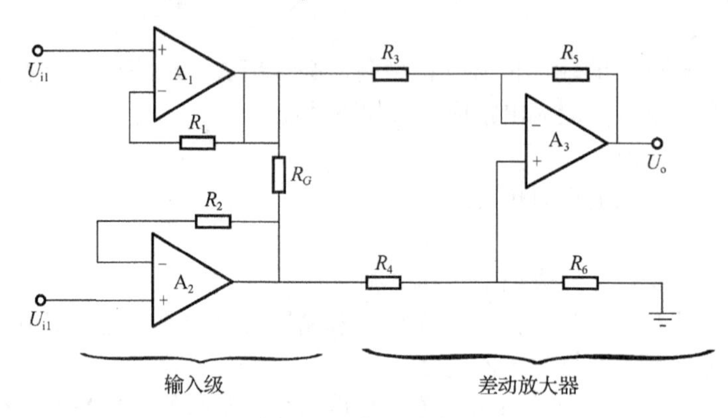

图 5-38　仪器放大器

该电路输出电压与差动输入电压之间的关系可表示为

$$U_o = \left(1 + \frac{R_1 + R_2}{R_G}\right)\frac{R_5}{R_3}\left(U_{i2} - U_{i1}\right) \tag{5-39}$$

若选取 $R_1 = R_2 = R_3 = R_4 = R_5 = R_6 = 10\text{k}\Omega$，$R_G = 100\Omega$，即可构成一个 $G = 201$ 倍的高输入阻搞、高共模抑制比的放大器。

近年来，世界上许多著名公司都推出了自己的集成仪器放大器。例如，美国 AD 公司推出的 AD522 等，美国 BB 公司推出的 INA114 等。典型仪器放大器的共模抑制比可以达到 130dB 以上，输入阻抗可以达到 $10^9\Omega$ 以上，电路增益可以达到 1000。

BW14 是一个低成本的普通仪器放大器。在一般应用时，只需外接一只普通电阻就可得到任意增益，可广泛用于电桥放大器、热电偶测量放大器及数据采集放大器等场合。INA114 的电路结构与基本接法如图 5-39 所示。

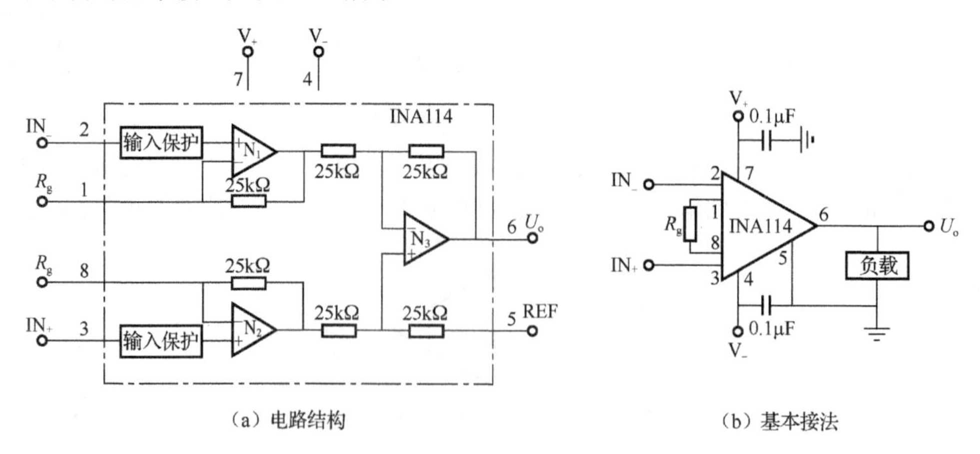

（a）电路结构　　（b）基本接法

图 5-39　INA114 的电路结构与基本接法

图 5-40(a)是一种典型的拾音传感器输入放大器。R_1与R_2一般取 47kΩ。若传感器 M 内阻过高，R_1与R_2可取 100kΩ左右。增益的选择不宜太高，一般设计在 100 倍以内为宜。图 5-40(b)为热电偶信号的放大电路。对于测量点 T 过远时，应增加输入低通滤波电路，以免因噪声电压损坏器件。增益的确定要根据具体所选热电测的类型而定。

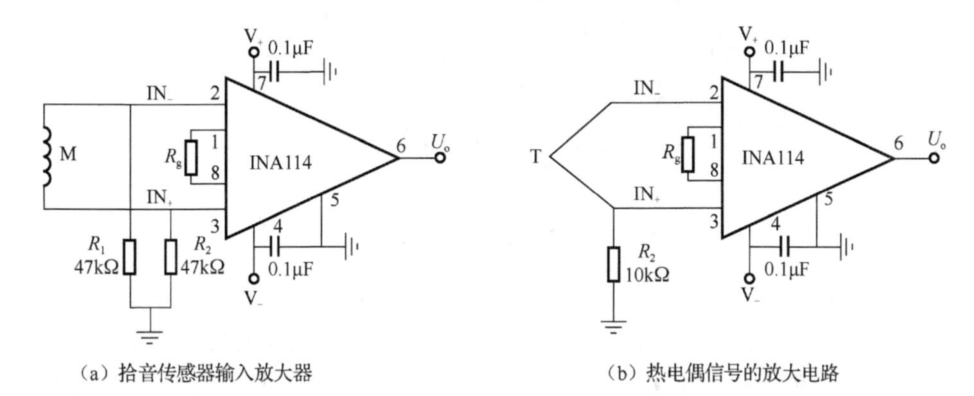

（a）拾音传感器输入放大器　　（b）热电偶信号的放大电路

图 5-40　仪器放大器的应用

AD522 是精密集成放大器，非线性失真小、共模抑制比高、低漂移和低噪声，非常适合对微弱信号进行放大。AD522 的管脚功能及作为电桥放大器的实例电路如图 5-41 所示。

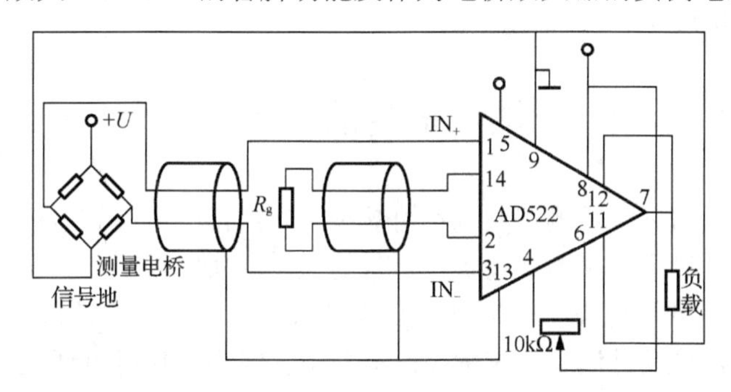

图 5-41　由仪器放大器构成的电桥放大电路

5.4.3　可编程增益放大器

在多回路检测系统中，由于各回路传感器信号的变化范围不尽相同，必须提供多种量程的放大器，才能使放大后的信号幅值变化范围一致（如 0～+5V）。如果放大器的增益可以由计算机输出的数字信号控制，则可通过改变计算机程序来改变放大器的增益，从而简化系统的硬件设计和调试工作量。这种可通过计算机编程来改变增益的放大器称为可编程增益放大器。

可编程增益放大器的基本原理可用图 5-42 所示的简单电路来说明，它是一种可编程增益的反相放大器。$R_1 \sim R_4$ 组成电阻网络，$S_1 \sim S_4$ 是电子开关，当外加控制信号 $y_1 \sim y_4$ 为低电平时，对应的电子开关闭合。电子开关通过一个 2-4 译码器控制。当来自计算机 I/O 口的 x_1、x_2 为 00、01、10、11 时，$S_1 \sim S_4$ 分别闭合，电阻网络的 $R_1 \sim R_4$ 分别接入反相放大器的输入回路，得到 4 种不同的增益值。也可不用译码器，直接由计算机的 I/O 口来控制 $y_1 \sim y_4$，得到 2^4 个不同的增益值。

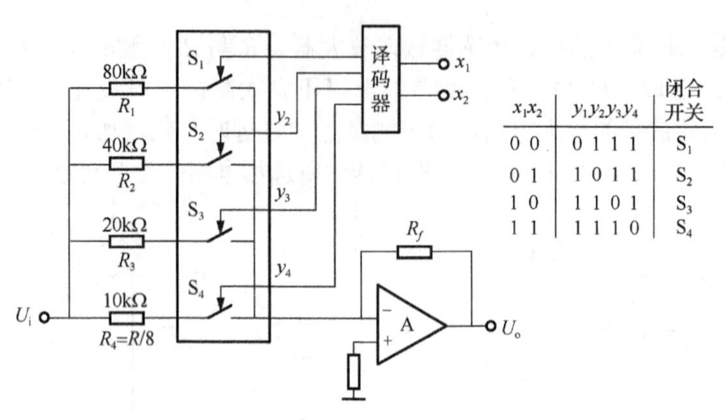

x_1x_2	$y_1y_2y_3y_4$	闭合开关
0 0	0 1 1 1	S_1
0 1	1 0 1 1	S_2
1 0	1 1 0 1	S_3
1 1	1 1 1 0	S_4

图 5-42　可编程增益放大器原理

从上面的分析可知，可编程增益放大器的基本思路是：用一组电子开关和一个电阻网络相配合来改变放大器的外接电阻值，以此达到改变放大器增益的目的。用户可用运算放大器、模拟开关、电阻网络和译码器组成形式不同、性能各异的可编程增益放大器。如果使用片内带有电阻网络的单片集成放大器，则可省去外加的电阻网络，直接与合适的模拟开关、译码器配合构成实用的可编程增益放大器。将运算放大器、电阻网络、模拟开关以及译码器等电路集成到一块芯片上，则构成集成可编程增益放大器，如美国国家半导体公司生产的 LH0084 就是其中的一种。

5.5　测试信号的显示与记录

测试信号的显示与记录是测试系统不可缺少的组成部分。信号显示与记录的目的如下。

（1）测试人员通过显示仪器观察各路信号的大小或实时波形。

（2）及时掌握测试系统的动态信息，必要时对测试系统的参数做相应调整，如输出的信号过小或过大时，可及时调节系统增益；信号中含噪声干扰时可通过滤波器降噪，等等。

（3）记录信号的重现。

（4）对信号进行后续的分析和处理。

传统的显示和信号记录装置包括万用表、阴极射线管示波器、XY 记录仪、模拟磁带记录仪等。近年来，随着计算机技术的飞速发展，记录与显示仪器从根本上发生了变化，数字式设备已成为显示与记录装置的主流，数字式设备的广泛应用给信号的显示与记录方式赋予了新的内容。

5.5.1　信号的显示

示波器是测试中最常用的显示仪器，有模拟示波器、数字示波器和数字存储示波器三种类型。

1. 模拟示波器

模拟示波器以传统的阴极射线管示波器为代表，图 5-43 所示为一个典型通用的阴极射线管示波器的原理框图。该示波器的核心部分为阴极射线管，从阴极发射的电子束经水平和垂直两套偏转极板的作用，精确聚焦到荧光屏上。通常水平偏转极板上施加锯齿波扫描信号，以控制电子束自左向右的运动，被测信号施加在垂直偏转极板上时，控制电子束在垂直方向上的运动，从而在荧光屏上显示出信号的轨迹。调整锯齿波的频率可改变示波器的时基，以适应各种频率信号的测量。所以，这种示波器最常见的工作方式是显示输入信号的时间历程，即显示 $x(t)$ 曲线。这种示波器具有频带宽、动态响应好等优点，最高可达到 800MHz 带宽，可记录到 1ns 左右的快速瞬变偶发波形，适合于显示瞬态、高频及低频的各种信号，目前仍在许多场合使用。

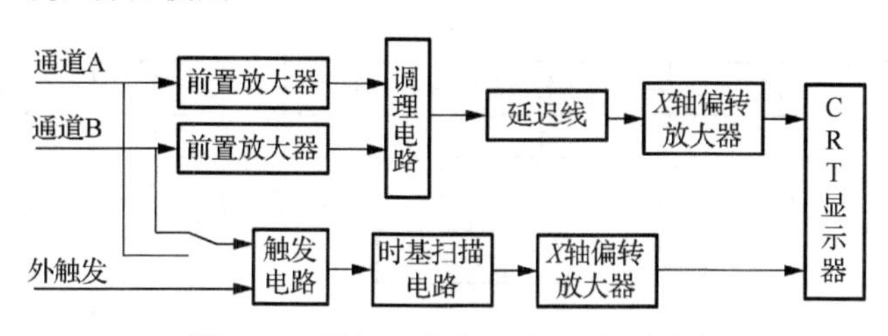

图 5-43　阴极射线管示波器原理框图

2. 数字示波器

数字示波器是随着数字电子与计算机技术的发展而发展起来的一种新型示波器，其基本原理框图如图 5-44 所示。它用一个核心器件——A/D 转换器将被测模拟信号进行模数转换并存储，再以数字信号方式显示。与模拟示波器相比，数字示波器具有许多突出的优点。

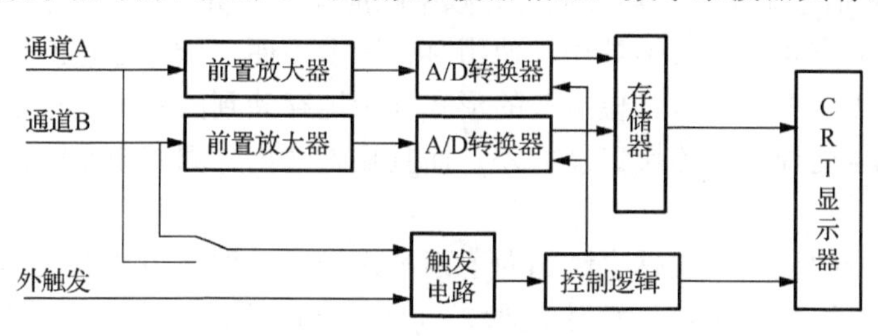

图 5-44　数字示波器原理框图

（1）其有灵活的波形触发功能，可以进行负延迟（预触发），便于观测触发前的信号状况。

（2）具有数据存储与回放功能，便于观测单次过程和缓慢变化的信号，也便于进行后续数据处理。

（3）具有高分辨率的显示系统，便于对各类性质的信号进行观察，可看到更多的信号细节。

（4）便于程控，可实现自动测量。

（5）可进行数据通信。

目前，数字示波器的带宽已达到 1GHz 以上，为防止波形失真，采样率可达到带宽的 5～10 倍。

例如，美国 HP 公司的 HP54600A 型数字示波器，双通道、100MHz 带宽。每通道拥有 2MB 的深度内存，以作长时间的信号采集，然后可平移和放大采集到的信号，以查看细节。同时还具有高分辨率显示系统，并有快速的波形显示和刷新功能。

3. 数字存储示波器

数字存储示波器(图 5-45)有与数字示波器一样的数据采集前端，即经 A/D 转换器将被测模拟信号进行模数转换并存储，与数字示波器不同的是其显示方式采用模拟方式：将已存储的数字信号通过 D/A 转换器恢复为模拟信号，再将信号波形重现在阴极射线管或液晶显示屏上。

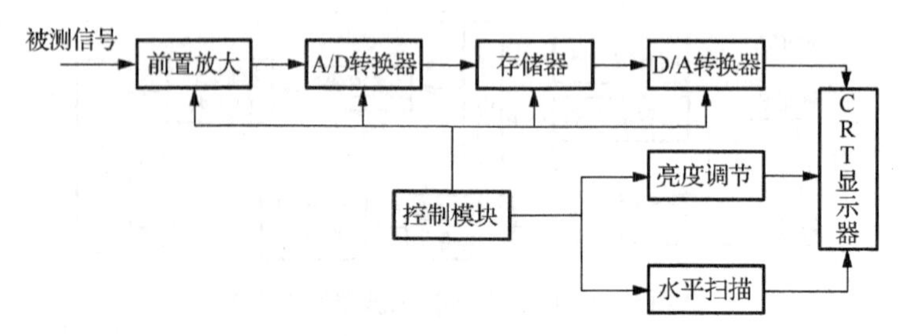

图 5-45　数字存储示波器原理框图

5.5.2　信号的记录

传统的信号记录仪器包括光线示波器、XY 记录仪、模拟磁带记录仪等。光线示波器和 XY 记录仪将被测信号记录在纸质介质上，频率响应差、分辨率低、记录长度受物理载体限制、需要通过手动方式进行后续处理，使用时有诸多不便之处，已逐渐退出历史舞台。模拟磁带记录仪可以将多路信号以模拟量的形式同步地存储到磁带上，但输出只能是模拟量形式，与后续信号处理仪器的接口能力差，而且输入输出之间的电平转换比较麻烦，所以目前已很少使用。

近年来，信号的记录方式越来越趋向于两种途径：一种是用数据采集仪器进行信号的记录，另一种是以计算机内插 A/D 卡的形式进行信号记录。此外，有一些新型仪器前端可直接实现数据采集与记录。

1. 用数据采集仪器进行信号记录

用数据采集仪器进行信号记录有诸多优点。

（1）数据采集仪器均有良好的信号输入前端，包括前置放大器、抗混滤波器等。

（2）配置有高性能（其有高分辨率和采样速率）的 A/D 转换板卡。

（3）有大容量存储器。

（4）配置有专用的数字信号分析与处理软件。

例如，奥地利 DEWETRON 公司生产的 DEWE-2010 多通道数据采集分析仪，包括了两个内部模块插槽，可以内置 16 路信号调理模块，如电桥输入模块、ICP 传感器输入模块、频率-电压转换模块、热电偶（热电阻）输入模块、计数模块等；另有 16 通道电压同步输入；外部还可以连接 DEWE-RACK 盒，用于扩展模拟输入通道（最多可扩展到 256 通道）。DEWE-2010 的采样频率范围为 0～100kHz，存储容量在 80GB 以上，在采样速率为 5kHz 时 16 通道同时采集可连续记录数十小时的数据。系统提供有数据采集、记录、分析、输出及打印的专用软件 DEWESoft，同时也能运行所有的 Windows 软件（Excel、LabVIEW 等）。

2. 用计算机内插 A/D 卡进行数据采集与记录

计算机内插 A/D 卡进行数据采集与记录是一种经济易行的方式，它充分利用通用计算机的硬件资源（总线、机箱、电源、存储器及系统软件），借助于插入微机或工控机内的 A/D 卡与数据采集软件相结合，完成记录任务。这种方式下，信号的采集速度与 A/D 卡转换速率和计算机写外存的速度有关，信号记录长度与计算机外存偏器容量有关。

3. 仪器前端直接实现数据采集与记录

近年来一些新型仪器（如美国 dP 公司的多通道分析仪）的前端含有 DSP 模块，可用以实现采集控测，可将通过适调和 A/D 转换的信号直接送入前端仪器中的海量存储器（如 100GB 硬盘），实现存储。这些存储的信号可通过某些接口母线由计算机调出实现后续的信号处理和显示。

第6章　信号处理初步

测试工作的目的是获取反映被测对象的状态和特征的信息。工程上，有用信号往往都是和各种噪声或干扰混杂在一起的。某些情况下有用信号本身也不明显，难以直接识别和利用。只有分离信号与噪声，并经过必要的处理与分析、清除和修正系统误差之后，才能比较准确地提取测得信号中所含的有用信息。因此，信号处理的目的是：①分离信、噪，提高信噪比；②从信号中提取有用的特征信号；③修正测试系统的某些误差，如传感器的线性误差、温度影响等。

信号处理可用模拟信号处理系统和数字信号处理系统来实现。

模拟信号处理系统由一系列能实现模拟运算的电路，诸如模拟滤波器、乘法器、微分放大器等环节组成。其中大部分环节在前面几章中已有讨论。模拟信号处理也作为数字信号处理的前奏，如滤波、限幅、隔直、解调等预处理。数字处理之后也常须进行模拟显示、记录等。

数字信号处理是用数字方法处理信号，它既可在通用计算机上借助程序来实现，也可以用专用信号处理机来完成。数字信号处理机具有稳定、灵活、快速、高效、应用范围广、设备体积小、重量轻等优点，在各行业中得到广泛的应用。

信号处理内容很丰富。受篇幅限制，本章只介绍信号处理中的部分问题。

6.1　数字信号处理的基本步骤

数字信号处理的基本步骤可用图6-1所示的框图概括。

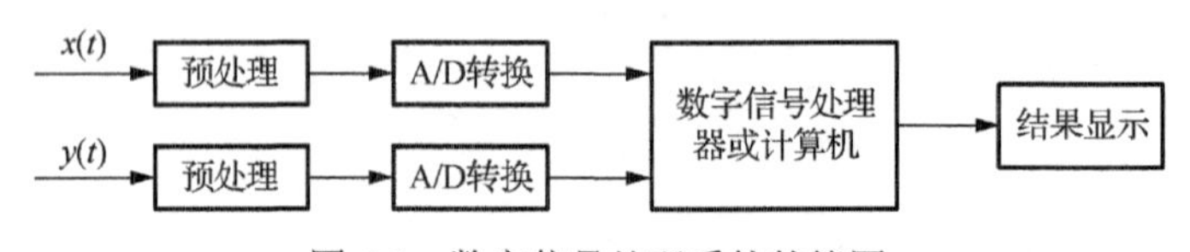

图6-1　数字信号处理系统的简图

知识链接　把连续时间信号转换为与其相对应的数字信号的过程称为模/数（A/D）转换过程；反之，把数字信号转换为与其相对应的模拟信号的过程称为数/模（D/A）转换过程。它们是数字信号处理的必要过程。

信号的预处理是把信号变成适用于数字处理的形式，以减轻数字处理的困难。由于各种原因，测试工作中记录到的信号常常混有噪声，如果信号的信噪比差，有用的信号可能被“淹没”。因此，在进行信号的分析、估计、识别等处理之前，有必要对它做一些预处理，尽可能地把信号中不感兴趣的部分去掉。预处理的主要内容如下。

（1）电压幅值调理，适宜于采样。总是希望电压峰-峰值足够大，以便充分利用A/D转换器的精确度。例如，12位的A/D转换器，其参考电压为±5V。由于$2^{12}=4096$，故其末位数字的当量电压为2.5mV。若信号电平较低，转换后二进制数的高位都为0，仅在低位有值，其转换后的信噪比将很差。若信号电平绝对值超过 5V，则转换中又将发生溢出，这是不允许的。所以进入 A/D 转换的信号的电平应适当调整。

（2）必要的滤波，以提高信噪比，并滤去信号中的高频噪声。

（3）隔离信号中的直流分量（如果所测信号中不应有直流分量）。

（4）如原信号经过调制，则应先行解调。

预处理环节应根据测试对象、信号特点和数字处理设备的能力妥善安排。

A/D 转换是模拟信号经采样、量化并转化为二进制的过程。A/D 转换器是将模拟信号转变为数字信号的电子元件。通常 A/D 转换器是将一个输入的连续电压信号转换为一个输出的数字信号。由于数字信号本身不具有实际意义，仅仅表示一个相对大小，故任何一个 A/D 转换器都需要一个参考模拟量作为转换的标准，比较常见的参考标准为最大的可转换信号大小，而输出的数字量则表示输入信号相对于参考信号的大小。A/D 转换器最重要的参数是转换精度，通常用输出数字信号位数的多少表示。转换器能准确输出的数字信号位数越多，表示转换器能够分辨输入信号的能力越强，转换器的性能也就越好。

数字信号处理器或计算机对离散的时间序列进行运算处理。计算机只能处理有限长度的数据，所以首先要把长时间的序列截断，对截取的数字序列有时还要人为地进行加权（乘以窗函数）以成为新的有限长的序列。对数据中的奇异点（由于强干扰或信号丢失引起的数据突变）应予以剔除。对温漂、时漂等系统性干扰所引起的趋势项（周期大于记录长度的频率成分）也应予以分离。如有必要，还可以设计专门的程序来进行数字滤波，然后把数据按给定的程序进行运算，完成各种分析。

运算结果可以直接显示或打印，若后接 D/A，还可得到模拟信号。如有需要可将数字信号处理结果送入后接计算机或通过专门程序再做后续处理。

6.2　信号数字化出现的问题

目前工程上已使用了大量的数字式传感器，但是大多数的传感器都是模拟式传感器。其输出是模拟量，且所测试的大多数物理过程本质上仍然是连续的。因此处理测试信号之前要先将传感器输出的模拟量变换成离散的时间序列。

数字信号处理首先把一个连续变化的模拟信号转化为数字信号，然后由计算机处理并从中提取有关的信息。信号数字化过程包含着一系列步骤，每一步骤都可以引起信号和其蕴含信息的失真。如何恰当地运用数字分析方法，准确地提取原序列中的有用信号是本数字信号处理的重点和难点。本节以计算一个模拟信号的频谱为例来说明有关的问题。

6.2.1　概述

设模拟信号 $x(t)$ 的傅里叶变换为 $X(f)$（图 6-2）。为了利用数字计算机来计算，必须使 $x(t)$ 变换成有限长的离散时间序列。为此，必须对 $x(t)$ 进行采样和截断。

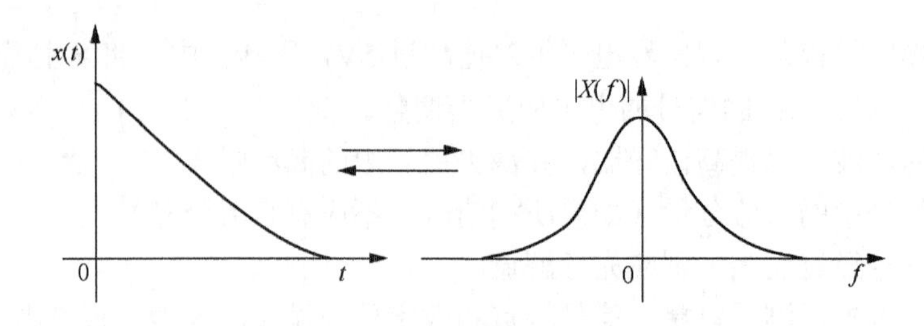

图 6-2　原模拟信号及其幅频谱

采样就是用一个等时距的周期脉冲序列 $s(t)$（$\mathrm{comb}(t,T_s)$，也称采样函数，如图 6-3 所示）去乘 $x(t)$。时距 T_s 称为采样间隔，$1/T_s = f_s$ 称为采样频率。由前面分析可知，$s(t)$ 的傅里叶变换 $S(f)$ 的也是周期脉冲序列，其频率间距为 $f_s = 1/T_s$。根据傅里叶变换的性质，采样后信号频谱应是 $X(f)$ 和 $S(f)$ 的卷积，即 $X(f) * S(f)$，相当于将 $X(f)$ 乘以 $1/T_s$，热后将其平移，使其中心落在 $S(f)$ 脉冲序列的频率点上，如图 6-4 所示。若 $X(f)$ 的频带大于 $1/(2T_s)$，平移后的图形会发生交叠，如图 6-4 中虚线所示。采样后信号的频谱是这些平移后图形的叠加，如图 6-4 中实线所示。

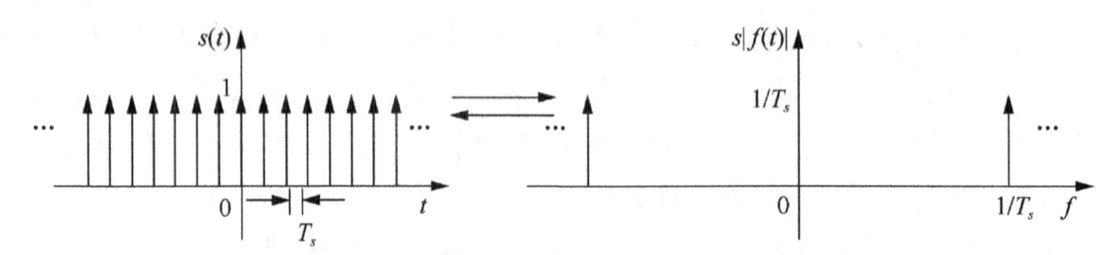

图 6-3　采样函数及其幅频谱

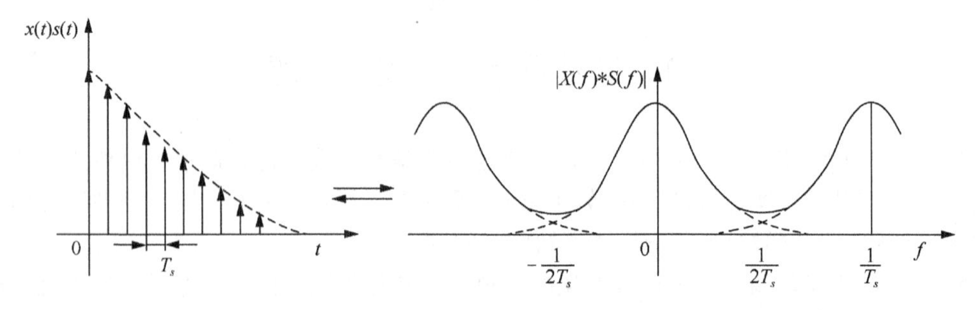

图 6-4　采样后信号及其频谱

由于计算机只能进行有限长序列的运算，所以必须从采样后信号的时间序列截取有限长的一段来计算，其余都分视为零而不予考虑。这等于把采样后的信号（时间序列）乘上一个矩形窗函效，窗宽为 T。所截取的时间序列数据点数 $N = T/T_s$。N 也称为序列长度。窗函数 $w(t)$ 的傅里叶变换 $W(f)$ 如图 6-5 所示。时域相乘对应着频域卷积，因此进入计算机的信号为 $x(t)s(t)w(t)$，是一个长度为 N 的离散信号（图 6-6）；它的频谱函数是 $[X(f) * S(f) * W(f)]$，是一个频域连续函数。在卷积中，$W(f)$ 的旁瓣引起新频谱的皱波。

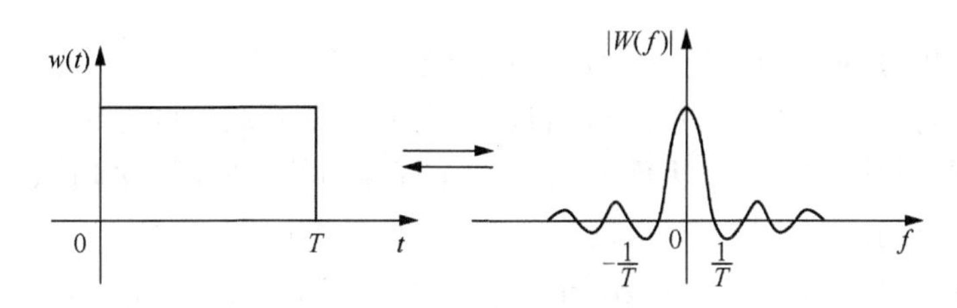

图 6-5　窗函数及其幅频谱

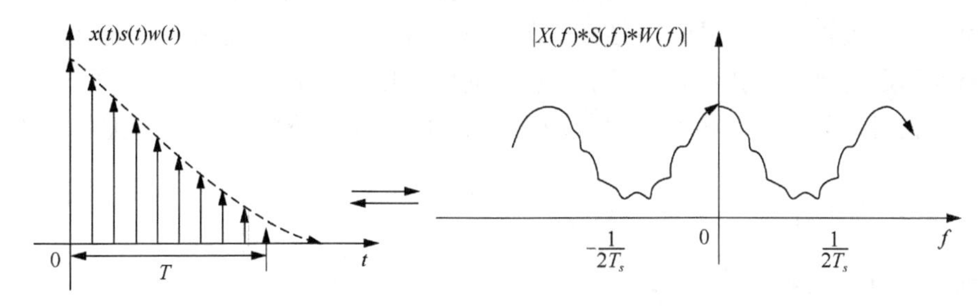

图 6-6　有限长离散信号及其幅频谱

计算机按照一定算法，如离散傅里叶变换（DFT），将 N 点长的离散 $x(t)s(t)w(t)$ 变换成 N 点的离散频率序列，并将其输出。

注意到，$x(t)s(t)w(t)$ 的频谱是连续的频率函数，而 DFT 计算后的输出是离散的频率序列。可见 DFT 不仅算出 $x(t)s(t)w(t)$ 的“频谱”，而且同时对其频谱 $\left[X(f)*S(f)*W(f)\right]$ 实施了频域的采样处理，使其离散化。这相当于在频域中乘上图 6-7 中所示的采样函数 $D(f)$。现在，DFT 是在频域的一个周期 $f_s=1/T_s$ 输出 N 个数据点，故输出的频率序列的频率间隔 $\Delta f=f_f/N=1/(T_sN)=1/T$。频域采样函数为

$$D(f)=\sum_{n=-\infty}^{+\infty}\delta\left(f-n\frac{1}{T}\right)$$

计算机的实际输出是 $X(f)$ (图 6-8)。

$$X(f)_p=\left[X(f)*S(f)*W(f)\right]\cdot D(f) \tag{6-1}$$

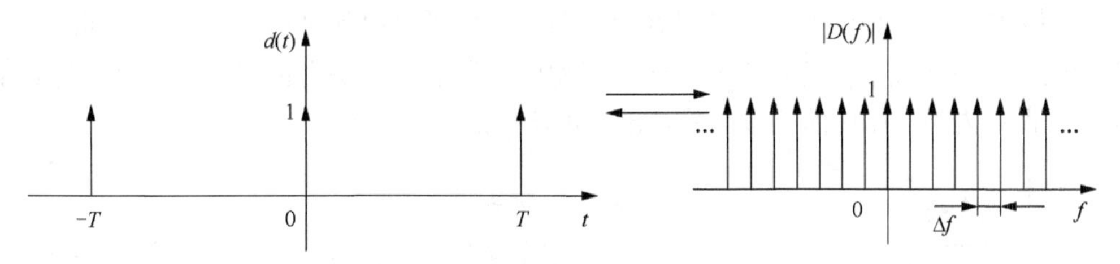

图 6-7　频域采样函数及其时域函数

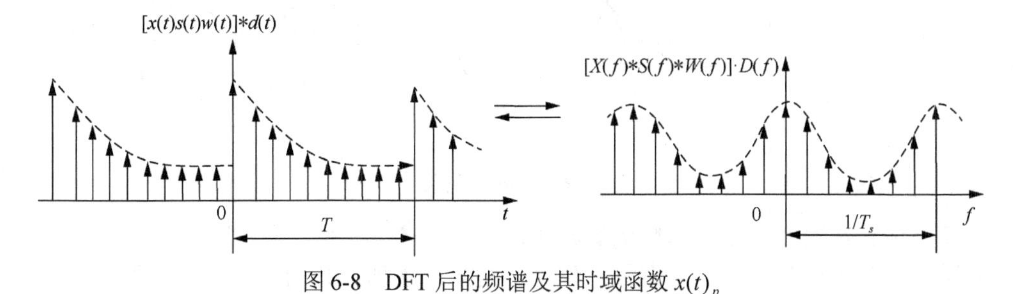

图 6-8　DFT 后的频谱及其时域函数 $x(t)_p$

与 $X(f)_p$ 相对应的时域函数 $X(t)_p$ 既不是 $x(t)$，也不是 $x(t)s(t)$，而是 $[x(t)s(t)w(t)]*d(t)$，$d(t)$ 是 $D(t)$ 的时域函数。应当注意到频域采样形成的频域函数离散化，相应地把其时域函数周期化了，因而 $x(t)_p$ 是一个周期函数，如图 6-8 所示。

从以上过程看到，原来希望获得模拟信号 $x(t)$ 的频域函数 $X(f)$，由于输入计算机的数据是序列长为 N 的离散采样后信号 $x(t)s(t)w(t)$，所以计算机输出的是 $X(f)_p$。$X(f)_p$ 不是 $X(f)$，而是用 $X(f)_p$ 来近似代替 $X(f)$。处理过程中的每一个步骤：采样、截断、DFT 计算都会引起失真或误差，必须充分注意。好在工程上不仅关心有无误差，而更重要的是了解误差的具体数值，以及是否能以经济、有效的手段提取足够精确的信息。只要概念清楚，处理得当，就可以利用计算机有效地处理测试信号，完成在模拟信号处理技术中难以完成的工作。

下面讨论信号数字化出现的主要问题。

6.2.2　时域采样、混叠和采样定理

采样是把连续时间信号变成离散时间序列的过程。这一过程相当于在连续时间信号上“摘取”许多离散时刻上的信号瞬时值。在数学处理上，可看作以等时距的单位脉冲序列（称其为采样信号）去乘连续时间信号，各采样点上的瞬时值就变成脉冲序列的强度。以后这些强度值将被量化而成为相应的数值。

长度为 T 的连续时间信号 $x(t)$，从点 $t=0$ 开始采样，采样得到的离散时间序列为 $x(n)$。

$$x(n)=x(nT_s)=x(n/f_s),\quad n=0,1,\cdots,N-1 \tag{6-2}$$

式中，$x(nT_s)=x(t)|t=nT_s$；T_s 为采样间隔；N 为序列长度，$N=T/T_s$；f_s 为采样频率，$f_s=1/T_s$。

采样间隔的选择是一个重要的问题。若采样间隔太小（采样频率高），则对定长的时间记录来说其数字序列就很长，计算工作量迅速增大；如果数字序列长度一定，则只能处理很短的时间历程，可能产生较大的误差。若采样间隔过大（采样频率低），则可能丢掉有用的信息。图 6-9(a)中，如果按图中所示的 T_s 采样，将得点 1、2、3 等的采样值，无法分清曲线 A、曲线 B 和曲线 C 的差别，并把 B、C 误认为 A。图 6-9(b)是用过大的采样间隔 T_s 对两个不同频率的正弦波采样的结果，得到一组相同采样值，无法辨识两者的差别，将其中的高频信号误认为某种相应的低频信号，出现了所谓的混叠现象。

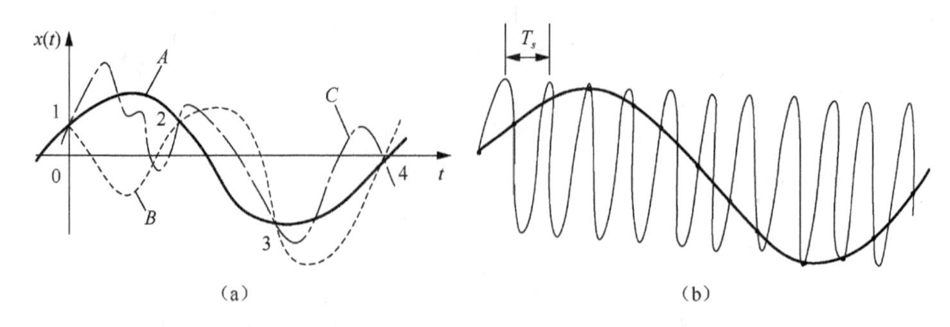

图 6-9　混叠现象

下面具体解释混叠现象及其避免的办法。

间距为 T_s 的采样脉冲序列的傅里叶变换也是脉冲序列，其间距为 $1/T_s$，即

$$s(t)=\sum_{n=-\infty}^{+\infty}\delta\left(t-nT_s\right)\Leftrightarrow S(f)=\frac{1}{T_s}\sum_{r=-\infty}^{+\infty}\delta\left(f-\frac{r}{T_r}\right) \tag{6-3}$$

由频域卷积定理可知，两个时域函数的乘积的傅里叶变换等于两者傅里叶变换的卷积，即

$$x(t)s(t)\Leftrightarrow X(f)*S(f)$$

考虑到δ函数与其他函数卷积的特性，上式可写为

$$\begin{aligned}X(f)*S(f)&=X(f)*\frac{1}{T_s}\sum_{r=-\infty}^{+\infty}\delta\left(f-\frac{r}{T_s}\right)\\&=\frac{1}{T_s}\sum_{r=-\infty}^{+\infty}X\left(f-\frac{r}{T_s}\right)\end{aligned} \tag{6-4}$$

此式为$x(n)$经过间隔为T_s的采样之后所形成的采样信号的频谱。一般地说，此频谱和原连续信号的频谱$X(f)$并不一定相同，但有联系。它是将原频谱$X(f)$依次平移$1/T_s$至各采样脉冲对应的频域序列点上，然后全部叠加而成（图 6-4）。由此可见，信号经时域采样之后称为离散信号，新信号的频域函数就相应地变为周期函数，周期为$f_s=1/T_s$。

如果采样的间隔T_s太大，即采样频率f_s太低，平均距离$1/T_s$过小，那么移至各采样脉冲所在处的频谱$X(f)$就会有一部分相互交叠，新合成的$X(f)*S(f)$图形与原$X(f)$不一致，这种现象称为混叠。发生混叠以后，改变了原来频谱的部分幅值（如图 6-4 中虚线部分），这样就不可能从离散的采样信号$x(t)s(t)$中准确地恢复出原来的时域信号$x(t)$。

注意到原频谱$X(f)$是f的偶函数，并以f=0 为对称轴；现在新频谱$X(f)*S(f)$又是以f_s为周期的周期函数。因此，如有混叠现象出现，从图 6-4 中可见，混叠必定出现在$f=f_s/2$左右两侧的频率处。有时将$f_s/2$称为折叠频率。可以证明，任何一个大于折叠频率的高频成分f_1都将和一个低于折叠频率的低频成分f_2相混淆，将高频f_1误认为低频f_2。相当于以折叠频率$f_s/2$为轴，将f_1成分折叠到低频成分f_2上，它们之间的关系为

$$\left(f_1+f_2\right)/2=f_s/2$$

这也就是称$f_s/2$为折叠频率的由来。

如果要求不产生频率混叠（图 6-10），首先应使被采样的模拟信号$x(t)$成为有限带宽的信号。为此，对不满足此要求的信号，在采样之前，使其先通过模拟低通滤波器滤去高频成分，使其成为带限信号，为满足下面要求创造条件。这种处理称为抗混叠滤波预处理。其次，应使采样频率f_s大于带限信号的最高频率f_h的 2 倍，即

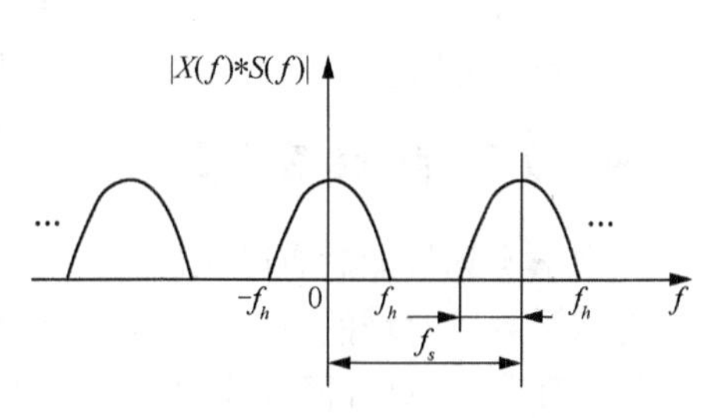

图 6-10　不产生混叠的条件

$$f_s=\frac{1}{T_s}>2f_h \tag{6-5}$$

知识链接　采样定理，也称香农采样定理。一个频带有限的信号频谱范围为$-\omega_m\sim+\omega_m$，则该信号可以用时间间隔不大于ω_m/π的抽样唯一地确定。

在满足此两条件之下，采样后的频谱$X(f)*S(f)$就不会发生混叠（图 6-10）。若把该频谱通过一个中心频率为零（f=0）、带宽为$\pm\left(f_s/2\right)$的理想低通滤波器，就可以把完整的

原信号频谱取出，也就有可能从离散序列中准确地恢复原模拟信号 $x(t)$。

为了避免混叠以使采样处理后仍有可能准确地恢复其原信号，采样频率 f_s 必须大于最高频率 f_h 的两倍，即 $f_s > f_h$，这就是采样定理。在实际工作中，考虑到实际滤波器不可能有理想的截止特性，在其截止频率 f_c 之后总有一定的过渡带，故采样频率常选为 $(3\sim4)f_c$。此外，从理论上说，任何低通滤波器都不可能把高频噪声完全衰减干净，因此也不可能彻底消除混叠。

6.2.3 量化和量化误差

采样所得的离散信号的电压幅值，若用二进制数码组来表示，就使离散信号变成数字信号，这一过程称为量化。量化是从一组有限个离散电平中取一个来近似代表采样点的信号实际幅值电平。这些离散电平称为量化电平，每个量化电平对应一个二进制数码。

A/D 转换器的位数是一定的。一个 b 位（又称数据字长）的二进制数，共有 $L = 2^b$ 个数码。如果 A/D 转换器允许的动态工作范围为 D（如±5V 或 0~10V），则两相邻量化电平之间的差 Δx 为

$$\Delta x = D/\left(2^{b-1}\right) \tag{6-6}$$

式中，采用 2^{b-1} 而不用 2^b，是因为实际上字长的第一位用作符号位。

当离散信号采样值 $x(n)$ 的电平落在两个相邻量化电平之间时，就要舍入到相近的一个量化电平上。该量化电平与信号实际电平之间的差值称为量化误差 $\varepsilon(n)$。量化误差的最大值为 $\pm(\Delta x/2)$，可认为量化误差在 $(-\Delta x/2, +\Delta x/2)$ 区间各点出现的概率是相等的，其概率密度为 $1/\Delta x$，均值为零，其均方值 σ_ε^2 为 $\Delta x^2/12$，误差的标准差 σ_ε 为 $0.29\Delta x$。实际上，和信号获取、处理的其他误差相比，量化误差通常是不大的。

量化误差 $\varepsilon(n)$ 将形成叠加在信号采样值 $x(n)$ 上的随机噪声。假定字长 $b=8$，峰值电平等于 $2^{8-1}\Delta x = 128\Delta x$。这样，峰值电平与 σ_ε 之比为 $128\Delta x/(0.29\Delta x) \approx 441$，即约等于 26dB。

A/D 转换器位数选择应视信号的具体情况和量化的精度要求而定。但要考虑位数增多后，成本显著增加，转换速率下降的影响。

为了讨论简便，今后假设各采样点的量化电平就是信号的实际电平，即假设 A/D 转换器的位数为无限多，则量化误差等于零。

6.2.4 截断、泄漏和窗函数

由于实际只能对有限长的信号进行处理，所以必须截断过长的信号时间历程。截断就是将信号乘以时域的有限宽矩形窗函数。“窗”的意思是指透过窗口能够“看见外景”（信号的一部分）。对时窗以外的信号，视其为零。

从采样后信号 $x(t)s(t)$ 截取一段，就相当于在时域中用矩形窗函数 $w(t)$ 乘采样后信号。经这些处理后，其时、频域的相应关系（图 6-6）为

$$x(t)s(t)w(t) \Leftrightarrow X(f)*S(f)*W(f) \tag{6-7}$$

一般信号记录，常以某时刻作为起点截取一段信号，这实际上就是采用单边时窗，相当于将第 1 章中的矩形窗函数右移 $T/2$。这时矩形窗函数为

$$W(t) = \begin{cases} 1, & 0 \leqslant t \leqslant T \\ 0, & t\text{为其他值} \end{cases} \tag{6-8}$$

在时域右移 $T/2$，在频域作相应的相移，但幅频谱的绝对值是不变的。

由于 $W(f)$ 是一个无限带宽的 sinc 函数（见第 1 章），所以即使 $x(t)$ 是带限信号，在截断后也必然成为无限带宽的信号，这种信号的能量在频率轴分布扩展的现象称为泄漏。同时，由于截断后信号带宽变宽，因此无论采样频率多高，信号总是不可避免地出现混叠，故信号截断必然导致一些误差。

为了减小或抑制泄漏，提出了各种不同形式的窗函数来对时域信号进行加权处理，以改善时域截断处的不连续状况。所选择的窗函数应力求其频谱的主瓣宽度窄些、旁瓣幅度小些。窄的主瓣可以提高频率分辨能力；小的旁瓣可以减小泄漏。这样，窗函数的优劣大致可从最大旁瓣峰值与主瓣峰值之比、最大旁瓣 10 倍频程衰减率和主瓣宽度等三方面来评价。

6.2.5　频域采样、时域周期延拓和栅栏效应

经过时域采样和截断后，其频谱在频域是连续的。如果要用数字描述频谱，这就意味着首先必须使频率离散化，实行频域采样。频域采样与时域采样相似，在频域中用脉冲序列 $D(f)$ 乘信号的频谱函数（图 6-8）。这一过程在时域相当于将信号与一周期脉冲序列 $d(t)$ 做卷积，其结果是将时域信号平移至各脉冲坐标位置重新构图，从而相当于在时域中将窗内的信号波形在窗外进行周期延拓。所以，频率离散化，无疑已将时域信号“改造”成周期信号。总之，经过时域采样、截断、频域采样之后的信号 $[x(t)s(t)w(t)]*d(t)$ 是一个周期信号，和原信号 $x(t)$ 是不一样的。

对一函数实行采样，实质上就是“摘取”采样点上对应的函数值。其效果有如透过栅栏的缝隙观看外景一样，只有落在缝隙前的少数景象被看到，其余景象都被栅栏挡住，视为零。这种现象被称为栅栏效应。无论时域采样还是频域采样，都有相应的栅栏效应。只不过时域采样如满足采样定理要求，栅栏效应不会有什么影响。而频域采样的栅栏效应则影响颇大，“挡住”或丢失的频率成分有可能是重要的或具有特征的成分，以至于整个处理失去意义。

6.2.6　频率分辨率、整周期截断

频率采样间隔 Δf 也是频率分辨率的指标。此间隔越小，频率分辨率越高，被“挡住”的频率成分越少。前面曾经指出，在利用 DFT 将有限时间序列变换成相应的频谱序列的情况下，Δf 和分析的时间信号长度 T 的关系是

$$\Delta f = f_s/N = 1/T \tag{6-9}$$

这种关系是 DFT 算法固有的特征。这种关系往往加剧频率分辨率和计算工作量的矛盾。

根据采样定理，若信号的最高频率为 f_h，最低采样频率 f_s 应大于 $2f_h$。根据式（6-9），在 f_s 选定后，要提高频率分辨率就必须增加数据点数 N，从而急剧地增加了计算工作量。解决此矛盾有两条途径。其一是在 DFT 的基础上，采用频率细化技术（ZOOM），其基本思路是在处理过程中只提高感兴趣的局部频段中的频率分辨率，以此来减少计算工作量。另一条途径则是改用其他将时域序列变换成频谱序列的方法。

在分析简谐信号的场合下，需要了解某特定频率 f_0 的谱值，希望 DFT 谱线落在 f_0 上。单纯减小 Δf，并不一定会使谱线落在频率 f_0 上。从 DFT 的原理来看，谱线落在 f_0 处的条

件是：$f/\Delta f =$ 整数。考虑到 Δf 是分析时长 T 的倒数，简谐信号的周期 T_0 是其频率 f_0 的倒数，因此只有截取的信号长度 T 正好等于信号周期的整数倍时，才可能使分析谱线落在简谐信号的频率上，从而获得准确的频谱。显然，这个结论适用于所有周期信号。

因此，对周期信号实行整周期截断是获得准确频谱的先决条件。从概念来说，DFT 的效果相当于将时窗内信号向外周期延拓。若事先按整周期截断信号，则延拓后的信号将和原信号完全重合，无任何畸变。反之，延拓后将在 $t = kT$ 交接处出现间断点，波形和频谱都发生畸变。其中 k 为某个整数。

6.3 相关分析及其应用

在测试方法和测试结果的分析中，相关分析是一个非常重要的概念。无论分析两个随机变量之间的关系，还是分析两个信号或一个信号在一定时移前后之间的关系，都需要应用相关分析。描述相关概念的相关函数，有着许多重要的性质，这些重要的性质使得相关函数在测试工程技术得到了广泛应用，形成了专门的相关分析的研究和应用领域。

6.3.1 两个随机变量的相关系数

相关是指变量之间的相依关系。对于确定性信号来说，两个变量之间可以用函数关系来描述。然而两个随机变量之间不能用函数式来表达，也不具有确定的数学关系。但两个随机变量之间仍然具有某种内在的物理联系，通过大量的统计还可以发现它们之间的表征其特性的近似关系。通常，两个变量之间若存在一一对应的确定关系，则称两者存在着函数关系。当两个随机变量之间具有某种关系时，随着某一个变量数值的确定，另一变量却可能取很多不同值，但取值有一定的概率统计规律，这时称两个随机变量存在着相关关系。

图 6-11 所示为由两个随机变量 x 和 y 组成的数据点的分布情况。图 6-11(a)中各点分布很散，可以说变量 x 和变量 y 之间是无关的。图 6-11(b)中 x 和 y 无确定关系，但从总体统计结果看，大体上具有某种程度的线性关系，因此说它们之间有着相关关系。

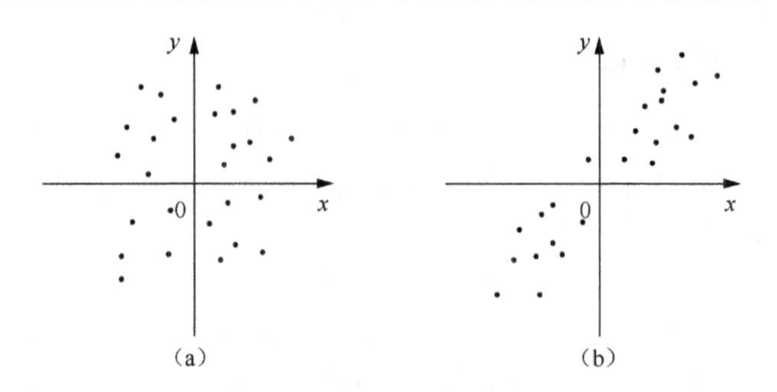

图 6-11　两随机变量的相关性

变量 x 和 y 之间的相关程度常用相关系数 ρ_{xy} 表示为

$$\rho_{xy} = \frac{E\left[\left(x-\mu_x\right)\left(y-\mu_y\right)\right]}{\sigma_x \sigma_y} \tag{6-10}$$

式中，E 为数学期望；μ_x 为随机变量 x 的均值，$\mu_x = E[x]$；μ_y 为随机变量 y 的均值，

$\mu_y = E[y]$；σ_x、σ_y 为随机变量 x、y 的标准差；$\sigma_x^2 = E\left[(x-\mu_x)^2\right]$；$\sigma_y^2 = E\left[(y-\mu_y)^2\right]$。

利用柯西-施瓦茨不等式得

$$E\left[(x-\mu_x)(y-\mu_y)\right] \leqslant E\left[(x-\mu_x)^2\right]E\left[(y-\mu_y)^2\right] \tag{6-11}$$

故知 $|\rho_{xy}| \leqslant 1$。当数据点分布越接近于一条直线时，ρ_{xy} 的绝对值越接近 1，x 和 y 的线性相关程度越好，将这样的数据回归成直线才越有意义。ρ_{xy} 的正负号则是表示一变量随另一变量的增加而增或减。若 ρ_{xy} 接近于零，则可认为 x、y 两变量之间完全无关，但仍可能存在着某种非线性的相关关系甚至函数关系。

6.3.2　信号的自相关函数

假如 $x(t)$ 是某各态历经随机过程的一个样本记录，$x(t+\tau)$ 是 $x(t)$ 时移 τ 后的样本（图 6-12），在任何 $t=t_i$ 时刻，从两个样本上可以分别得到两个值 $x(t_i)$ 和 $x(t_i+\tau)$，而且 $x(t)$ 和 $x(t+\tau)$ 具有相同的均值和标准差。例如，把 $\rho_{x(t)x(t+\tau)}$ 简写为 $\rho_x(\tau)$，那么有

$$\rho_x(\tau) = \frac{\lim\limits_{T\to\infty}\dfrac{1}{T}\displaystyle\int_0^T [x(t)-\mu_x][x(t+\tau)-\mu_x]\mathrm{d}t}{\sigma_x^2}$$

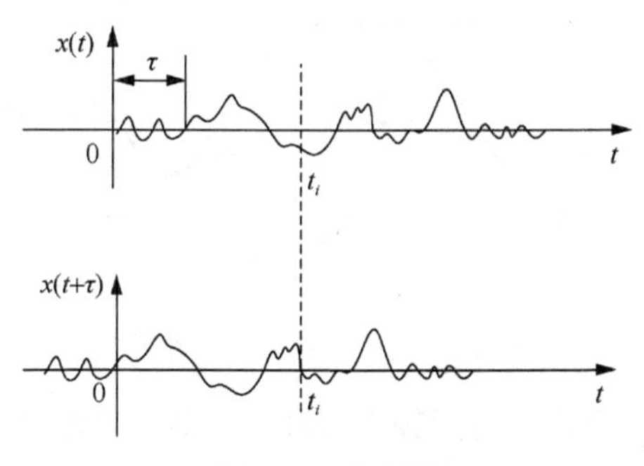

图 6-12　自相关

将分子展开并注意到

$$\lim_{T\to\infty}\frac{1}{T}\int_0^T x(t)\mathrm{d}t = \mu_x \text{及} \lim_{T\to\infty}\frac{1}{T}\int_0^T x(t+\tau)\mathrm{d}t = \mu_x$$

从而得

$$\rho_x(\tau) = \frac{\lim\limits_{T\to\infty}\displaystyle\int_0^T x(t)x(t+\tau)\mathrm{d}t - \mu_x^2}{\sigma_x^2} \tag{6-12}$$

对各态历经随机信号及功率信号可定义自相关函数 $R_x(\tau)$ 为

$$R_x(\tau) = \lim_{T\to\infty}\frac{1}{T}\int_0^T x(t)x(t+\tau)\mathrm{d}t \tag{6-13}$$

则

$$\rho_x(\tau) = \frac{R_x(\tau)-\mu_x^2}{\sigma_x^2} \tag{6-14}$$

显然 $\rho_x(\tau)$ 和 $R_x(\tau)$ 均随 τ 而变化，而两者呈线性关系。如果该随机过程的均值 $\mu_x = 0$，

则 $\rho_x(\tau)=R_x(\tau)/\sigma_x^2$ 。

自相关函数具有下列性质。

（1）由式(6-14)有

$$R_x(\tau)=\rho_x(\tau)\sigma_x^2+\mu_x^2 \tag{6-15}$$

又因为$|\rho_x(\tau)|\leqslant 1$，所以

$$\mu_x^2-\sigma_x^2\leqslant R_x(\tau)\leqslant \mu_x^2+\sigma_x^2 \tag{6-16}$$

（2）自相关函数在$\tau=0$时为最大值，并等于该随机信号的均方值ψ_x^2。

$$R_x(0)=\lim_{T\to\infty}\frac{1}{T}\int_0^T x(t)x(t)\mathrm{d}t=\psi_x^2 \tag{6-17}$$

（3）当τ足够大或$\tau\to\infty$时，随机变量$x(t)$和$x(t+\tau)$之间不存在内在联系，彼此无关，故

$$\underset{\tau\to\infty}{\rho_x(\tau)}\to 0,\quad \underset{\tau\to\infty}{\rho_x(\tau)}\to \mu_x^2$$

（4）自相关函数为偶函数，即

$$R_x(\tau)=R_x(-\tau) \tag{6-18}$$

上述 4 个性质可用图 6-13 来表示。

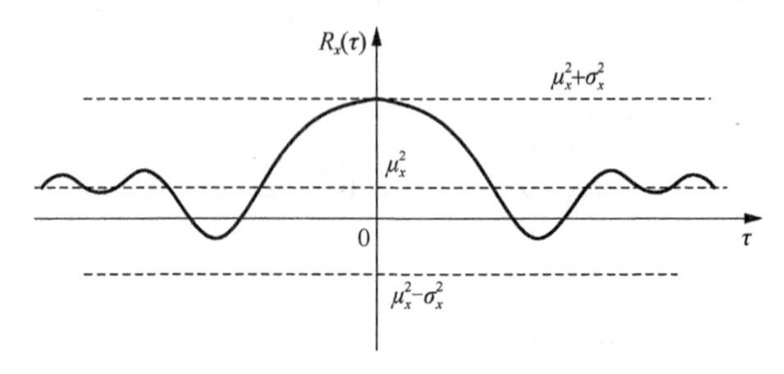

图 6-13 自相关函数的性质

（5）周期函数的自相关函数仍为同频率的周期函数，其幅值与原周期信号的幅值有关，而丢失了原信号的相位信息。

例 6-1 求正弦函数$x(t)=x_0\sin(\omega t+\varphi)$的自相关函数，初始相角$\varphi$为一随机变量。

解 此正弦函数是一个零均值的各态历经随机过程，其各种平均值可以用一个周期内的平均值表示。该正弦函数的自相关函数为

$$\begin{aligned}R_x(\tau)&=\lim_{T\to\infty}\frac{1}{T}\int_0^T x(t)x(t+\tau)\mathrm{d}t\\&=\frac{1}{T_0}\int_0^{T_0}x_0^2\sin(\omega t+\varphi)\sin\left[\omega(t+\tau)+\varphi\right]\mathrm{d}t\end{aligned}$$

式中，T_0为正弦函数的周期，$T_0=\dfrac{2\pi}{\omega}$。

令$\omega t+\varphi=\theta$，则$\mathrm{d}t=\dfrac{\mathrm{d}\theta}{\omega}$。于是

$$R_x(\tau)=\frac{x_0^2}{2\pi}\int_0^{2\pi}\sin\theta\sin(\theta+\omega t)\mathrm{d}\theta=\frac{x_0^2}{2}\cos\omega t$$

可见正弦函数的自相关函数是一个余弦函数，在$\tau=0$时具有最大值，但它不随τ的增加而

衰减至零。它保留了原正弦信号的幅值和频率信息，而丢失了初始相位信息。

图 6-14 所示为四种典型信号的自相关函数，稍加对比就可以看到自相关函数是区别信号类型的一个非常有效的手段。只要信号中含有周期成分，其自相关函数在τ很大时都不衰减，并且有明显的周期性。不包含周期成分的随机信号，当τ稍大时自相关函数就将趋近于零。宽带随机噪声的自相关函数很快衰减到零，窄带随机噪声的自相关函数则具有较慢的衰减特性。

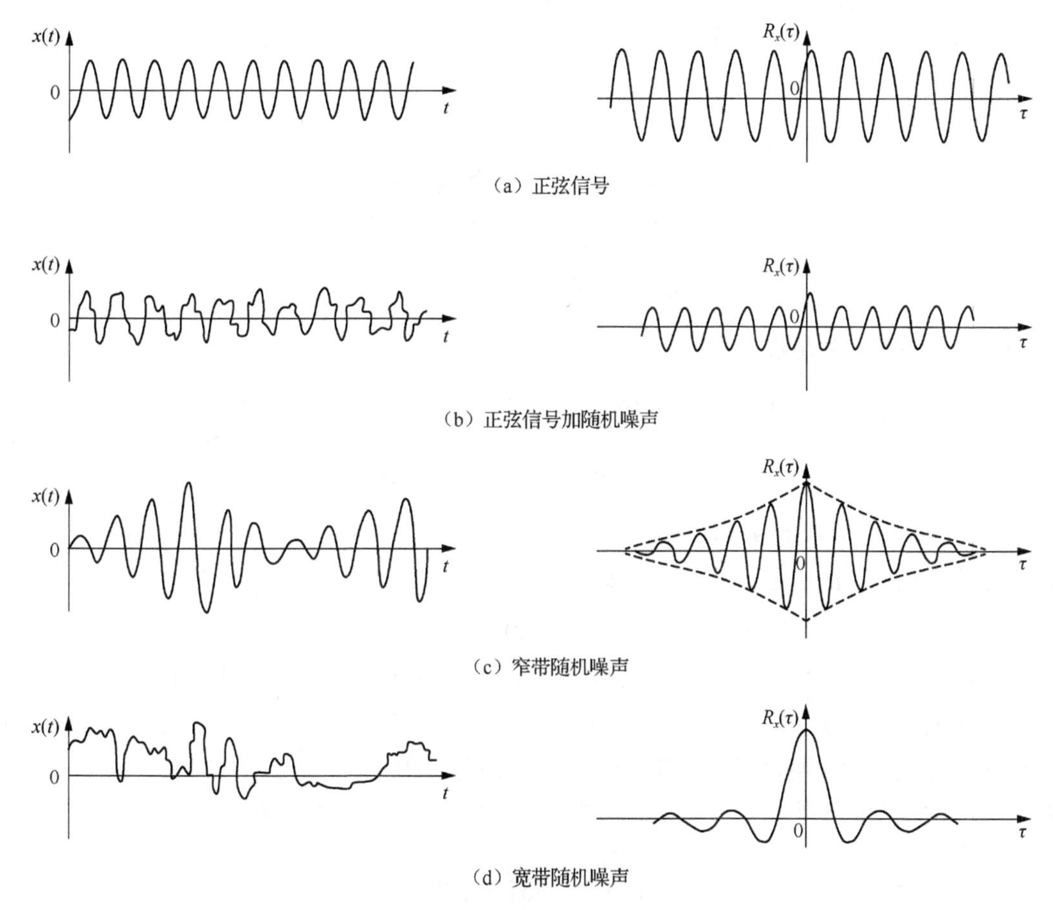

图 6-14　四种典型信号的自相关函数

工程中会遇到各种不同类别的信号，这些信号从时域波形上往往难以识别，采用自相关函数可十分简单地加以识别，根据信号自相关函数是否含有衰减成分可判别信号是否具有周期性；根据自相关函数的衰减快慢可判别噪声是窄带还是宽带。如图 6-14 所示的不同类别信号的自相关函数，窄带随机信号的自相关函数较慢的衰减特性；而宽带随机信号的自相关函数将较快衰减至零；无限带宽的脉冲函数的自相关函数仍然为脉冲函数，具有最快的衰减速率；正弦信号的自相关函数仍为正弦信号，永不衰减；一般周期信号与随机信号叠加时，其自相关函数分为两部分，一部分为不衰减的周期信号，另一部分由随机信号决定其衰减速度。这一特性在工程中具有广泛的应用。例如，自相关函数可以用来检测淹没在随机信号中的周期分量，这是因为当时差$\tau \to \infty$时随机信号的自相关函数趋于零或某一常数，而周期信号的自相关函数可保持原有的幅值与频率等信息。机械加工中零件表面粗糙度的检测和振源的识别就是典型的例子。

图 6-15(a)是某一机械加工表面粗糙度的波形，经自相关分析后所得到的自相关图(图 6-15(b))呈现出周期性。这表明造成表面粗糙度的原因中包含有某种周期因素。从自相关图能确定该周期因素的频率，从而可以进一步分析其原因。

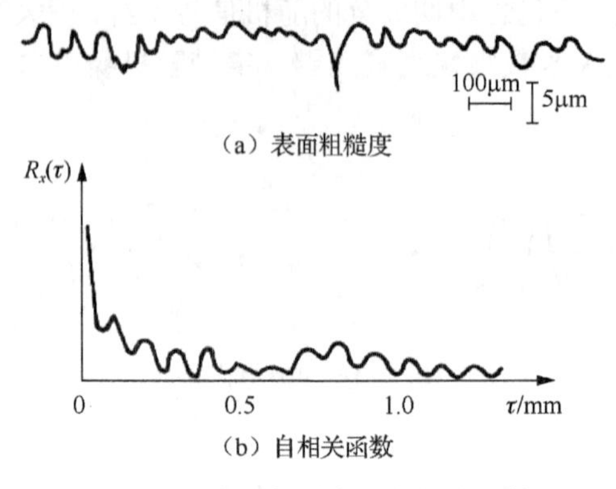

图 6-15　表面粗糙度与自相关函数

6.3.3　信号的互相关函数

两个各态历经过程的随机信号 $x(t)$ 和 $y(t)$ 的相互关系函数 $R_{xy}(\tau)$ 定义为

$$R_{xy}(\tau)=\lim_{T\to\infty}\frac{1}{T}\int_0^T x(t)y\left(t+\tau\right)\mathrm{d}t \tag{6-19}$$

当时移 τ 足够大或 $\tau\to\infty$ 时，$x(t)$ 和 $y(t)$ 互不相关，$\rho_{xy}\to 0$，而 $R_{xy}(\tau)\to\mu_x\mu_y$。$R_{xy}(\tau)$ 的最大变动范围在 $\mu_x\mu_y\pm\sigma_x\sigma_y$ 之间，即

$$(\mu_x\mu_y-\sigma_x\sigma_y)\leqslant R_{xy}(\tau)\leqslant(\mu_x\mu_y+\sigma_x\sigma_y) \tag{6-20}$$

式中，μ_x、μ_y 分别为 $x(t)$、$y(t)$ 的均值；σ_x、σ_y 分别为 $x(t)$、$y(t)$ 的标准差。

如果 $x(t)$ 和 $y(t)$ 量信号是同频率的周期信号或者包含有同频率的周期成分，那么，即使 $\tau\to\infty$，互相关函数也不收敛并会出现该频率的周期成分。如果两信号含有频率不等的周期成分，则两者不相关。这就是说，同频率相关，不同频率不相关。

例 6-2　设有两个周期信号 $x(t)$ 和 $y(t)$：

$$x(t)=x_0\sin\left(\omega t+\theta\right)$$
$$y(t)=y_0\sin\left(\omega t+\theta-\varphi\right)$$

式中，θ 为 $x(t)$ 相对 $t=0$ 时刻的相位角；φ 为 $x(t)$ 与 $y(t)$ 的相位差。

试求其互相关函数 $R_{xy}(\tau)$。

解　因为信号是周期函数，可以用一个共同周期内的平均值代替其整个历程的平均值，故

$$\begin{aligned}R_{xy}(\tau)&=\lim_{T\to\infty}\frac{1}{T}\int_0^T x(t)y(t+\tau)\mathrm{d}t\\&=\frac{1}{T_0}\int_0^{T_0} x_0(t)\sin(\omega t+\theta)y_0(t)\sin\left[\omega\left(t+\theta\right)+\theta-\varphi\right]\mathrm{d}t\\&=\frac{1}{2}x_0y_0\cos(\omega\tau-\varphi)\end{aligned}$$

由此例可见，两个均值为零且具有相同频率的周期信号，其互相关函数中保留了这两个信号的圆频率ω，对应的幅值x_0和y_0以及相位差值φ的信息。

例 6-3　若两个周期信号的圆频率不等$(\omega_1 \neq \omega_2)$，不具有共同的周期，因此按式(6-19)计算得

$$\begin{aligned} R_{xy}(\tau) &= \lim_{T \to \infty} \frac{1}{T} \int_0^T x(t) y(t+\tau) \mathrm{d}t \\ &= \lim_{T \to \infty} \frac{1}{T} \int_0^T x_0 y_0 \sin\left(\omega_1 t + \theta\right) \sin\left[\omega_2 (t+\tau) + \theta - \varphi\right] \mathrm{d}t \end{aligned}$$

根据正（余）弦函数的正交性，可知

$$R_{xy}(\tau)=0$$

可见，两个非同频的周期信号是不相关的。

互相关函数不是偶函数，即$R_{xy}(\tau)$一般不等于$R_{xy}(-\tau)$；$R_{xy}(\tau)$和$R_{yx}(\tau)$一般是不等的，因此书写互相关函数时应注意下标符号的顺序。

互相关函数的性质可用图 6-16 来表示。当$\tau=\tau_0$时呈现最大值，时移τ_0反映$x(t)$和$y(t)$之间的滞后时间。

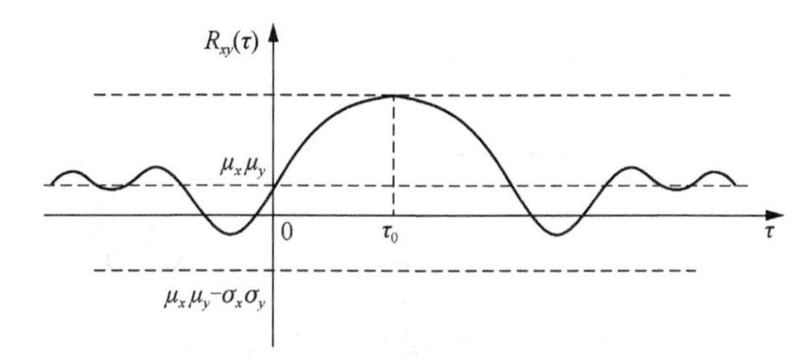

图 6-16　互相关函数的性质

由于周期信号可以分解成一系列谐波的叠加，当两信号的基频相同时，其互相关函数保留了相同谐波频率的成分，而其他频率分量都滤掉了，如正弦波与方波的互相关函数为正弦信号，只保留了基波成分，滤掉了高次谐波。白噪声与正弦信号互不相关，其互相关函数为零。

互相关函数的这些特性，使它在工程应用中有重要的价值。它是在噪声背景下提取有用信息的一个非常有效的手段。如果对一个线性系统（如某个部件、结构或某台机床）激振，所测得的振动信号中常常含有大量的噪声干扰。根据线性系统的频率保持性，只有和激振频率相同的成分才可能是由激振而引起的响应，其他成分均是干扰。因此只要将激振信号和所测得的响应信号进行互相关（不必用时移，$\tau=0$）就可以得到由激振而引起的响应信号幅值和相位差，消除了噪声干扰的影响。这种应用相关分析原理来消除信号中噪声干扰、提取有用信息的处理方法称为相关滤波。它是利用互相关函数同频相关、不同频不相关的性质来达到滤波效果的。

互相关技术还广泛地应用于各种测试中。工程中还常用两个间隔一定距离的传感器来不接触地测量运动物体的速度。图 6-17 是测定热轧钢带运动速度的示意图。钢带表面的反射光经透镜聚焦在相距为d的两个光电池上。反射光强度的波动，经过光电池转换为电信号，再进行相关处理。当可调延时τ等于钢带上某点在两个测试点之间经过所需的时间τ_d时，互相关函数为最大值。该钢带的运动速度$v=d/\tau_d$。图 6-18 是确定深埋在地下的输油

管裂损位置的例子。漏损处 K 视为向两侧传播声响的声源，在两侧管道上分别放置传感器 1 和 2，因为放传感器的两点距漏损处不等远，则漏油的声响传至两传感器就有时差，在互相关图上 $\tau=\tau_m$ 处 $R_{x_1x_2}(\tau)$ 有最大值，这个 τ_m 就是时差。由 τ_m 就可确定漏损处的位置。

$$s=\frac{1}{2}v\tau_m$$

式中，s 为两传感器的中点至漏损处的距离；v 为声响通过管道的传播速度。

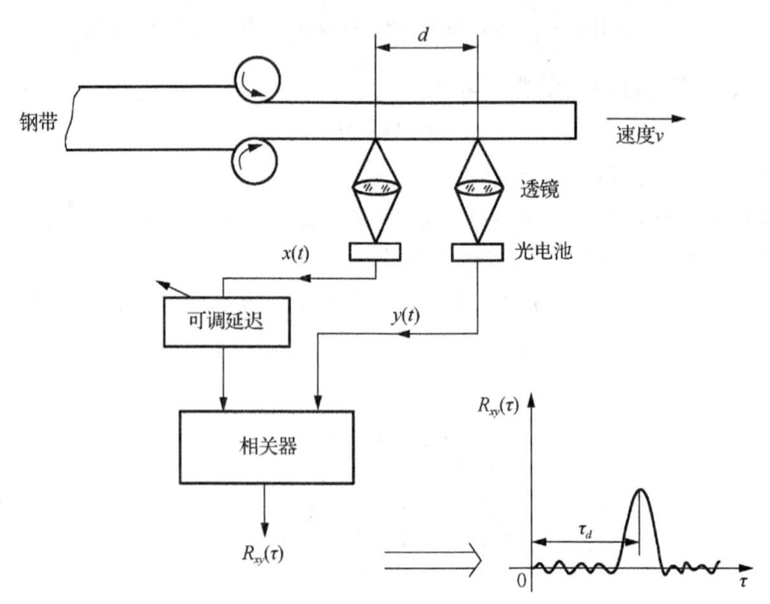

图 6-17　钢带运动速度的非接触测量

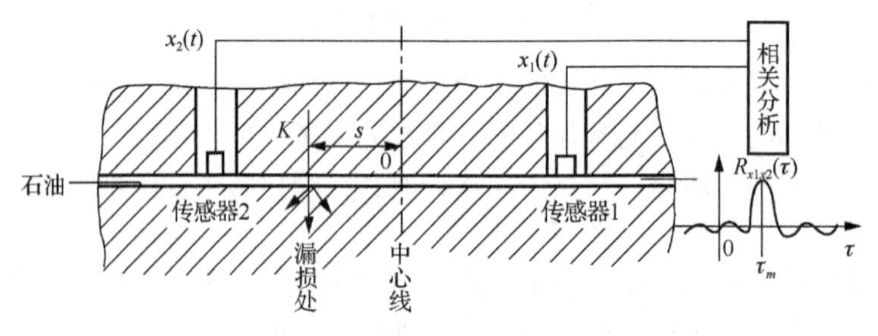

图 6-18　确定输油管裂损位置

由式(6-13)和式(6-19)所定义的相关函数只适用于各态历经随机信号和功率信号。对于能量有限信号的相关函数，其中的积分若除以趋于无限大时的随机时间 T 后，无论时移 τ 为何值，其结果都将趋于零。因此，对能量有限信号进行相关分析时，应按下面公式来计算。

$$R_x(\tau)=\int_{-\infty}^{+\infty}x(t)x(t+\tau)\mathrm{d}t \tag{6-21}$$

$$R_{xy}(\tau)=\int_{-\infty}^{+\infty}x(t)y(t+\tau)\mathrm{d}t \tag{6-22}$$

6.3.4　相关函数估计

按照定义，相关函数应该在无穷长的时间内进行观察和计算。实际上，任何的观察时间都是有限的，只能根据有限时间的观察值去估计相关函数的真值。理想的周期信号，能准确重复其过程，因此一个周期内的观察值的平均值就能完全代表整个过程的平均值。对于随机信号，可用有限时间内样本记录所求得的相关函数值作为随机信号相关函数的估计。样本记录的相关函数，也就是随机信号相关函数的估计值 $\hat{R}_x(\tau)$、$\hat{R}_{xy}(\tau)$，它们可分别由以下公式计算。

$$\hat{R}_x(\tau)=\frac{1}{T-\tau}\int_0^{T-\tau} x(t)x(t+\tau)\mathrm{d}t \tag{6-23}$$

$$\hat{R}_{xy}(\tau)=\frac{1}{T-\tau}\int_0^{T-\tau} y(t)y(t+\tau)\mathrm{d}t \tag{6-24}$$

式中，T 为样本记录长度。

为了简便，假定信号在 $T+\tau$ 上存在，则可用以下两式代替式(6-23)和式(6-24)。

$$\begin{cases}\hat{R}_x(\tau)=\dfrac{1}{T}\displaystyle\int_0^{T} x(t)x(t+\tau)\mathrm{d}t\\ \hat{R}_{xy}(\tau)=\dfrac{1}{T}\displaystyle\int_0^{T} x(t)y(t+\tau)\mathrm{d}t\end{cases} \tag{6-25}$$

以上两种写法的实际结果是相同的。

使模拟信号不失真地沿时间轴平移是一件困难的工作。因此，模拟相关处理技术只适用于几种特定信号（如正弦信号）。在数字信号处理中，信号时序的增减就表示它沿时间轴平移，是一件容易做到的事。所以实际上相关处理都是用数字技术来完成的。对于有限个序列点 N 的数字信号的相关函数估计，仿照式(6-25)可写成

$$\begin{cases}\hat{R}_x(r)=\dfrac{1}{N}\displaystyle\sum_{n=0}^{N-1} x(n)x(n+r)\\ \hat{R}_{xy}(r)=\dfrac{1}{N}\displaystyle\sum_{n=0}^{N-1} x(n)y(n+r)\end{cases} \tag{6-26}$$

式中，$r=0,1,\cdots,m<N$；m 为最大时移序数。

6.4　功率谱分析及其应用

时域中的相关分析为在噪声背景下提取有用信息提供了途径。功率谱分析则从频域提供相关技术的信息，它是研究平稳随机过程的重要方法。

6.4.1　自功率谱密度函数

1. 定义及其物理意义

假定 $x(t)$ 是零均值的随机过程，即 $\mu_x=0$（如果原随机过程是非零均值的，可以进行适当处理使其均值为零）；又假定 $x(t)$ 中没有周期分量，那么当 $f\to\infty$ 时，$R_x(\tau)\to 0$。这样，自相关函数 $R_x(\tau)$ 可满足傅里叶变换的条件 $\int_{-\infty}^{+\infty}|R_x(\tau)|\mathrm{d}\tau<\infty$。利用式(2-37)和式(2-38)可得到 $R_x(\tau)$ 的傅里叶变换 $S_x(f)$ 为

$$S_x(f)=\int_{-\infty}^{+\infty} R_x(\tau)\mathrm{e}^{-f2\pi f\tau}\mathrm{d}\tau \tag{6-27}$$

其逆变换为

$$R_x(\tau)=\int_{-\infty}^{+\infty} S_x(f)\mathrm{e}^{j2\pi f\tau}\mathrm{d}f \tag{6-28}$$

定义$S_x(f)$为$x(t)$的自功率谱密度函数，简称自谱或自功率谱。由于$S_x(f)$和$R_x(\tau)$之间是傅里叶变换对的关系，两者是唯一对应的，$S_x(f)$中包含着$R_x(\tau)$的全部信息。因为$R_x(\tau)$为实偶函数，$S_x(f)$也为实偶函数。由此常用在$f=(0\sim\infty)$范围内$G_x(f)=2S_x(f)$所示来表示信号的全部功率谱，并把$G_x(f)$称为$x(t)$信号的单边功率谱，如图 6-19 所示。

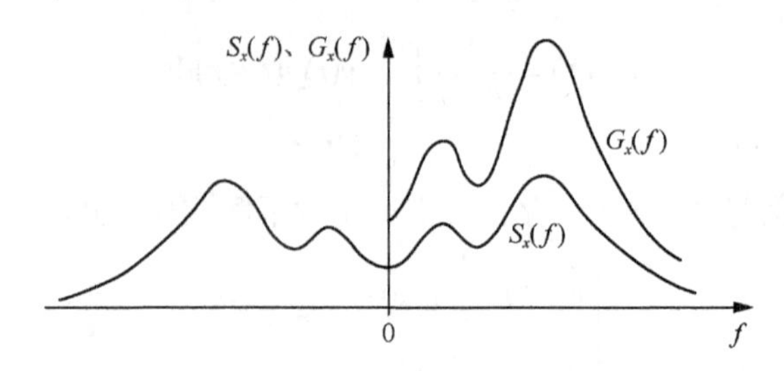

图 6-19 单边谱和双边谱

若$\tau=0$，根据自相关函数$R_x(\tau)$和自功率谱密度函数$S_x(f)$的定义，可得到

$$R_x(0)=\lim_{T\to\infty}\frac{1}{T}\int_0^T x^2(t)\mathrm{d}t=\int_{-\infty}^{+\infty} S_x(f)\mathrm{d}f \tag{6-29}$$

由此可见，$S_x(f)$曲线下和频率轴所包围的面积就是信号的平均功率，$S_x(f)$就是信号的功率密度沿频率轴的分布，故称$S_x(f)$为自功率谱密度函数。

2. 帕塞瓦尔定理

在时域中计算的信号总能量，等于在频域中计算的信号总能量，这就是帕塞瓦尔定理，即

$$\int_{-\infty}^{+\infty} x^2(t)\mathrm{d}t=\int_{-\infty}^{+\infty}\left|X(f)\right|^2\mathrm{d}f \tag{6-30}$$

式(6-30)又称为能量等式。这个定理可以用傅里叶变换的卷积公式导出。

设

$$x(t)\Leftrightarrow X(f)$$
$$h(t)\Leftrightarrow H(f)$$

按照频域卷积定理有

$$x(t)h(t)\Leftrightarrow X(f)*H(f)$$

即

$$\int_{-\infty}^{+\infty} x(t)h(t)\mathrm{e}^{-j2\pi qt}\mathrm{d}t=\int_{-\infty}^{+\infty} X(f)H(q-f)\mathrm{d}f$$

令$q=0$，得

$$\int_{-\infty}^{+\infty} x(t)h(t)\mathrm{d}t=\int_{-\infty}^{+\infty} X(f)H(-f)\mathrm{d}f$$

又令$h(t)=x(t)$得

$$\int_{-\infty}^{+\infty} x^2(t)\mathrm{d}t = \int_{-\infty}^{+\infty} X(f)X(-f)\mathrm{d}f$$

若 $x(t)$ 为实函数，则 $X(-f)=X^*(f)$，所以

$$\int_{-\infty}^{+\infty} x^2(t)\mathrm{d}t = \int_{-\infty}^{+\infty} X(f)X^*(f)\mathrm{d}f=\int_{-\infty}^{+\infty}|X(f)|^2\mathrm{d}f$$

式中，$|X(f)|^2$ 称为能谱，它是沿频率轴的能量分布密度。在整个时向轴上信号平均功率为

$$P_{av}=\lim_{T\to\infty}\frac{1}{T}\int_0^T x^2(t)\mathrm{d}t=\int_{-\infty}^{+\infty}\lim_{T\to\infty}\frac{1}{T}|X(f)|^2\mathrm{d}f$$

因此，并根据式（6-29），自功率谱密度函数和幅值谱的关系为

$$S_x(f)=\lim_{T\to\infty}\frac{1}{T}|X(f)|^2 \tag{6-31}$$

利用这一种关系，就可以通过直接对时信号进行傅里叶变换来计算功率谱。

3. 功率谱估计

实际使用中，无法按式(6-31)来计算随机过程的功率谱，只能用有限长度 T 的样本记录来计算样本功率谱，并以此作为信号功率谱的初步估计值。现以 $\tilde{S}_x(f)$、$\tilde{G}_x(f)$ 分别表示双边、单边功率谱的初步估计。

$$\begin{cases}\tilde{S}_x(f)=\dfrac{1}{T}|X(f)|^2\\ \tilde{G}_x(f)=\dfrac{2}{T}|X(f)|^2\end{cases} \tag{6-32}$$

对于数字信号，功率谱的初步估计为

$$\begin{cases}\tilde{S}_x(k)=\dfrac{1}{N}|X(k)|^2\\ \tilde{G}_x(k)=\dfrac{2}{N}|X(k)|^2\end{cases} \tag{6-33}$$

也就是对离散的数字信号序列 $x\{(n)\}$ 进行 FFT 运算，取其模的平方，再除以 N（或乘以 $2/N$），便可得信号的功率谱初步估计。这种计算功率谱估计的方法称为周期图法。它也是一种最简单、常用的功率谱估计算法。

可以证明，功率谱的初步估计不是无偏估计，估计的方差为

$$\sigma^2\left[\tilde{G}_x(f)\right]=2G_x^2(f)$$

这就是说，估计的标准差 $\sigma\left[\tilde{G}_x(f)\right]$ 和被估计量 $\tilde{G}_x(f)$ 一样大。在大多数的应用场合中，如此大的随机误差是无法接受的，这样的估计值自然是不能用的。这也就是上述功率谱估计使用“~”符号而不是“ ˆ ”符号的原因。

为了减小随机误差，需要对功率谱估计进行平滑处理。最简单且常用的平滑方法是分段平均。这种方法是将原来样本记录长度 $T_{总}$ 分成 q 段，每段时长 $T=T_{总}/q$。然后对各段分别用周期图法求得其功率谱初步估计 $G_x(f)_i$，最后求诸段初步估计的平均值，并作为功率谱估计值 $\tilde{G}_x(f)$，即

$$\begin{aligned}\tilde{G}_x(f) &= \frac{1}{q}\left[\tilde{G}_x(f)_1 + \tilde{G}_x(f)_2 + \cdots + \tilde{G}_x(f)_q\right] \\ &= \frac{2}{qT}\sum_{i=1}^{q}\left|X(f)_i\right|^2\end{aligned} \tag{6-34}$$

式中，$X(f)_i$、$\tilde{G}_x(f)_i$分别是由第i段信号求得的傅里叶变换和功率谱初步估计。

不难理解，这种平滑处理实际上是取q个样本中同一频率f的谱值的平均值。

当各段周期图不相关时，$\hat{G}_x(f)$的方差大约为$\tilde{G}_x(f)$方差的$1/q$，即

$$\sigma^2\left[\hat{G}_x(f)\right] = \frac{1}{q}\sigma^2\left[\tilde{G}_x(f)\right] \tag{6-35}$$

可见，所分的段数q越多，估计方差越小。但是，当原始信号的长度一定时，所分的段数q越多，则每段的样本记录越短，频率分辨率会降低，并增大偏度误差。通常应先根据频率分辨率的指标Δf，选定足够的每段分析长度T，然后根据允许的方差确定分段数q和记录总长$T_{总}$。为进一步增大平滑效果，可使相邻各段之间重叠，以便在同样$T_{总}$之下增加段数。实践表明，相邻两段重叠50%者效果最佳。

谱分析是信号分析与处理的重要内容。周期图法属于经典的谱估计法，是建立在FFT的基础上的，计算效率很高，适用于观测数据较长的场合。这种场合有利于发挥计算效率高的优点又能得到足够的谱估计精度。对于短记录数据或瞬变信号，此种谱估计方法无能为力，可以选用其他方法。

4. 应用

自功率谱密度$S_x(f)$为自相关函数$R_x(\tau)$的傅里叶变换，故$S_x(f)$包含着$R_x(\tau)$中的全部信息。

自功率谱密度$S_x(f)$反映信号的频域结构，这一点和幅值谱$|X(f)|$一致，但是自功率谱密度所反映的是信号幅值的平方，因此其频域结构特征更为明显，如图6-20所示。

对于一个线性系统（图6-21），若其输入为$x(t)$，输出为$y(t)$，系统的频率响应函数为$H(f)$，$x(t) \Leftrightarrow X(f)$，$y(t) \Leftrightarrow Y(f)$，则

$$Y(f) = H(f)X(f) \tag{6-36}$$

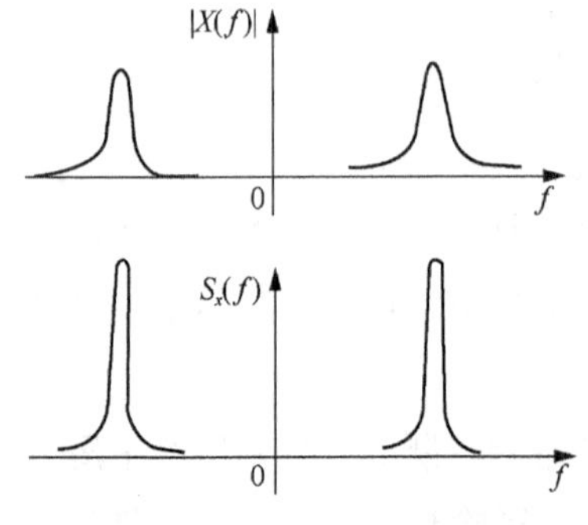

图6-20　幅值谱与自功率谱

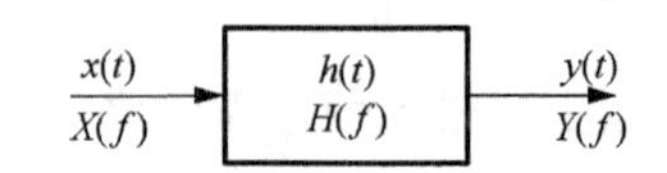

图6-21　理想的单输入、单输出系统

不难证明，输入、输出的自功率谱密度与系统频率响应函数的关系如下。

$$S_y(f) = \left|H(f)\right|^2 S_x(f) \tag{6-37}$$

通过对输入、输出自谱的分析，就能得出系统的幅频特性。但是在这样的计算中丢失了相位信息，因此不能得出系统的相频特性。

自相关分析可以有效地检测出信号中有无周期成分。自功率谱密度也能用来检测信号中的周期成分。周期信号的频谱是脉冲函数，在某特定频率上的能量是无限的。但是在实际处理时，用矩形窗函数对信号进行截断。这相当于在频域用矩形窗函数的频谱 sinc 函数和周期信号的频谱 δ 函数进行卷积，因此截断后的周期函数的频谱已不再是脉冲函数，原来为无限大的谱线高度变成有限长，谱线宽度由无限小变成有一定宽度。所以周期成分在实测的功率谱密度图形中以陡峭有限峰值的形态出现。

6.4.2　互谱密度函数

1. 定义

如果互相关函数 $R_{xy}(\tau)$ 满足傅里叶变换的条件 $\int_{-\infty}^{+\infty}\left|R_{xy}(\tau)\right|\mathrm{d}t<\infty$，则定义

$$S_{xy}(f)=\int_{-\infty}^{+\infty}R_{xy}(\tau)\mathrm{e}^{-\mathrm{j}2\pi f\tau}\mathrm{d}t \tag{6-38}$$

$S_{xy}(f)$ 称为信号 $x(t)$ 和 $y(t)$ 的互谱密度函数，简称互谱。根据傅里叶逆变换，有

$$R_{xy}(\tau)=\int_{-\infty}^{+\infty}S_{xy}(f)\mathrm{e}^{-\mathrm{j}2\pi f\tau}\mathrm{d}f \tag{6-39}$$

互相关函数 $R_{xy}(\tau)$ 并非偶函数。因此 $S_{xy}(f)$ 具有虚、实两部分。同样，$S_{xy}(f)$ 保留了 $R_{xy}(\tau)$ 中的全部信息。

互谱估计的计算式如下。对于模拟信号，有

$$\tilde{S}_{xy}(f)=\frac{1}{T}X^{*}(f)_{i}Y(f)_{i} \tag{6-40}$$

$$\tilde{S}_{yx}(f)=\frac{1}{T}X(f)_{i}Y^{*}(f)_{i} \tag{6-41}$$

式中，$X^{*}(f)$、$Y^{*}(f)$ 分别为 $X(f)$、$Y(f)$ 的共轭函数。

对于数字信号，有

$$\tilde{S}_{xy}(k)=\frac{1}{N}X^{*}(k)Y(k) \tag{6-42}$$

$$\tilde{S}_{yx}(k)=\frac{1}{N}X(k)Y^{*}(k) \tag{6-43}$$

这样得到的初步互谱估计 $\tilde{S}_{xy}(f)$、$\tilde{S}_{yx}(f)$ 的随机误差太大，不适合应用要求，应进行平滑处理，平滑的方法与功率谱估计相同。

2. 应用

对于图 6-22 所示的线性系统，可证明有

$$S_{xy}(f)=H(f)S_{x}(f) \tag{6-44}$$

故从输入的自谱和输入、输出的互谱就可以直接得到系统的频率响应函数。式(6-44)与式(6-37)不同，所得到的 $H(f)$ 不仅含有幅值特性而且含有相频特性。这是因为互相关函数中包含有相位信息。

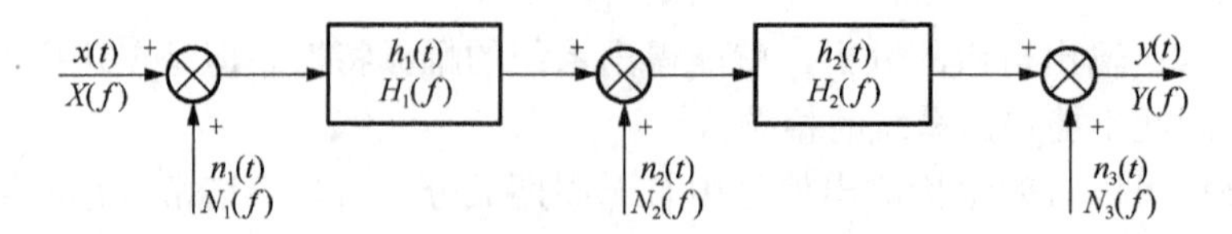

图 6-22　受外界干扰的系统

如果一个测试系统受到外界干扰，如图 6-22 所示，$n_1(t)$ 为输入噪声，$n_2(t)$ 为加在系统中间环节的噪声，$n_3(t)$ 为加在输出端的噪声。显然该系统的输出 $y(t)$ 将为

$$y'(t)=x'(t)+n_1'(t)+n_2'(t)+n_3'(t) \tag{6-45}$$

式中，$x'(t)$、$n_1'(t)$ 和 $n_2'(t)$ 分别为系统对 $x(t)$、$n_1(t)$ 和 $n_2(t)$ 的响应。

输入 $x(t)$ 与输出 $y(t)$ 的互相关函数为

$$R_{xy}(\tau)=R_{xx}'(\tau)+R_{xn_1}'(\tau)+R_{xn_2}'(\tau)+R_{xn_3}'(\tau) \tag{6-46}$$

由于输入 $x(t)$ 和噪声 $n_1(t)$、$n_2(t)$、$n_3(t)$ 是独立无关的，故互相关函数 $R_{xn_1}'(\tau)$、$R_{xn_2}'(\tau)$ 和 $R_{xn_3}'(\tau)$ 均为零。所以

$$R_{xy}(\tau)=R_{xx}'(\tau) \tag{6-47}$$

故

$$S_{xy}(f)=S_{xx}'(f)=H(f)S_x(f) \tag{6-48}$$

式中，$H(f)=H_1(f)H_2(f)$ 为所研究系统的频率响应函数。

由此可见，利用互谱进行分析将可排除噪声的影响。这是这种分析方法的突出优点。然而应当注意到，利用式(6-48)求线性系统的 $H(f)$ 时，尽管其中的互谱 $S_{xy}(f)$ 可不受噪声的影响，但是输入信号的自谱 $S_x(f)$ 仍然无法排除输入端测量噪声的影响，从而形成测量的误差。

为了测试系统的动特性，有时人们故意给正在运行的系统以特定的已知扰动——输入 $z(t)$。从式(6-46)可以看出，只要 $z(t)$ 和其他各输入量无关，在测量 $S_{xy}(f)$ 和 $S_z(f)$ 后可以计算得到 $H(f)$。这种在被测系统正常运行的同时对它进行测试，称为在线测试。

评价系统的输入信号和输出信号之间的因果性，即输出信号的功率谱中有多少是输入量所引起的响应，在许多场合中是十分重要的。通常用相干函数 $\gamma_{xy}^2(f)$ 来描述这种因果性，其定义为

$$\gamma_{xy}^2(f)=\frac{\left|S_{xy}(f)\right|^2}{S_x(f)S_y(f)},\quad 0\leqslant\gamma_{xy}^2(f)\leqslant 1 \tag{6-49}$$

实际上，利用式（6-49）计算相干函数时，只能使用 $S_y(f)$、$S_x(f)$ 和 $S_{xy}(f)$ 的估计值，所得相干函数也只是一种估计值；并且唯有采用经多段平滑处理后的 $\hat{S}_y(f)$、$\hat{S}_x(f)$ 和 $\hat{S}_{xy}(f)$ 来计算 $\hat{\gamma}_{xy}^2(f)$ 才是较好的估计值。

如果相干函数为零，表示输出信号与输入信号不相干。当相干函数为 1 时，表示输出信号与输入信号完全相干，系统不受干扰而且系统是线性的。相干函数在 0~1，则表明有如下三种可能：①测试中有外界噪声干扰；②输出 $y(t)$ 是输入 $x(t)$ 和其他输入的综合输出；③联系 $x(t)$ 和 $y(t)$ 的系统是非线性的。

例 6-4　图 6-23 是船用柴油机润滑油泵压油管振动和压力脉冲间的相干分析。

润滑油泵转速为 $n=781\text{r/min}$，油泵齿轮的齿数为 $z=14$。测得油压脉动信号 $x(t)$ 和压

油管振动信号 $y(t)$ 。压油管压力脉动的基频为 $f_0 = nz/60 = 182.24\text{Hz}$ 。

在图 6-23(c) 中， $f = f_0 = 182.24\text{Hz}$ 时， $\gamma_{xy}^2(f) \approx 0.9$ ； $f = 2f_0 \approx 361.12\text{Hz}$ 时， $\gamma_{xy}^2(f) \approx 0.37$ ； $f = 3f_0 = 546.54\text{Hz}$ 时， $\gamma_{xy}^2(f) \approx 0.8$ ； $f = 4f_0 = 722.24\text{Hz}$ 时， $\gamma_{xy}^2(f) \approx 0.75$ ，齿轮引起的各次谐频对应的相干函数值都比较大，而其他频率对应的相干函数值很小。由此可见，油管的振动主要是由油压脉动引起的。从 $x(t)$ 和 $y(t)$ 的自谱图也明显可见油压脉动的影响(图 6-23(a)、(b))。

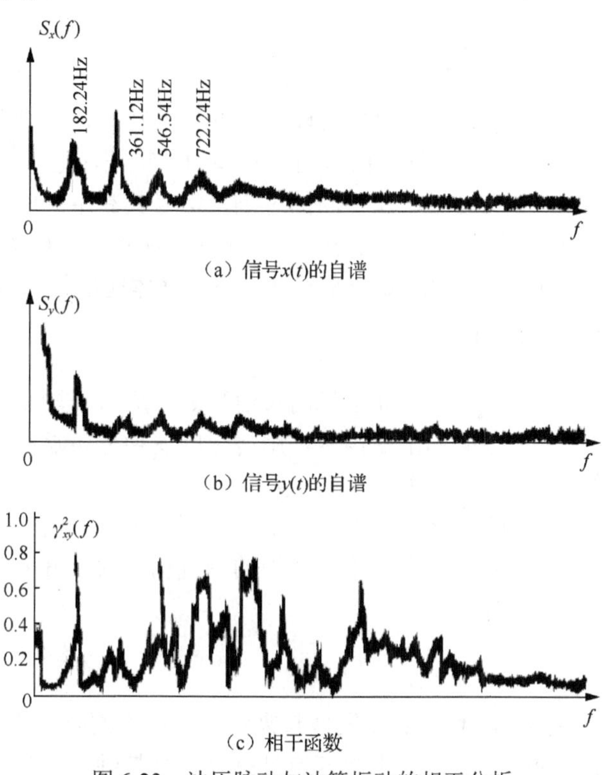

图 6-23　油压脉动与油管振动的相干分析

6.5　现代信号分析方法简介

本节简单介绍一些现代信号分析和处理的方法。受篇幅所限，感兴趣的读者可阅读相关文献。

6.5.1　功率谱估计的现代方法

1. 非参数方法

（1）多窗口法（MTM）。MTM 是使用多个正交窗口以获取相互独立的谱估计，然后把它们合成为最终的谱估计。这种估计方法比经典非参数谱估计法具有更大的自由度和较高的精度。

（2）子空间方法。子空间方法又称为高分辨率方法。这种方法在相关矩阵特征分析或特征分解的基础上，产生信号的频率分量估计。如多重信号分类法（MUSIC）或特征向量法（EV）。此法检测埋藏在噪声中的正弦信号（特别是信噪比低时）是有效的。

2. 参数方法

参数方法是选择一个接近实际样本的随机过程的模型，在此模型的基础上，从观测数据中估计出模型的参数，进而得到一个较好的谱估计值。此方法与经典功率谱估计方法相比，特别是对于短信号，可以获得更高的频率分辨率。参数方法主要包括 AR 模型、MA 模型、AR-MA 模型和最小方差功率谱估计等。通过模型分析的方法来进行谱估计，首先要解决的是模型的参数估计问题。

6.5.2 时频分析

时域分析可以使工程技术人员了解信号随时间变化的特征，频域分析体现的是信号随频率变化的特征，二者都不能同时描述信号的时间和频率特征，这时就要用到时频分析。

对于工程中存在的非平稳信号，在不同的时刻，信号具有不同的谱特征，时频分析是非常有效的分析方法。时频分析的目的是建立一个时间-频率二维函数，要求这个函数不仅能够同时用时间和频率描述信号的能量分布密度，还能够体现信号的其他一些特征量。

1. 短时傅里叶变换（STFT）

短时傅里叶变换的基本思想：把非平稳的长信号划分成若干段小的时间间隔，信号在每一个小的时间间隔内可以近似为平稳信号，用傅里叶变换分析这些信号，就可以得到在那个时间间隔的相对精确的频率描述。

短时傅里叶变换的时间间隔划分并不是越细越好，因为划分就相当于加窗，这会降低频率分辨率并引起谱泄漏。由于短时傅里叶变换的基础仍是傅里叶变换，虽能分析非平稳信号，但更适合分析准平稳信号。

2. 小波变换

小波变换是 20 世纪 80 年代中后期发展起来的一门新兴的应用数学分支，近年来已被引入工程应用领域并得到广泛应用。小波变换具有多分辨特性，通过适当地选择尺度因子和平移因子，可得到一个伸缩窗，只要适当地选择基本小波，就可使小波变换在时域和频域都具有表征信号局部特征的能力，在低频部分具有较高的频率分辨率和较低的时间分辨率，在高频部分具有较高的时间分辨率和较低的频率分辨率，很适合于探测正常信号中夹带的瞬态反常现象并展示其成分。

3. Wigner-Ville 分布

短时傅里叶变换和小波变换本质上都是线性时频表示，它不能描述信号的瞬时功率谱密度，虽然 Wigner-Ville 分布也是被直接定义为时间与频率的二维函数，但它是一种双线性变换。Wigner-Ville 分布是最基本的时频分布，由它可以得到许多其他形式的时频分布。

6.5.3 统计信号处理

在大多数情况下，信号往往混有随机噪声。由于信号和噪声的随机特性，需要采用统计的方法来分析处理，这就使得数学上的概率统计理论方法在信号处理中得以应用，并演化出统计信号处理这一领域。

统计信号处理涉及如何利用概率模型来描述观测信号和噪声的问题，这种信号和噪声的概率模型往往是信息的函数，而信息则由一组参数构成，这组参数是通过某个优化准则从观测数据中得来的。显然，用这种方法从数据中得到的所需信息的精确程度，取决于所采用的概率模型和优化原理。在统计信号处理中，常用的信号处理模型包括高斯随机过程模型、马尔可夫随机过程模型和 α 稳定分布随机信号模型等。而常用的优化准则包括最小二乘（LS）准则、最小均方（LMS）准则、最大似然（ML）准则和最大后验概率（MAP）准则等。在上述概率模型和优化准则的基础上，出现了许多统计信号处理算法，包括维纳滤波器、卡尔曼滤波器、最大熵谱估计算法和最小均方自适应滤波器等。

第 7 章　计算机测试系统及其工程实现

计算机具有信息存储记忆、逻辑判断推理和快速数值计算功能，是一种强大的信息处理工具，其应用已经渗透到人类活动的各个领域，有力地推动着科学技术的全面发展。随着计算机技术的迅猛发展，计算机在机械工程测试领域中的应用也越来越广泛。

本书前几章着重从离散信号与系统的角度讨论了机械工程测试领域的系统分析与设计的基本理论和方法。本章先介绍计算机测试系统的几种类型，将着重讨论计算机测试系统工程实现中的普遍性问题，其中包括：计算机测试系统总体设计步骤及其设计任务和内容；计算机测试系统体系结构及其软件、硬件功能要求及实现等。本章讨论过程不涉及计算机测试系统有关硬件或软件的具体知识，以及系统的具体实现细节，只侧重介绍计算机测试系统工程实现中所涉及的一些基本的、具有普遍性的原则和方案。

7.1　计算机测试系统概述

20 世纪 80 年代，计算机技术开始应用到测试领域中。随着计算机技术、大规模集成电路技术和通信技术的飞速发展，传感器技术、通信技术和计算机技术的结合，计算机与测试技术的关系发生了根本性的变化，计算机已成为现代测试和测量系统的核心。

计算机测试系统从结构上划分，一般由以下四部分组成：计算机或微处理器、被控制的测量仪器或设备、计算机接口以及计算机软件系统。

计算机或微处理器是整个测试系统的核心。在软件控制下，微处理器为核心的测试仪器控制数据采集，计算机控制的多仪器组成的测试系统正常运转，并对测量数据进行处理，如计算、变换、数据处理、误差分析等，最后将测量结果存储或打印、显示输出。测量仪器或系统的工作，如测量功能、工作频段、输出电平、量程等的选择和调节都是在计算机所发出指令的控制下完成的。这种能接受程序控制并据之改变内部电路工作状态，以及完成特定任务的测量仪器称为程控仪器。各仪器之间通过适当的接口用各种总线相连。显然，接口是使测试系统各仪器和设备之间进行有效通信的重要环节，以实现自动测试。接口的主要任务是提供机械兼容、逻辑电平方面的匹配，并能通过数据线交换电信号信息。

计算机测试系统从功能上划分由数据采集与存储、数据分析和数据显示等几部分组成。在一些测试系统中，数据分析和数据显示完全用计算机的软件来完成。因此，只要额外提供一定的数据采集硬件，就可以与计算机组成测量仪器。这种基于计算机的测量仪器称为虚拟仪器。

测试技术与计算机技术几乎是同步、协调向前发展的，计算机技术成为测试仪器和系统的核心。若脱离开计算机、软件、网络、通信发展的轨道，测试技术的进步是不可能实现的。目前，基于计算机的测试系统可分为以下三种类型。

（1）计算机插卡式测试系统。即在计算机的扩展槽（通常是 PCI、ISA 等总线槽，也可设计成便携式计算机专用的 PCMCIA 卡）中插入信号调理、模拟信号采集、数字输入输出、

DSP（数字信号处理芯片）等测试与分析板卡，构成通用或专用的测试系统。

（2）由仪器前端与计算机组合。仪器前端一般由信号调理、模拟信号采集、数字输入输出、数字信号处理、测试控制等模块组成。由 VXI、PXI 等专用仪器总线连接在一起构成独立机箱，并通过以太网接口、1394、并行接口等通信接口与计算机相连，构成通用或专用测试系统。

（3）由各种独立的可编程仪器（具有参数设置和控制功能的计算机接口）与计算机连接所组成的测试系统，这类系统又称为仪器控制系统。这类测试系统与前两类系统的最大区别在于程控仪器本身能够脱离开计算机运行，完成一定的测量任务。

上述三类计算机测试系统可以采用一般的测试分析软件构成计算机测试系统，也可以利用专门的软件系统构成虚拟仪器。

随着微电子技术的不断发展，集成 CPU、存储器、定时器/计数器、并行和串行接口、接口上的加密模块、前置放大器甚至 A/D、D/A 转换器等电路在一块芯片上的超大规模集成电路芯片（单片机）不断出现。以单片机为主体，将计算机技术与测量控制技术结合在一起，又组成了所谓的智能化测量控制系统，也就是智能仪器。

7.2　计算机测试系统的总体设计

计算机测试系统的设计是一个综合运用各种知识的过程。它涉及的技术领域广泛，不仅需要自动控制、计算机技术、测量技术、仪器仪表等方面的知识，而且需要具备一定的生产工艺知识。特别是当代的生产过程往往是测试、测量系统与控制系统共同作用形成闭环测控系统。测试系统的设计不仅影响测试过程的性能，还影响整个机械系统的自动化水平。因此，在计算机测试系统设计和工程实现的过程中，经常需要各个专业协调工作。与工业计算机控制技术密切相关的有：自动控制技术、计算机技术、测量技术、通信技术等。计算机测试系统的设计大致可分为准备阶段、设计阶段、仿真与调试阶段以及现场联调与运行阶段。

7.2.1　准备阶段

1. 系统具备的功能

准备阶段，必须对被测对象的工作过程进行深入调查、分析。在此基础上需要明确工程目标任务和内容，确定测试系统功能、性能（可靠性和可维护性）和系统运行环境等。根据系统的目标任务要求，要确定哪些测量对象采用哪种测量方式，哪些对象参数不需要测量。根据实际应用中的问题提出具体要求，规定系统应具备的功能，如输入输出信号处理功能、控制功能、显示功能、操作功能和管理功能。对于进入计算机的信号，最好采用列表法明确地列出：检测点的名称、物理量的类型（如温度类、流量类、压力类、位置类、连续量还是开关量）和数值范围（如信号的变化范围、量程、工程量还是百分数），哪些信号需要显示，采用什么显示方式，显示内容详细到什么程度，哪些信号需要进行报警检查，报警的级别，报警采用什么方式（声光或语音报警）。要明确系统的操作方法，是采用操作台、键盘加鼠标，还是采用光笔的数字化仪或是触摸屏。人机界面是计算机测试系统的一个重要部分，特别是作为控制用的计算机工作在现场，而现场的操作人员可能对计算机不太熟悉。为此，要自行设计一个操作面板，以便使操作人员能够很方便地与计算机进行联系，特别是为了使计算机在现场运行可靠，通常还设计有自检程序及自保系统，这样可以防止误操作引起的不良后果。还需要明确系统的打印功能，例如，需要打印的各种记录的种类，打印格式（时、班、日、周和月报表等），是定时打印还是随机打印。以上是用列表法列出所有进入和出自计算机的信号，这样可使进入计算机的信号明了清晰。一眼就能看出某一信号的属性，即显示、记录、控制、报警的属性。

有些计算机测试系统还具有其他功能，如管理功能、先进控制功能等。有些重要测量环节是否需要冗余，如果需要应表明采用冗余的方式。有些目标系统可能需要与现有或者将来建立的系统如控制环节之间的连接，因此在总体设计时应当明确目标系统的通信接口或者网络接口的各层的协议。

2. 系统的性能

在系统总体设计前，必须根据工艺流程、工艺参数、操作条件，明确各个工艺流程的控制要求和技术指标，然后根据这些技术指标，确定测试系统方案，选择检测元件和输入输出通道，根据测试系统功能提出对计算机的要求，选择合适的计算机。需要特别强调的是输入输出的信号处理对完成技术指标至关重要，它包括对信号处理的精度、信号的隔离、信号的采样周期和输出信号的实时性。采样周期的选择就很值得认真考虑，采样周期是决定实时控制计算机速度的主要因素。一般地说，减小采样周期能提高控制系统的性能，但这也提高了对计算机的速度要求。确定采样周期时，要从计算机的输入测量信号和被测对象的动态特性这两个方面进行考虑。

计算机输入与输出量的采样周期可以不同。当输入信号变化较慢而被测对象的惯性较小时，输入量的采样周期可以是输出量的整数倍。相反，当输入信号变化较快而被测对象的惯性较大时，输出采样周期可以是输入的整数倍。当计算机要对多个测量对象实行多道、分时测试时，输入和输出的采样周期也往往不同。现在的 A/D、D/A 转换装置速度都较快，加上计算机硬件的速度不断提高，如无特殊要求，为简单起见，许多工业过程测试系统采用单一的采样周期。

测试现场被测对象的信号经过测量装置的测量，再经 A/D 转换后输入计算机，总的误差是由测量误差和量化误差共同构成的。A/D 转换器的精度应与测量装置的精度相匹配。一方面要求整量误差在总的误差中所占的比重较小，从而它不显著扩大测量误差；另一方面必须根据目前测量装置的精度水平，对 A/D 转换器的位数提出恰如其分的要求，使 A/D 转换器容易实现。目前大多数测量装置的精度一般是 0.1%～0.5%，故 A/D 转换的精度取 0.05%～0.1%即可。相应二进制的 10～11 位，加上符号位，就为 11～12 位。

有些特殊的应用或量程范围很大时，A/D 转换器要求更多的位数。此时往往采用双精度的转换方案。

计算机字长的确定。计算机的很多功能都是与它的字长有密切关系的。一般地讲，一台微处理机能够处理的位数越长，它的运算及控制能力就越强，但成本将越高。目前主要有 1 位、4 位、8 位、16 位和 32 位微型机，选用时要根据测试系统的需要进行选择，否则将会影响系统的功能或造成浪费。

计算机的有限字长对乘、除法运算会产生舍入误差，这种误差在计算过程中是积累的。程序中乘、除法越多，总的误差也越大，这是数字计算机工具误差的主要部分。

对计算机来说，A/D 转换器的位数与计算机的字长之间有一定的联系。若转换器为二进制的 r 位，则数字信号的有效数字是 2^{-r}。对近似数进行乘、除法运算时，运算器的位数至少要超过十进制的 1 位。也就是说，超过二进制的 4 位左右。因此，计算机的字长至少应为 $l=r+4$。

一般来说，16 位的微型计算机就能满足实时数据采集任务的需求，有些特殊场合，少量运算需要较高的精度，可以用软件的办法，例如，双字长运算子程序或增量法程序等方法来实现双字长运算。

3. 系统的可靠性与可维护性

在实时测试中，对计算机测试系统的可靠性提出了很高的要求。计算机测试系统一旦出现故障所酿成重大事故造成的损失将非常巨大。因此必须采取必要的安全性技术措施，提高系统的可靠性。

系统的可靠性指标是系统的综合性指标。即可靠性是从系统整体角度来度量完成预定功能的能力。度量电子系统可靠性的定量性能指标采用可靠度，它是一个概率值。在工业控制计算机系统中，度量可靠性的更加直观的数量值是平均无故障时间（MTBF）。对于工业控制计算机系统这样的可修复系统，平均无故障时间是系统无故障工作时间的平均值；而对于计算机系统中的一些不可修复的部分，该部分的平均无故障时间是指它们寿命的平均值。

系统的可维护性能指标表明了系统的可用性，用平均维修时间（mean time to repair，MTTR）来表示，它是指每次故障后需要维修时间的平均值。

4. 系统的运行环境

由于系统的运行环境不同，系统的结构和元器件的选用会有较大差别，系统的造价也会产生较大的变化，环境指标通常包括下述几个方面。

（1）温度和湿度指标。

（2）抗振动与抗冲击指标。

（3）电源适应能力和电磁兼容方面的指标。

（4）物理尺寸方面的指标等。

7.2.2　设计阶段

明确了目标系统所具备的功能和系统的性能，以及系统的运行环境、可靠性要求后，接下来就要对系统进行总体设计，确定系统的控制方案，拟采用的技术路线、系统的结构与各功能模块的选择。其中包括计算机选型、输入输出通道及外部网络设备的选择等。

1. 技术路线的选择

（1）硬件和软件全部由自己设计，其中硬件包括板极产品的设计与加工。该技术路径的优点是节约经费，缺点是所需的设计周期长。因此它适合于前瞻性研究，以及新产品研发。适合于小规模系统或专用系统。

（2）硬件由 OEM（original equipment manufacturer，原始设备制造商）产品组成，系统软件由 OEM 产品厂家供给或从软件市场上购买，而应用软件由自己开发。该种方式的优点就是设计开发周期比较短。系统的针对性比较强，所以大多数的工业控制计算机系统均采用这种开发设计方法。

（3）用户购买成套的硬件系统和组态软件，自己仅实现一些应用软件的开发。应用软件通常是一些图形、报表、控制结构、参数列表和数据表格等。该种方式的优点是开发周期最短，缺点是系统造价比较昂贵。

选择哪一种技术路线，应根据系统的规模、允许的开发设计周期、系统的投资数额等因素确定。第二种技术路线的选择为数众多。即硬件方面基本上由 OEM 产品组成，特殊需要的一些模块由自己研发；系统软件由 OEM 产品厂商提供或从软件市场上购置，而全部应用软件由自己开发。

2. 系统结构的确定

随着微电子技术、计算机技术、通信技术和 CRT 技术的发展，分布式测控系统结构的应用越来越普及。而与之相对的集中式系统结构的应用越来越少。分布式测控系统结构的突出优点是系统采用模块化、积木化结构。它的构成灵活，可大可小，还便于扩展；系统在地理上和功能上分散，具有可靠性高的特点；操作、显示和管理集中，采用组态软件、编辑简单、操作方便。而集中式控制，使用一台计算机测量、控制几十个乃至几百个回路，一旦计算机出现故障，将导致整个生产过程的瘫痪。

确定系统的结构后要画出整个系统的结构原理框图。对于一个规模比较小的工业测试系统，其系统的结构框图可以绘制得很详细，而对于一个规模比较大的工业测试系统，如一个具有分布式结构的系统，其系统结构框图仅详细到各个组成站的情况。

3. 硬件功能和软件功能的划分

计算机测试系统既有硬件又有软件，在完成相同功能方面它们之间有时是能够相互代换的，有时是不能够相互代换的。在系统设计的过程中当硬件与软件能够相互代换时到底采用什么方式完成相同的功能比较合适，设计者要根据系统的实时性及整个系统的价格综合平衡后加以确定。在具体确定硬件与软件的功能时需要考虑如下主要因素。

（1）经济方面。相同的功能，如果由硬件来完成，则要付出硬件的购置费用；如果由软件来实现，则要付出软件开发费等。对两种选择在经济方面的付出要进行选择与权衡。

（2）时间方面。相同的功能，如果由硬件来完成，则要占据一定的物理空间，如果由软件来实现，则要占用一定的时间（指进行软件开发所需要的时间和目标程序的运行周期）。两种选择在时间方面的付出要进行比较与权衡。在硬件功能与软件功能的划分方面，要根据当时的具体情况进行具体分析与比较，硬件的功能在大幅度地提高而价格在不断地下降，软件的开发设计费用在不断地提高；另外，硬件功能的提高又使相同软件的运行时间大为缩短，或者说在相同的时间内可以运行更为复杂的软件。软件一旦调试成功，就能一直正确运行下去，不存在寿命和可靠性问题。硬件试制成功后，存在元件老化，环境变化的影响和寿命、可靠性等问题，所以在确定系统的总体方案时，对系统的软硬件功能要做统一的综合性考虑。一般的原则是在时机允许的情况下，尽量采用软件，如果系统控制回路较多或者软件设计比较困难，则可考虑用硬件完成。

需要说明的是，在确定系统的总体方案时，最好与研究工艺的工作人员互相配合，并征求现场操作人员的意见之后再进行设计。

7.2.3　仿真与调试阶段

计算机测试系统设计完成后，要对整个系统进行调试。调试的步骤及内容主要如下。

（1）硬件调试：包括传感器的选择、安装，信号传输线选择、焊接，测试系统的搭建等。

（2）软件调试：主要是在计算机上把各模块程序分别进行调试，使其正确无误。

（3）软硬件统调：当系统硬件及软件分别调好后，把二者组合起来，在实验室进行模拟实验，有条件的也可以在开发系统上进行实验。

通过以上仿真与调试阶段，基本上可以发现软硬件的错误或缺陷，并给以纠正。

7.2.4　现场联调与运行阶段

在仿真与调试完成后，即可进行现场组装，进行全面测试，并根据实验控制的效果不断地对硬件及软件进行修改。在这个阶段特别应当注意下述事项。

（1）系统电源的引入方式：系统电源的引入要注意引入可靠而稳定的交流电源，强弱电分开引入，引入要注意抗干扰。

（2）计算机系统的屏蔽方式：特别注意不同地线的正确连接。

（3）充分利用计算机的 CRT 显示功能，以便快速查找故障点。

应当说以上各个阶段的划分及设计方法步骤并不是一成不变的，一个好的计算机测试系统的设计主要靠设计者对工艺情况的熟悉以及对计算机测试系统综合知识运用的熟练程度。只有通过不断实践才能逐步积累经验，达到运用自如的程度。

7.3　计算机测试系统的硬件实现

随着计算机测试系统的发展，通用硬件的种类增多，功能不断得到完善，任何一个典型应用系统中的硬件类型及其功能不具有代表性。本节将千差万别的计算机测试系统加以高度简化，得到其中最基本的部件，概括介绍这些部件在硬件实现上的基本要求和特点。

7.3.1　实现计算机控制的基本系统

尽管现代的计算机测试系统已发展为大规模的多级分布结构（见 7.2 节），对它的各个部分加以考察，发现所扩展部分主要为信息传输、信息表示和信息的高级处理服务，而其中的基本功能，即实现过程输入、控制回路计算，仍在系统的控制单元（LCU）中完成，它是计算机测试系统中最重要、最核心的基本单位。原则上说，有了 LCU，就可以实现常规的 DDC，满足过程控制的基本要求。

LCU 的基本组成如图 7-1 所示，图中 CPU 可以插卡的形式做成 CPU 板，它是控制器的核心，ROM 通常用来存储控制程序。RAM 存储临时信息。它们也可以插卡的形式出现。要注意的是，通常计算机系统中 RAM 的信息在掉电后将丢失，但控制系统中存在着一类可变更的信息（如控制的组态信息、参数调整信息等），它们因变化而不能固化在 ROM 中，只能存于 RAM 中，又不能因掉电而丢失，从而要使用带掉电保护的 RAM。人机接口板用来实现和外设的连接，与通用计算机系统类似。

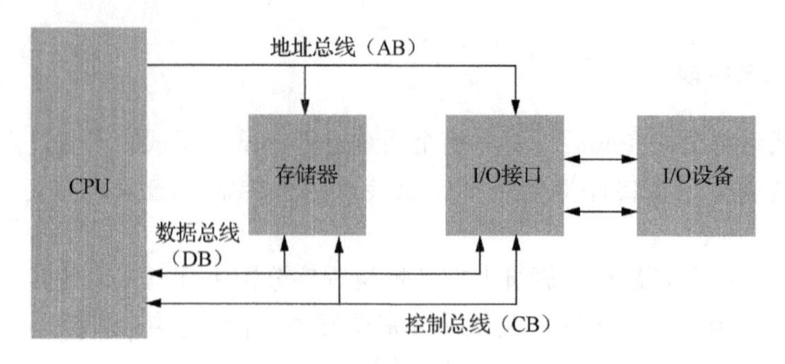

图 7-1　基本计算机测试系统

7.3.2　输入/输出技术

计算机测试系统的输入/输出硬件和过程相连，从过程接收信息并向它发出控制信号。系统能否获取正确的消息、能否将控制信息准确无误地送达执行机构，完全取决于输入/输出。和系统中的其他部件相比，它直接和复杂的现场相连，也最容易发生故障。因此，保障输入/输出部分可靠地工作对整个系统的可靠性至关重要。

1. 典型的输入/输出信号类型

工业控制系统要接收的物理信号类型较多，如流量、压力、温度、距离、质量等，为了简化接口，通常将各种物理信号转换成标准的电信号（电流或电压）送入系统。

2. 输入通道的实现

对于重要的输入信号，通常采用备用切换方式保证该输入通道发生故障时，不至于影响系统的正常工作，但要尽快排除故障，恢复到正常状态。

在该方案中采用光电隔离器将外电路和计算机在电气上分开，避免将干扰引入计算机系统，同时输入信号接入两个 A/D 转换通道，其中一个为备用，正常状态下系统不使用它，一旦通过工作通道的状态寄存器检测到故障，则启动备用通道，同时将设备故障在人机界面或设备指示灯上反映出来。通过上述方式，可以显著提高输入通道的可靠性。

3. 模拟输出通道的实现

在工业计算机测试系统中，输入量通常比输出量多很多，一个模拟输出量就对应着一个控制电路，在实现时，一般对所有模拟输出通道都要采取某些加强可靠性的处理。

提高可靠性的措施有以下几项：①光电隔离抑制了干扰；②通过 A/D 转换将输出值读回，确保输出信号的正确性；③通过看门狗定时器，在 CPU 发生故障时，用故障选择电路给出安全的输出信号，可以是保持原值、最大值、最小值或事先设定值，只要在启动系统前根据过程的具体要求用跳线开关设定。

4. 数字输出通道的实现

针对数字输出的可靠性考虑和模拟输出类似，其中故障选择电路比模拟输出要简单得多，它只有两个状态（0 或 1），选择 0，或选择 1，或保持原来状态，也是事先用跳线开关实现。

除了前面所讨论的输入/输出通道外，计算机测试系统的其他部件在设计和实现时，也要着眼于系统的安全性和可靠性，如整个系统的冗余备份、手工备份等，这将涉及许多具体的工程问题，不在此展开讨论。

7.4　计算机测试系统的软件实现

计算机测试系统的规模有大小之别，结构有简繁之分，应用背景各不相同，用户的要求也多种多样。如果针对每一个具体的应用实例都从头开始设计、编制软件、集成系统，无疑对控制系统的研制者和使用者都是不堪忍受的。从大量的工程实践经验中，人们逐渐总结出了一定的规律，找出了系统结构、硬件和软件实现上的共同点（有些已成为公认的行业标准），形成模块化和标准化的软、硬件产品，促进了计算机测试系统的广泛应用。

一般而言，从测试工程师的角度看不同系统，它所实现的功能是相近的。无外乎检测现场数据，信号转换与处理，再将表征工作现场的标准信号通过接口读入计算机。这一过程也是前面内容所述不同结构的计算机测试系统要实现的共同功能。在工程应用中，考虑到其他方面的因素，如操作者对系统的干预和了解方式、系统的可扩展性、信息共享等，将该过程划分为若干环节，每一环节都由软件和硬件互相配合，共同实现所担负的任务。

本节从计算机测试系统中部分模块应具有的功能入手，讨论计算机测试系统的软件实现要注意的问题，其中涉及的计算机技术如软件工程、实时程序设计、大型数据库管理、实时操作系统等已超出本书的范围，不作介绍。感兴趣的读者可参阅相关文献。

7.4.1　人机界面的要求和实现

人机界面已经成为评判计算机测试系统优劣的重要因素，从使用者的角度看，首先接触的是人机界面，能否获得用户认可，这是第一关。

知识链接　*人机界面的基本作用是通过显示屏等向操作者展示测量结果。在计算机控制系统中，操作者还可以通过人机界面干预系统的运行。*

自动化技术的发展总的趋势是提高系统本身的智能化程度，逐步减少对操作者的依赖性。但是过去的几十年里，操作者的职责大致没变，变化只在于具体的功能各有侧重，实现这些功能的手段有所提高。概括地说，良好的计算机测试系统应提供的界面供操作者执行以下功能：过程监视、过程操作、过程诊断和过程记录。另外，利用人机工程学的基本理论指导设计友好的人机界面也是一个重要的课题，其目的在于保证操作者可更有效、更安全地使用系统。

1. 过程监视

最基本的监视功能应能够让一个或多个操作者同时观察和监视过程当前状态。该功能包括以下具体要求。

（1）在任何时间，操作者必须能获得系统中所关心的过程变量的当前值。过程变量包括连续过程变量（如流量、温度和压力）以及逻辑过程变量（如泵的启停、开关位置），并且操作时间要短、数值要准确，如果由于某种原因（如传感器损坏或维修）不能显示正确值，应能够报告原因。

（2）每一个过程变量，除了用硬件地址来标志外，还应该有仪表工程师给出标号，并附在工艺中的说明，如某温度的标号是“TT075B”，其说明文字是“B 厂区第 75 号塔温”。

（3）过程变量的值必须以工程单位给出，相应的单位也要显示出来，以温度为例，华氏度和摄氏度的示值不同，必须将数值和单位同时显示，以准确表示过程变量的当前值。

（4）有些情况下，操作者要监视基本过程变量的组合或函数，如几个温度的平均值、几个流量的最大值或计算出的热焓等，这些量也同基本过程变量一样，要迅速准确地提供给操作者。

人机界面的另一监视功能是检测系统的异常状态，并向操作者报告，最简单的形式是报警，它的具体功能要求如下。

（1）由人机界面的功能模块判断过程变量的报警状态，人机界面必须清楚及时地报告该状态，变量的报警类型，如高值报警（超过高限）、低值报警（低于低限）和偏差报警等，必须指定清楚，被控系统的异常报警要和设备状态区别开。

（2）对计算量也要有类似的报警。

（3）在报警的同时，要么显示出报警限和变量值，要么使操作者能很快获得这些信息。

（4）当发生报警时，必须提供报警发生的时间，同时让操作者确认报警的存在。

（5）短期内有多个报警出现时，可采用优先级别加以区分。

（6）在有些过程中，异常状态很难判别，需要综合考虑多个过程变量，这时要求人机界面能够提供适当的机制，使操作者能够从这种多变量组合的报警状态中正确理解报警原因。

在监视过程中，操作者还会希望通过观察过程在某时间范围内的变化趋势，以判断是否会有故障发生。因此，人机界面要提供快速访问趋势曲线的功能，当然，不是所有变量都要求具有上述功能，具有上述功能的通常被称为趋势变量，它的具体要求如下。

（1）可将趋势变量按性质或时间尺度加以分组，如可将过程中某一段的不同温度测点作为一组趋势变量。

（2）趋势图要明确标明变量名称、工程单位、日期（年、月、日）、时间和时间增量。

（3）操作者要能准确读出趋势曲线上每一点的值。

（4）如果可能，趋势图可提供一些必要的附加信息，帮助操作者理解趋势变量的状态，这些信息包括变量的正常值，允许变化范围、变化率，所属控制回路的设定值等。

2. 过程操作

以上讨论的监视功能为过程控制提供了必要的信息。对一个计算机测控系统来说，还需要实现对生产过程的具体环节的操作功能。下面讨论过程操作的具体要求。

（1）人机界面必须让操作者很快访问到系统中所有的连续控制回路和逻辑顺序控制。

（2）对每一个连续控制回路，人机界面必须允许操作者执行所有正常的操作，如改变控制器的状态（自动、手动或串级），在手动状态下改变控制输出，改变设定值，监视操作结果。

（3）人机界面必须允许操作者执行以下逻辑控制操作：启停泵、开断阀等，如果操作中有互锁现象，应使操作者观察每一命令的状态和互锁信号的状态。

（4）在顺序控制中，人机界面必须允许操作者观察当前的状态，以决定执行下一步或终止该顺序控制过程。

（5）无论连续控制还是顺序控制，当人机界面和系统的控制输出之间有单点故障时人机界面应能够保证操作者直接操作控制输出。

3. 过程诊断

在正常情况下，执行过程监视和过程操作不是难点。难点在于系统发生异常和危险时，如何实现上述功能，以达到定位故障、排除故障、牵引系统回到正常状态的目的。

当发生故障时，首先要判断故障是否由仪表或控制系统引起，为此计算机测试系统要有以下的检测功能，操作者可查阅检测结果。

（1）对传感器做在线检测，并检查测量结果的合理性。

（2）控制系统内部模块的自检测。包括控制器、通信部件、计算设备和人机界面自身。如果仪表和控制系统工作正常，则是被控过程发生了异常。通常这种故障留给操作者来检测和判断，人机界面提供必要的信息。对只有几百个过程变量的系统，这不失为一种方法，但现在系统的规模已扩大到 5000～10000 个变量，且其中有些变量间的相关性很强，这种情况下，让操作者判断故障的源头和性质已变得极其困难，而传统的报警系统只能提供表面的现象，对寻找故障源帮助不大，因此，迫切要求在计算机测试系统中引入可自动检测系统故障的自检测系统。其功能包括以下几点。

① 首报警识别。告诉操作者在一报警序列中，哪一个最先产生。

② 报警级别区别。按照对被控过程的重要性程度设置不同的报警级别，要求操作者优先处理重要报警。

③ 先进的诊断系统。混合使用报警信息和过程变量数据，识别过程故障模式或故障设备。

许多先进的诊断系统和具体应用紧密相关，计算机测试系统软件应支持这种针对具有应用的故障诊断系统设计和实现。

4. 过程记录

以前，工厂里的操作工有一项单调乏味的工作，按时查抄仪表，记下所有过程变量的当前值，依过程性质的不同，抄表时间从一小时到若干小时不等。这些记录的信息和自动获得的趋势曲线一起，作为工艺操作状态的有用记录。

数据记录是最早用计算机实现的功能之一。当前先进的计算机测试系统里，该功能通常实现在人机界面中，而不需要单独的计算机。它的内容有以下几项：

（1）短期趋势记录，如过程监视中所述。

（2）人工输入过程数据。系统应允许操作者输入人工收集的过程信息，并保存下来，这些信息既可能是数字的，也可能是文字的，如操作工的简短说明等。

（3）报警记录。当报警发生时，可输出到打印机或存储设备上，通常恢复到正常状态及操作者的确认也要记录。

（4）过程变量的周期记录。定期地将所选择的变量值输出到打印机或存储在磁盘上，周期大小取决于过程的动态特性，从数分钟到一小时不等。操作工或工程师还可以决定是记录瞬时值，还是该时间段的平均值。

（5）长期数据（历史数据）的存取。以上所述的报警记录、周期记录和短期趋势记录都是短期信息，最多可前溯数小时或一天，在系统中还要求上述信息或其平滑滤波值，一般为数月甚至数年，另外系统还要有快速获取并显示记录长时间的这些信息的机制。

（6）操作工的动作记录。一些工厂要求将操作工的控制动作自动记录下来，这些包括改变控制器状态、设定值、手动输出或逻辑命令。显然该功能不能被操作工屏蔽。

5. 图形界面

在现代计算机测试系统中，人机界面要求的上述功能都以图形界面的方式实现。由于工厂的工人或工程师一般都习惯于 P&I 图（pipe-and-instrumentation diagram），使用类似于 P&I 图的界面实现过程监视和过程控制，可帮助操作者（特别是新手）清楚地认识到控制动作对过程的影响，从而减少误操作。在某些情况下，如培训时间不足、临时工较多，这时操作者很难在头脑中保持全过程的清楚流程，图形界面将抽象的流程具体化、视觉化。事实上，模拟屏在工厂里早已广泛使用，只是其造价高，占空间，一旦制成，很难改变。计算机上的图形界面不仅保持着形象逼真的特点，还弥补了模拟屏的一系列不足。

计算机上的图形界面不局限于显示 P&I 图，它的图形显示类型非常丰富，只要用户能够想象得到，一般都可实现。当然这要求图形界面提供足够的基本图元。典型的有以下几类。

（1）静态域。提供动态部分的背景，包括标签、符号和其他不变的部件。

（2）数据域。动态显示并自动刷新过程信息。

（3）动态显示图元。可依过程信息而改变大小、颜色或形状等。如棒图、饼图、设备符号、连线等，既可由用户定义，也可直接使用系统订制好的部件，可形成丰富的流程图、仪表图、趋势曲线。

（4）能够建立比局部图大若干倍的画面，使用者可浏览其中的任一部分，并放大感兴趣的部分。

6. 人机界面中的人机工程学

计算机应用到测试领域的伊始，人机界面的设计更多地考虑了设备生产者，而不是使用者。近年来，研究和实践都表明，改善人机界面可获得良好的收益，如减少误操作（可导致工厂停工或设备受损）、减小劳动强度（若疲劳操作会导致产量和质量下降）等。下面概括地给出设计和实现计算机测试系统的人机界面时，要考虑的人机工程学因素。

（1）考虑所有可能的操作人群（如男性和女性、左手和右手、人多和人少）。

（2）考虑常见的“小毛病”（如色盲或色弱、近视）。

（3）为使用者设计，不是为计算机程序员或工程师设计。

（4）提供快速获取所有必要的控制及过程信息。

（5）从操作者的角度安排画面布局，如按设备单元或功能等组织画面。

（6）使用颜色、符号、标签和位置时，保持一致，避免操作者混淆。

（7）不要显示无组织的大量信息。信息应该按某种标准组织起来，使其有具体意义。

（8）避免复杂的操作过程，不要让操作者去记一连串的按键动作以获得某些信息，尽可能提供在线操作帮助，或以菜单、交互窗口等方式帮助操作者。

（9）尽可能发现或过滤出操作者的错误输入，一旦发生错误，系统应告诉操作者错在哪，下一步该如何做。

以上所述，看起来都是显而易见的常见原则。但是，只要看一下现有的系统，会惊奇地发现这些原则经常被破坏。这里有不重视人机工程的因素，也有投资上的不足（如没有专门的画面设计人员）。现代的计算机测试系统在设计和实现人机界面时，已不能不考虑这些因素。否则，就不是好的系统。

7.4.2　数据管理和数据通信

计算机测试系统和其他计算机应用系统相比较，具有一个显著的特点，即系统中存在着大量实时更新的数据，更新速度因被测对象的动态特性而不同，从毫秒至秒不等，如何有效存储和管理这些数据，是控制系统软件的一项重要工作。

1. 实时数据的内容

有时称系统中的实时数据为实时数据库。但它不是由通用数据库系统构成的，如 Oracle、dBase 等，而是嵌入系统内的一种特殊数据库结构。其基本元素是系统中的数据点，点的类型包括：模拟点、数字点、控制回路点、基本仪表点等。模拟点和数字点还可以进一步区分为输入点、输出点和计算点，一种数据点可以包含多个和多种其他类型的数据点。数据点的本质实际上是控制系统中各环节的模型，如模拟输入用模拟输入点表示。在控制系统的实时数据库中，每一个点除了保存当前值外，还有一系列的辅助信息，借以表示它在系统中的性质和作用辅助信息如下。

（1）硬件地址（控制机号、模块号和输入 / 输出的通道号）。

（2）点的类型（模拟点或数字点）。

（3）点的标签和说明性文字。

（4）工程单位。

（5）信号量程。

（6）高低报警限。

（7）报警状态（无报警、高报、低报等）。

（8）报警确认状态（已确认或未确认）。

（9）一段时间内的趋势值（用于趋势点）。

（10）某些计算值（如过去一段时间内的平均值、最大值、最小值等）。

2. 实时数据的组织和管理

早期的计算机测控系统将实时数据及其相关信息分开存储，如在控制单元中存储当前值和硬件地址，其他的相关信息则存储于高层人机接口和高级计算设备中，这种组织实时数据的方式存在着一系列的副作用。

（1）如果多个人机接口要显示同一点的信息，则每一接口都要保留标签、描述、报警限等相关信息，这既是存储空间的浪费，也给数据的一致性维护带来极大的不便，若要修改某一数据点的字段内容，则必须保证所有人机接口上该点的内容都得到更新。要做到这一点实际上并不容易。

（2）每一个数据点要计算出各自显示的数据点的报警状态，这容易导致同一点的报警状态不一致。

随着计算机存储容量、计算速度的增加，更合理的做法是将数据点的完整信息保存在各自的控制单元中，构成“分布实时数据库”，各个点的报警检测、短期趋势都在本地控制单元中完成，其他部分，如人机接口，要访问该点的信息，则唯一地从某控制单元获取。同时，应该注意这种实时数据的组织和管理方式要求各控制单元的时钟保持一致（这也是实时控制系统的重要特征之一），因为人机接口中显示不同数据点的趋势以及报警状态都是以时间为基准的。保持时间同步的方法很多，不同系统有不同的解决方法，最简单的方法可用一台高层计算机做时间基准，定期通过网络更新各控制单元的时间。

3. 数据通信

无论计算机的功能如何强大，一台计算机的处理能力总是有限的，适应不了现代化大工业的规模。现代计算机测试系统的广泛应用，很大程度上得益于通信网络的发展。计算机测试系统中的通信网络也是计算机网络，因此具有计算机网络的一般特点，只是其服务对象是实时控制，而不是通常大家浏览的 WWW 网页。由于控制系统对实时性要求很高，计算机控制的网络协议一般不是常见的 TCP/IP，而采用专门的简单的实时传输协议。这里不打算进一步讨论计算机网络的一般原理和实时传输协议，而将重点放在利用计算机网络为控制系统做些什么上。

计算机测试系统采用的网络结构随着应用的规模和不同的厂家的产品而不同。无论网络的结构如何，在系统中它所担负的工作主要有以下内容。

（1）本地控制单元间过程变量的传递，在发生控制算法需要多个 LCU 中的过程变量时，为了保证最小的传输延迟和最大的安全性，要求 LCU 直接相连，不要经过任何中间设备。

（2）从 LCU 向 HHMI 和 LHMI 传递信息（过程变量、控制变量、报警状态等）。

（3）从 HCD、HHMI 和 LHMI 向 LCU 传递设定值、控制器状态和控制变量等。

（4）从 HHMI 向 LCU 下载控制系统的组态，用户程序及调整参数等。

（5）HHMI 间传递大量的数据（如历史纪录）、程序或控制系统组态信息。

（6）保持分布系统中的实时时钟同步。

除此之外，最近的多媒体技术已允许在控制系统中传递声音和图像信息，更增加了控制系统的安全性。

7.4.3　数据输入和输出

在实际的计算机测试系统中，特别在大型过程控制中，存在着大量的过程变量和控制量，需要通过输入接口进入计算机系统和通过输出接口送给现场的执行机构。这些数据输入和输出的任务一般在 LCU 完成，由软件中的输入模块和输出模块和硬件配合，实现具体的功能，包括以下诸项。

（1）同期扫描系统中的输入点。

（2）对输入信号进行消除尖峰处理和滤波处理。

（3）对模拟信号进行工程值转换。

（4）报警检测。

（5）处理事件中断。

（6）将输出值转换成硬件可接收范围的输出信号。

（7）将输出信号周期地送往控制通道。

事实上，这里的数据输入模块和输出模块已不仅简单地执行输入和输出任务，还承担了一部分数据处理的工作，以尽量减少其他使用数据模块的不必要处理。从这个角度可将控制算法模块视为一类特殊的数据处理模块，其处理方法就是前面章节介绍的数字控制器设计方法，只不过应用中要考虑很多工程因素，基于这种理解，不再单独讨论控制算法模块。

参 考 文 献

陈超. 2014. 机械工程测试技术基础[M]. 镇江：江苏大学出版社.

陈光军，李西兵，张连军. 2011. 机械工程测试技术[M]. 哈尔滨：哈尔滨工程大学出版社.

杜向阳. 2009. 机械工程测试技术基础[M]. 北京：清华大学出版社.

封士彩. 2009. 测试技术学习指导及习题详解[M]. 北京：北京大学出版社.

黄长艺，严普强. 2001. 机械工程测试技术基础[M]. 2 版. 北京：机械工业出版社.

刘培基，王安敏. 2003. 机械工程测试技术[M]. 北京：机械工业出版社.

潘宏侠. 2009. 机械工程测试技术[M]. 北京：国防工业出版社.

曲云霞，邱瑛. 2015. 机械工程测试技术基础[M]. 北京：化学工业出版社.

唐景林. 2009. 机械工程测试技术[M]. 北京：国防工业出版社.

熊诗波，黄长艺. 2006. 机械工程测试技术基础[M]. 3 版：北京：机械工业出版社.

杨将新，杨世锡. 2008. 机械工程测试技术[M]. 北京：高等教育出版社.

杨明伦. 1997. 机械工程测试技术[M]. 重庆：重庆大学出版社.

杨仁逖. 1997. 机械工程测试技术[M]. 重庆：重庆大学出版社.

张淼. 2008. 机械工程测试技术[M]. 北京：高等教育出版社.

张优云. 2005. 现代机械测试技术[M]. 北京：科学出版社.

周生国. 2003. 机械工程测试技术[M]. 北京：北京理工大学出版社.

周祥才. 2009. 检测技术及应用[M]. 北京：中国计量出版社.